农田生态系统关键生理生化过程对气候变暖的响应与适应

郑云普　徐　明　沈瑞昌　周浩然　郝立华　著

科学出版社

北京

内 容 简 介

本书结合全球变暖背景下农田生态系统科学管理的实践需求和全球变化生态学研究的前沿科学问题，介绍国内外关于农田生态系统关键生理生化过程对全球变暖适应性的发展方向。以华北平原冬小麦/夏玉米轮作系统和中亚热带红壤丘陵农田生态系统为研究对象，通过长期野外原位增温试验和短期室内培养试验相结合的手段，从多尺度（从分子到叶片水平）、多过程（从生化反应到生理生态等）入手，评价农田生态系统生理生化过程对气候变暖的适应。确定适应全球变暖的关键尺度，以期阐明不同类型生态系统生理生态过程适应全球变暖的潜在机理。不仅为准确全面地评估全球变暖对陆地生态系统生产力的影响程度提供数据支撑，而且为制定生态系统气候变化适应性管理对策提供理论依据。

本书可供从事全球变化生态学、植物生理生态学相关科研工作的技术人员、高等院校相关专业研究生和教师参考。

图书在版编目（CIP）数据

农田生态系统关键生理生化过程对气候变暖的响应与适应/郑云普等著.
—北京：科学出版社，2018.11

ISBN 978-7-03-059158-6

Ⅰ.①农…　Ⅱ.①郑…　Ⅲ.①农业生态系统–影响–全球气候变暖–研究　Ⅳ.①S181.6②P461

中国版本图书馆 CIP 数据核字（2018）第 240852 号

责任编辑：焦　健/责任校对：张小霞
责任印制：赵　博/封面设计：铭轩堂

科 学 出 版 社 出版
北京东黄城根北街 16 号
邮政编码：100717
http://www.sciencep.com
北京凌奇印刷有限责任公司印刷
科学出版社发行　各地新华书店经销

*

2018 年 11 月第　一　版　开本：787×1092　1/16
2025 年 2 月第二次印刷　印张：11 3/4
字数：263 000
定价：108.00 元
（如有印装质量问题，我社负责调换）

前　言

全球变化是指环境要素在全球尺度上发生超出正常波动范围的变化，这些变化会严重影响全球生态系统和社会经济系统。全球变化涵盖内容广泛，主要包括：①全球气候变化（以温度升高和降水格局变化为主要特征）；②大气化学成分变化，尤其是使用化石燃料引起的温室气体和大气污染物浓度上升以及氮沉降的增加；③破坏臭氧层引起的紫外线辐射增加；④海洋酸化和海平面上升；⑤使用化肥引起的全球氮循环的改变；⑥地球表面土地利用类型和植被覆盖的变化（例如大面积砍伐森林、植被退化和沙漠化等）。广义的全球变化甚至还包括社会经济系统的变化，尤其是随着人类活动的加强出现的全球一体化趋势。全球变化对生态系统具有巨大深远的影响。随着全球人口和资源需求的持续增加，人类活动引起的全球变化在未来相当长的时间内仍将持续。

面对全球变化的挑战，如何在降低影响的同时抓住其带来的机遇，做到趋利避害，是当前国际社会关注的焦点，也是应对全球变化国际谈判的主要内容。全球变化对生态系统，尤其是自然生态系统的威胁在很大程度上取决于生态系统对全球变化的适应能力。鉴于生态系统适应性涉及许多复杂的生理生态过程，同时也涵盖众多时空尺度，生态系统对气候变化的响应和适应逐渐成为当前气候变化研究领域的热点和难点问题之一。为了准确预判全球变化的危险程度，必须在生态系统影响评估、食物供给和可持续发展（包括森林、渔业、水资源、人类居住环境和人类健康）中明确指出各个系统对潜在全球变化的适应能力，这也是目前全球变化影响评估中的重要组成部分。需要指出的是，生态系统的适应性不仅可以减小全球变化带来的不利影响，同时也可以作为应对全球变化的重要举措。由此看来，生态系统的适应性不仅是全球变化的重要组成部分，也是生态系统管理的主要内容。由于全球变化内容极其庞杂，本书重点介绍农田生态系统对气候变暖的适应机制与理论。

本书包括两个部分共 5 章。第一部分为理论部分，第 1、2 章：阐述植物对气候变暖响应与适应的概念与理论；系统梳理生态系统对气候变暖响应与适应领域的研究进展；论述地下土壤微生物过程的热适应性机理。第二部分为实践应用部分，第 3～5 章：重点论述农田生态系统地上、地下生态过程对气候变暖的适应性机制，指出生态系统适应性研究的复杂性、长期性和不确定性，提出人工辅助生态系统适应的途径与策略。

本书是在国家重点研发计划"黄淮海北部小麦-玉米农田耕层调理与土壤肥力提高关键技术"（2017YFD0300905）和河北省创新能力提升计划科技研发平台建设专项"河北省水资源高效利用工程技术研究中心（No. 18965307H）"资助下，由河北工程大学、中国科学院地理科学与资源研究所、南昌大学、河南大学的研究人员共同完成，具体人员分工如下：

第 1 章　徐明，周浩然，郝立华；

第 2 章　沈瑞昌，徐明，郑云普；

第 3 章　郑云普，沈瑞昌，周浩然；

第 4 章　周浩然，郑云普，郝立华；

第 5 章　周浩然，郝立华，沈瑞昌。

河北师范大学赵建成教授和大连大学王贺新教授对本书成稿提供了许多有建设性的建议，在此特别感谢。限于作者水平有限，本书中不足之处在所难免，敬请广大读者不吝批评和赐教。

作　者

2018 年 4 月 8 日于河北邯郸

目　录

前言
第1章　绪论 ………………………………………………………………………………… 1
  1.1　细胞尺度的响应与适应 …………………………………………………………… 2
    1.1.1　光合作用对温度升高的响应与适应 …………………………………… 2
    1.1.2　呼吸作用对温度升高的响应与适应 …………………………………… 4
  1.2　个体尺度的响应与适应 …………………………………………………………… 6
    1.2.1　植物的适应机制与对策 …………………………………………………… 6
    1.2.2　微生物的适应机制与对策 ………………………………………………… 6
  1.3　种群与群落尺度的响应与适应 …………………………………………………… 8
    1.3.1　种群的适应机制 …………………………………………………………… 8
    1.3.2　群落的适应机制 …………………………………………………………… 8
  1.4　生态系统尺度的响应与适应 ……………………………………………………… 9
    1.4.1　生态系统生产力的适应机制 ……………………………………………… 9
    1.4.2　水分循环的适应机制 ……………………………………………………… 10
    1.4.3　养分循环的适应机制 ……………………………………………………… 10
  1.5　研究区概况及试验设计 …………………………………………………………… 11
    1.5.1　华北农田长期增温样地 …………………………………………………… 11
    1.5.2　江西千烟洲红壤农田土地利用转化样地 ………………………………… 12
第2章　生态系统关键过程对气候变暖响应及适应的概念与理论 ………………………… 19
  2.1　适应性与表型可塑性的概念 ……………………………………………………… 19
    2.1.1　适应性与表型可塑性概念的区别 ………………………………………… 19
    2.1.2　适应性与表型可塑性分类 ………………………………………………… 20
  2.2　适应性与表型可塑性理论 ………………………………………………………… 21
    2.2.1　适应性与表型可塑性能力比较 …………………………………………… 22
    2.2.2　适应性与表型可塑性的有限性 …………………………………………… 23
    2.2.3　有利的适应性假说 ………………………………………………………… 24
    2.2.4　表型最优化分析 …………………………………………………………… 25
  2.3　光合作用与呼吸作用过程的温度敏感性和适应性 ……………………………… 26
    2.3.1　光合作用与呼吸作用过程的温度响应曲线和温度敏感性 …………… 26
    2.3.2　光合作用与呼吸作用过程的温度适应性现象 ………………………… 27
    2.3.3　光合作用与呼吸作用过程的温度适应性产生机制 …………………… 29
  2.4　植物叶片及其化学成分对增温的响应 …………………………………………… 33
    2.4.1　气孔对增温的响应 ………………………………………………………… 33

　　　　2.4.2　增温对植物叶片结构特征的影响 ··34
　　　　2.4.3　增温对叶片碳水化合物和矿质元素含量的影响 ····················34
　　2.5　微生物呼吸热适应性现象与概念 ··35
　　2.6　微生物呼吸热适应性的理论与实验证据 ··37
　　2.7　微生物呼吸热适应性的机理 ··38
　　　　2.7.1　生物膜结构变化 ··39
　　　　2.7.2　微生物酶活性变化 ··39
　　　　2.7.3　微生物碳分配比例变化 ···39
　　　　2.7.4　微生物群落结构变化 ···40
　　2.8　微生物呼吸热适应性的争议及原因分析 ··40
第3章　农田生态系统夏玉米关键生理生化过程对增温的响应与适应 ·······43
　　3.1　玉米叶片气孔特征对增温的适应 ··45
　　　　3.1.1　实验材料及方法 ··45
　　　　3.1.2　实验结果 ··47
　　　　3.1.3　讨论与分析 ··52
　　3.2　玉米叶片解剖生物和亚显微结构对增温的适应 ····························56
　　　　3.2.1　实验方法 ··57
　　　　3.2.2　实验结果 ··57
　　　　3.2.3　讨论与分析 ··59
　　3.3　玉米叶片碳水化合物及营养元素对增温的适应 ····························62
　　　　3.3.1　实验方法 ··63
　　　　3.3.2　实验结果 ··63
　　　　3.3.3　讨论与分析 ··64
　　3.4　玉米叶片光合作用及呼吸作用过程对增温的适应 ························65
　　　　3.4.1　实验方法 ··66
　　　　3.4.2　实验结果 ··67
　　　　3.4.3　讨论与分析 ··70
　　3.5　集成分析及适应性机理解释 ··73
　　　　3.5.1　实验增温提高夏玉米叶片净光合速率 ······························73
　　　　3.5.2　夏玉米叶片暗呼吸过程对实验增温产生适应性 ···············75
　　　　3.5.3　增温提高夏玉米叶片非结构性碳水化合物的原因 ···········75
　　　　3.5.4　增温对夏玉米气孔导度和蒸腾速率产生的影响 ···············76
　　　　3.5.5　气候变暖背景下农田生态系统面临风险及适应性管理对策 ····76
第4章　农田生态系统冬小麦关键生理过程对增温的响应与适应 ···············78
　　4.1　冬小麦叶片光合作用与呼吸作用过程的温度敏感性及适应性 ·······78
　　　　4.1.1　实验方法 ··79
　　　　4.1.2　实验结果 ··79
　　　　4.1.3　讨论与分析 ··85

4.2　季节温度变化对冬小麦光合与呼吸过程温度敏感性及适应性影响 ············ 86
　　4.2.1　实验方法 ············ 87
　　4.2.2　实验结果 ············ 87
　　4.2.3　讨论与分析 ············ 90
第 5 章　农田土壤微生物温室气体排放温度敏感性分析 ············ 94
5.1　利用不同温度梯度测定油茶田地土壤温室气体排放的温度敏感性 ············ 95
　　5.1.1　实验方法 ············ 96
　　5.1.2　实验结果 ············ 99
　　5.1.3　讨论与分析 ············ 103
5.2　油茶田转为水稻田对 TS_{mic} 的影响 ············ 106
　　5.2.1　实验方法 ············ 106
　　5.2.2　实验结果 ············ 107
　　5.2.3　讨论与分析 ············ 112
5.3　施肥对油茶田和水稻田 TS_{mic} 的影响 ············ 114
　　5.3.1　实验方法 ············ 114
　　5.3.2　实验结果 ············ 115
　　5.3.3　讨论与分析 ············ 123
5.4　断根和施肥对油茶田 TS_{mic} 的影响 ············ 126
　　5.4.1　实验方法 ············ 126
　　5.4.2　实验结果 ············ 127
　　5.4.3　讨论与分析 ············ 132
5.5　淹水和施肥对水稻 TS_{mic} 的影响 ············ 134
　　5.5.1　实验方法 ············ 134
　　5.5.2　实验结果 ············ 135
　　5.5.3　讨论与分析 ············ 144

参考文献 ············ 145

4.2 80
　4.2.1 87
　4.2.2 87
　4.2.3 90
第5章 94
　5.1 95
　　5.1.1 96
　　5.1.2 99
　　5.1.3 103
　5.2 106
　　5.2.1 106
　　5.2.2 107
　　5.2.3 112
　5.3 114
　　5.3.1 114
　　5.3.2 115
　　5.3.3 123
　5.4 126
　　5.4.1 126
　　5.4.2 127
　　5.4.3 132
　5.5 134
　　5.5.1 134
　　5.5.2 135
　　5.5.3 141
参考文献 143

第1章 绪 论

适应性被定义为生物生长在不同的环境中，其生理特征针对不同环境状况进行调整的能力（Prosser，1991；Wilson and Franklin，2002）。生态系统的适应性是当环境发生变化时生态系统为维持其原有的主体功能通过调整以降低环境变化带来的不利影响和利用有利机会的能力。生态系统的适应性是生态系统的固有特征，是生态系统在其长期进化过程中通过各种反馈形成的平衡机制和调节能力。如果全球变化幅度过大或持续时间过长，超出了生态系统自身的调节和修复能力，生态系统的结构和功能就会遭到破坏。生物多样性是维持生态系统稳定和适应性的重要因素。一般生态系统的生物多样性越高，系统种类越丰富，结构越复杂，生产力越高，系统越稳定，其适应能力就越强，反之亦然。生态系统是在自然界演化的历史长河中生物与外界环境以及生物与生物之间通过相互作用、相互适应不断进化和发展而形成的。由于地球上自然条件千差万别，因而与其相适应而形成的生态系统也极其复杂多样。这些类型不同、大小不等的生态系统成为地球生命的支持系统，提供供给服务（如食物和淡水）、调节服务（如气候调节和洪水控制）、文化服务（如精神、娱乐和文化收益）以及支持服务（如维持地球生命生存环境的营养循环）等，是人类赖以繁衍生息的物质基础。与此同时，生态系统的复杂性和多样性也决定了生态系统的弹性（resilience），当外部环境条件（如气候）发生变化时生态系统能够通过自身的调整来适应新的环境，这种适应可能发生在从基因到生态系统的各种尺度上，这是生态系统适应气候变化的内在动力和决定因素。

自适应是指生态系统在外界干扰条件下承受和维持原有状态的自组织和再生措施（IPCC，2007）。例如，在大多数生态系统中通常与优势种伴生一些少有种（minor species），这些少有种与优势种具有相似或互补的功能。在全球变暖背景下，大量的敏感性的优势种群丧失或大幅度减少，这时某些耐抗性高的少有种就会补偿这些优势种群的功能，通过改变物种组成进而维持生态系统的平衡。物种还可以通过迁移来适应气候变化，物种迁移需要物种具备足够快和足够自由的空间供物种迁移。人工辅助适应是指利用当前和未来全球变化信息制定适合当前和未来的行动方案、政策和基础设施（例如迁地保护和建立迁徙廊道等）。人工辅助适应与自然资源管理、水资源管理、灾害预防、城市规划、可持续发展和降低贫困等密切相关，对管理的生态系统（如农田、果园、人工林和自然保护区等）尤其重要。生态系统对全球变化的自适应和调节能力是有限的，人工辅助适应可以弥补自适应能力的不足，最终降低全球变化带给自然和人类系统的影响。对于那些不能通过自适应能力应对气候变化的物种或生态系统，就需要采取人工辅助措施，提升其适应气候变化的能力。

1.1 细胞尺度的响应与适应

1.1.1 光合作用对温度升高的响应与适应

对于高等植物来说，光合作用的净光合速率（A）在极端低温和高温的环境下都较低，在中间最适温度下呈现最大光合速率。随着生长温度的变化，许多植物的光合特性显示出一定的表型可塑性，也就是在较高温度下生长的植物具有较高的光合最适温度（Berry and Björkman，1980）。例如，Slatyer 和 Morrow（1977）发现雪桉（*Eucalyptus pauciflora*）的光合最适温度与生长温度存在线性关系，比率约为 0.34，也就是说生长温度每升高 3℃，最适温度增加 1℃。相似的比率也被发现存在于山蓼（*Oxyria digyna*）和加茶杜香（*Ledum groenlandicum*）等植物中（Smith and Hadley，1974）。Battaglia 等（1996）发现，对于蓝桉（*Eucalyptus globulus*）和亮果桉（*Eucalyptus nitens*）来说，该比率分别为 0.59 和 0.35。Cunningham 和 Read（2002）研究了 4 个温带和 4 个热带常绿树种，发现光合最适温度与生长温度之间的关系存在种间差异，蜜味桉的光合最适温度与生长温度无相关关系，而其他 7 个树种显示显著的相关关系，但其比率存在种间差异，范围为 0.1～0.48。光合作用的温度适应性研究在当前气候变化背景下一直是研究的热点，但是其内在机理还不十分清楚，目前主要有以下几方面的假说。

1. RuBP（1，5-二磷酸核酮糖）羧化限制

饱和 CO_2 浓度下 Rubisco 酶的活性随着温度变化呈指数增加。最大羧化反应速率（V_{cmax}）作为 Rubisco 酶活性的一个指标，也随着温度变化呈指数增加。因此，Arrhenius 模型可被应用于分析不同生长温度下 V_{cmax} 温度敏感性的差异。Hikosaka 等（1999）发现 E_{av}（V_{cmax} 的活化能）随着生长温度的升高而增加，而 Rubisco 酶限制的 A 随着 E_{av} 的增加而增大，E_{av} 每增加 $1kJ \cdot mol^{-1}$ 最适温度增加 0.54℃。E_{av} 在物种间变异很大，但是对于每一个物种来说，E_{av} 始终随着生长温度的增加而增大，这表明 E_{av} 的变化是对生长温度变化的普遍反应。E_{av} 随着生长温度的变化而变化的机理是什么呢？Rubisco 酶或许由几个群体组成，而每个群体的温度敏感性存在差异（Yamori *et al.*，2005）。随着生长温度的变化，两个群体之间的平衡会发生变化，进而改变 E_{av}。每个叶绿体基因组虽然只有单一拷贝，但是每个多基因家族包含 2～12 个不等的亚基（Gutteridge and Gatenby，1995），不同大小的亚基组合可能产生不同属性的 Rubisco 酶。Law 等（2001）通过研究不同生长温度的棉花后发现，热胁迫会诱导合成一个新形式的 Rubisco 酶。Rubisco 酶的不同单体组合或许可以解释不同生长温度下 A 的温度曲线的移动（Law and Crafts-Brander，1999）。然而 Badger 等（1982）通过对夹竹桃（*Nerium oleander*）和水稻研究后，没有发现此规律。

2. RuBP 再生限制

不同生长温度下最大电子传递速率（J_{max}）的最适温度发生移动已经被发现（Badger

et al., 1982; Yamasaki *et al.*, 2002), 这或许可以解释 RuBP 再生限制的 *A* 的温度曲线的移动。在最适温度以下的曲线的斜率随着生长温度的升高而升高 (Armond *et al.*, 1978; Badger *et al.*, 1982; Mitchell and Barber, 1986; Hikosaka *et al.*, 1999; Yamasaki *et al.*, 2002)。车前草 (*Plantago asiatica*) 的 J_{max} 的活化能 H_a 随着生长温度的升高而增大，但是此种情况不是普遍现象。许多研究已经证明 RuBP 再生过程中所需酶的耐热性在不同的生长温度下发生了变化。Badger 等 (1982) 发现夹竹桃叶片卡尔文循环中不同酶的热稳定性在不同的生长温度下发生了变化。生长于 20℃ 下的叶片暴露于 45℃ 下 10min，Ru5P (核酮糖-5-磷酸) 激活酶活性下降 50%，然而生长在 45℃ 下的叶子却不受影响。利用叶绿素荧光技术表明，光系统Ⅱ的热稳定性在不同的生长温度下发生了变化 (Armond *et al.*, 1978; Berry and Björkman, 1980; Yamasaki *et al.*, 2002)。Haldimann 和 Feller (2005) 发现 RuBP 再生限制的 *A* 对生长温度变化的响应存在种间差异。

3. TPU (磷酸丙糖利用率) 限制

TPU 是第 3 个潜在 *A* 的限制步骤 (Sharkey, 1985)。通常来说，TPU 限制仅仅发生在高 CO_2 浓度下，然而，Labate 和 Leegood (1988) 通过对大麦的研究表明，在正常 CO_2 浓度较低温度下，TPU 限制也会发生。当 TPU 限制 *A* 时，*A* 不依赖于 CO_2 浓度。不同生长温度下的叶片，或许由于 TPU 限制的发生与否而对 *A* 温度曲线的移动产生影响。

4. RuBP 羧化与再生的平衡

RuBP 羧化限制的 *A* 和 RuBP 再生限制的 *A* 的温度敏感性不同 (Kirschbaum and Farquhar, 1984; Hikosaka *et al.*, 1999)，依靠这 2 个限制步骤的 *A* 的温度敏感性在不同的生长温度下也会发生变化，也就是说，RuBP 羧化和再生之间的平衡会潜在地影响 *A* 的温度敏感性 (Farquhar and von Caemmerer, 1982; Hikosaka, 1997; Onoda *et al.*, 2005b)。RuBP 羧化限制的 *A* 的温度敏感性和最适温度比 RuBP 再生限制的 *A* 的低。当植物从较低的生长温度转移到较高的生长温度下时，RuBP 羧化限制的 *A* 和 RuBP 再生限制的 *A* 会同时增加，但是两者的比率会降低，因此会出现 *A* 由其中一种因素限制的情况转变为两者协同限制的状况，由于最适温度由两者最小值或者交叉点决定，此时最适温度升高；反之依然。Wullschleger (1993) 综述了 109 个物种的 V_{cmax} 和 J_{max}，发现虽然生长环境和物种间存在差异，但是 J_{max} 和 V_{cmax} 两者的比率为定值。然而，Hikosaka 等 (1999) 发现不同生长温度下的栓皮栎 (*Quercus myrsinaefolia*) 的 J_{max}/V_{cmax} 发生了改变。当植物生长在低温环境下时，*A* 主要由 RuBP 羧化限制；当植物生长在高温环境下时，*A* 在 22℃ 以下由 RuBP 再生限制，22℃ 以上由 RuBP 羧化限制。J_{max}/V_{cmax} 类似的变化也存在于虎杖 (*Polygonum cuspidatum*) (Onoda *et al.*, 2005a)、菠菜 (*Spinacia oleracea* L.) (Yamori *et al.*, 2005) 和车前草 (*Plantago asiatica*)。

5. 气孔限制

植物叶片的气孔导度大小决定着细胞间 CO_2 浓度 (C_i)，而 *A* 温度敏感性对 C_i 敏感，最适温度随着 C_i 的增加而增加 (Berry and Björkman, 1980)。这主要是由于在低 CO_2 浓度下，K_c 随着温度的增加而部分削弱了 V_{cmax} 的增加，此时 RuBP 羧化限制的 A 对温度的敏感性较低；在 CO_2 浓度较高的情况下，这种效应是较小的，因此最适温度得到了提高（Brooks and Farquhar，1985）。C_i 每增加 1 ppm[①]，最适温度增加 0.05℃，尽管随着 C_i 的增加最适温度增加的幅度逐渐降低。生长温度对 C_i 的影响存在很大的种间差异，在一些研究中 C_i 随着生长温度的增加而增加（Williams and Black，1993；Hikosaka *et al.*，1999），在另一些研究中却没有发现此现象（Hendrickson *et al.*，2004）。Ferrar 等（1989）发现，6 种桉树中的 2 种在生长温度升高时其 C_i 增加，而其中 4 种却没有此趋势。生长在 15℃和 30℃下的栎树（*Quercus myrsinaefolia*）其 C_i 分别为 230 ppm 和 300 ppm，因此造成了最适温度 3℃的移动（Hikosaka *et al.*，1999）。

1.1.2　呼吸作用对温度升高的响应与适应

1. 呼吸作用对温度变化的动力学响应

以往的呼吸速率（R）随温度变化的模型中，通常使用一个简单的指数函数描述 R 与温度的关系，温度敏感性（Q_{10}）一般认为是 2。然而这是不对的，Q_{10} 不是常数，而是随温度响应曲线形状的改变、测量温度范围的改变而改变。最近的研究表明，Q_{10} 随着测量温度的增加而降低（Tjoelker *et al.*，2001）。短期温度的增加对生长在寒冷气候下（北极）的植物 R 有较大影响（$Q_{10} = 2.56$），而对生长在温暖的环境中（热带地区）的植物 R 影响较小（$Q_{10} = 2.14$）（Tjoelker *et al.*，2001）。总体而言，适应降低了 R 对于长期温度变化的敏感性，在削弱呼吸作用对大气 CO_2 浓度增加的正反馈作用过程中扮演很重要的角色。

2. 温度对 Q_{10} 的影响

最近的研究结果表明，影响 Q_{10} 的因素主要是温度对呼吸作用相关酶的影响。在低温（如 5℃）下，呼吸作用可能是由呼吸过程（即糖酵解，三羧酸循环和线粒体电子传递）的 V_{cmax} 限制的。这是因为低温对潜在的酶（可溶性的或者与膜结合的）活性的抑制，或者是由于嵌入膜中的酶的功能受到限制。在适度高温（如 25℃）下，呼吸作用几乎不受酶的活性限制，因为可溶性酶和与膜结合的酶的 V_{max} 较高。此时，呼吸作用可能受底物供应或者 ATP/ADP 限制。在很高温度下，膜受损伤可能对底物供应产生负面影响，并且膜的高流动性对底物浓度梯度的维持造成破坏。低温下呼吸作用由酶活性控制，高温下由底物浓度控制，这个转变造成了随着温度升高温度对呼吸作用的影响逐渐减小的结果。

3. 底物供应对 Q_{10} 的影响

底物的供应能力会随温度的改变而变化，因此底物供应会影响呼吸作用的温度敏感性。外源性葡萄糖的添加会增加呼吸作用的 Q_{10}，并且呼吸作用的 Q_{10} 与可溶性糖浓度之间存在正相关关系（Covey-Crump，2002；Azcón-Bieto and Osmond，1983）。这些发现

[①] 1ppm=0.001‰。

可根据 Michaelis-Menten 方程解释。通常来说 V_{max} 会随着温度的增加而增加，然而，想要达到潜在的最大速率，底物供应必须是充足的。如果底物供应限制了呼吸作用，那么增加的温度对呼吸的刺激效应将会降低。根据 $R=V_{max}\times C/(K_m+C)$，当底物的浓度（$C$）不受限制时，即 C 远大于米氏常数（K_m）时，K_m 所起作用微乎其微，此时反应的温度敏感性主要取决于酶最大反应速率（V_{max}）的温度敏感性，R 将会随着温度的增加而增大；当底物供应不足时，即 C 和 K_m 相当时，V_{max} 和 K_m 的温度敏感性相互抵消，从而降低了整个反应的温度敏感性（Davidson *et al.*，2006；Gershenson *et al.*，2009）。

4. 呼吸作用两种适应类型的区分

呼吸作用对于温度的长期适应或许通过温度敏感性的变化而改变（即斜率或 Q_{10}），或者通过温度响应曲线中初始截距的改变来实现。学者们把 Q_{10} 改变的适应称为"Ⅰ型适应"（Covey-Crump，2002），而把初始截距改变的适应称为"Ⅱ型适应"（Tjoelker *et al.*，1999）。虽然Ⅰ型适应不会导致像Ⅱ型适应那么高的适应程度，但是它确实使呼吸作用对于新环境温度发生了动力学的调整（图 1.1）。最近的研究结果表明，改变 Q_{10} 的适应可能是充分展开和成熟叶片较常见的适应模式。例如，Ⅰ型适应已经被发现在随季节性温度变化的完全展开的雪桉（*Eucalyptus pauciflora*）叶片中。以 Q_{10} 改变为基础的适应只在较高温度处 R 发生改变，在较低温度处呼吸作用几乎不发生改变（Covey-Crump，2002）。较高温度处呼吸作用发生的改变或许反映了呼吸底物的可用性或腺苷酸的限制程度。植物从一个生长温度改变到另一个生长温度时，不管 Q_{10} 发不发生变化，常常都表现出很大的可溶性糖的浓度变化。

相对于Ⅰ型适应来说，Ⅱ型适应无论在低温（0~5℃）还是高温（20~25℃）时都表现出呼吸作用的适应（相同测量温度下高温生长的植物表现出更低的呼吸作用）。虽然Ⅱ型适应的机理目前尚未完全阐明，但是呼吸能力的变化（通过每个线粒体能力的变化或单位面积线粒体数量的差别来实现）似乎可以解释不同生长温度下呼吸的差异。目前的研究表明，低温下呼吸作用的差异或许与 AOX（alternative oxidase）和 PUMP（plant uncoupling mitochondrial protein）的变化有关。

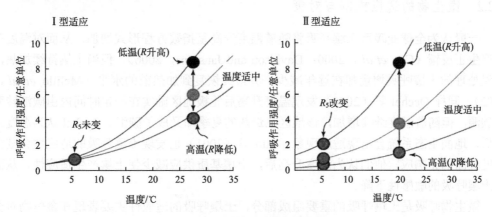

图 1.1　呼吸作用的两种适应类型

R_5 为温度为 5℃时的呼吸速率

1.2　个体尺度的响应与适应

1.2.1　植物的适应机制与对策

植物对未来全球变化的适应不仅表现在生理生化过程的变化，也表现在个体的形态结构、生长以及繁殖特征的改变。植物叶片上的气孔是植物体与外界环境进行气体和水分交换的主要通道，单位叶表面积气孔的数目和大小共同决定了植物个体与环境之间进行气体交换的能力（Ceulemans et al.，1995；Ferris et al.，2002；Xuzz et al.，2009）。近年来的研究结果表明，叶片气孔的密度和大小对以 CO_2 浓度增加和平均气温升高为主要特征的全球变化十分敏感（Hetherington and Woodward，2003；左闻韵等，2005；张立荣等，2010）。例如，高浓度的 CO_2 显著降低了植物叶片的气孔密度、气孔指数、气孔导度以及蒸腾速率（Luomala et al.，2005）。另外，CO_2 浓度的升高还显著改变了叶片显微结构的特征。在高浓度 CO_2 处理下的植物体，叶片和细胞壁的厚度、叶肉细胞中叶绿体数目、叶绿体宽度和表观面积、淀粉粒大小和数量都明显增加，但是基粒类囊体膜的数量却显著下降（Teng et al.，2006）。然而，关于植物体结构特征对温度升高的适应性研究还很少，目前尚无一致的结论。Reddy 等（1998）的研究结果表明，温度升高增加了叶片的气孔密度，但对气孔指数没有影响。Beerling 和 Chaloner（1993）的研究却发现植物叶片的气孔密度和气孔指数均与温度呈负相关。最新的研究发现当植物的生长温度比环境温度升高 2.5℃时叶片的气孔密度显著增加，而当其生长温度比环境温度升高 5℃时叶片的气孔密度却又呈现下降的趋势（Jin et al.，2011）。另外，未来全球变化还可能会对植物体的生长和繁殖特性产生一定的影响。以往的研究结果显示，CO_2 浓度的升高显著缩短了植物开花和生长的周期，增加花、果实及种子等繁殖器官的产量；同时还降低种子 N 含量，提高种子的 C/N。另外，最近的实验结果发现植物生长环境温度的升高显著加速了植物的生长，使其生长周期缩短，但是温度的升高却使植物生物量、种子的总量及种子发芽率降低（Jin et al.，2011）。

1.2.2　微生物的适应机制与对策

一般认为全球变暖后土壤呼吸将随着温度升高呈指数方程形式增加，从而对温度升高产生正反馈（Cox et al.，2000；Davidson and Janssens，2006）。但当土壤持续加热，增温处理的土壤呼吸增量却在逐年减少，并最终恢复到加热前的水平（Melillo et al.，2002）。同样 Oechel 等（2000）发现温度升高后北极地区确实在一定时间内由碳汇转变为碳源，但随着温度继续增加，该地区在最热的夏季却又成了碳汇。Oechel 认为温度升高后，地面生态系统会出现适应现象。Luo 等（2001）也发现土壤呼吸的适应性会减少温度升高的正响应，他们认为温度升高后，土壤基质供应减少使土壤产生适应性，从而使土壤呼吸的敏感性下降。

微生物呼吸是土壤呼吸的重要组成部分，土壤呼吸的适应性主要表现在微生物对全球变化的适应性。许多研究用不同的方法证明了微生物适应性的存在。Ranneklev 和 Bääth

（2001）运用生长最适温度作为指标，将土壤培养温度从 25℃提高到 35℃、45℃和 55℃，发现细菌生长的最适温度随着培养温度的升高而增高。Bárcenas-Mren 等（2009）的研究表明当环境温度低于 30℃时，土壤细菌和真菌的生长最适温度都在 30℃左右；但当环境温度高于 30℃时，土壤细菌和真菌的生长最适温度也随之增高。Rinnan 等（2007）认为微生物生长的最低温度（T_{min}）比最适温度（T_{opt}）更能体现它们对温度变化的适应性；他们对比了南极地区不同年平均温度样点间的细菌生长速率之后，发现细菌群落完全适应了当地的气温，细菌生长的最小速度与年平均温度成正比。Bradford 等（2008，2010）的野外加热和室内培养实验结果都显示加热土壤的微生物呼吸量与微生物量的比值（R_{mass}）比对照土壤显著减少，他们认为这是土壤微生物对加热适应的表现。研究表明，不仅是土壤中的微生物，与植物或藻类共生的微生物对温度升高也存在适应性，如地衣中与藻类共生的真菌（Lange and Green，2005），与植物根系共生的丛枝菌根真菌（Heinemeyer et al.，2006）和内生菌根真菌（Malcolm et al.，2008）。

微生物可以通过改变自身结构来适应全球变化，如微生物细胞膜脂肪酸的组成成分。有研究表明，温度升高以后，磷酯脂肪酸的碳链长度和不饱和键都将增加以减小细胞膜的流动性。Magelsdorf 等（2009）发现西伯利亚冻土的微生物群落主要通过调节磷酯脂肪酸的碳链长度使微生物适应环境温度。微生物还可以改变群落结构来适应全球变化（Zhang et al.，2005；Rinnan et al.，2007），但不同的生态系统的变化趋势并不相同。Zhang 等（2005）在美国大平原草地的研究认为增温会增加土壤的真菌成分，提高真菌与细菌的比例。Rinnan 等（2007）发现用 OTC 增温 15 年后，北极荒原的真菌比例明显下降。Frey 等（2008）研究了经过 15 年加热的哈佛森林的土壤微生物群落结构的变化，发现加热后矿质土壤有增加革兰氏阳性菌和放线菌的趋势，而真菌含量则显著减少。Feng 等（2009）将土壤培养于一定温度梯度下一年，发现土壤中革兰氏阳性菌明显增加，而真菌和革兰氏阴性菌的比例却下降了。但是，Castro 等（2010）的研究却发现温度升高增加了土壤中的真菌含量、减少了细菌含量。

另一种观点认为增温后微生物的适应性是不存在的（Vicca et al.，2009a），土壤呼吸增量的减少主要是由土壤易分解的碳迅速减少造成的（Hartley et al.，2007，2008）。Hartley 等（2007）认为土壤过筛之后加热和对照土壤间有效碳的差别会明显减小，如果微生物没有适应性而是由土壤易分解碳的多少决定呼吸量的大小那么这种土壤的呼吸的差别将会极大地缩小。他们的实验结果验证了这个观点。Hartley 等（2008）设想如果温度升高后土壤微生物有适应性，那么温度降低后土壤微生物也能适应。但冷却实验的结果表明土壤冷却后呼吸并没有适应性。Rinnan 等（2011）在北极荒漠中发现长期增温 1~2℃使细菌的生长速度下降了 28%（7 年）和 73%（17 年）。作者认为这是由于土壤的易分解碳的消耗引起的而非细菌群落存在适应性，因为 T_{min} 和 T_{opt} 都没有变化。还有一些其他的理由解释加热土壤呼吸增量的下降。Allison 等（2010）认为温度升高后微生物生理性状——碳利用效率（carbon use efficiency）降低导致微生物用于生长的碳减少，从而使土壤微生物量及胞外酶量下降，最后使加热样地土壤呼吸降低。

1.3　种群与群落尺度的响应与适应

1.3.1　种群的适应机制

物种内竞争是自然界中普遍存在的现象，主要决定着种群的动态发展过程。目前的研究结果认为植物对种子萌发、个体发育及生长甚至生殖过程进行调整，并进一步改变物种内竞争的关系来适应未来全球变化。许多的试验研究结果表明，在大气 CO_2 浓度升高的情况下植物种子的萌发率显著提高，萌发时间明显缩短，而且植物幼苗的生长速度加快，生长势增强。然而，植物个体表现出的这种较高萌发率和生长能力会使种群密度增加，这必将加剧种群内植物个体对生长环境中空间、养分、光照等资源的竞争。这种植物的物种内激烈竞争会使植物发育成能产生后代的繁殖体减少，最终导致每株植物产生后代数量减少。

1.3.2　群落的适应机制

在全球变化的压力下，植物群落中的种间竞争、物种组成以及群落的演替过程也会发生变化。由于全球变化能够改变植物的生殖特性导致植物开花的时间提前或延迟，可能会降低某些植物的繁殖效率，从而改变植物群落的构建格局。在长期的进化和自然选择条件下，某些植物物种需要通过特定的昆虫帮助才能完成传粉过程。以往的研究结果显示全球变化会使植物的花期提前或延迟，这种情况可能会导致在某些植物开花的时候那些专门为其传粉的昆虫数量较少甚至没有出现，使得这些种群中个体的授粉率下降或者根本无法完成，最终造成群落格局发生改变。因此，在上述情况中可能本来在群落中占据优势地位的种群逐渐成为退化种群，最终可能导致该物种的灭绝。此外，全球变化还可能会使同一群落内某些种群的花量增加却使另一些种群的花量减少，而花量增加的种群将会吸引更多的昆虫采蜜和传粉，致使其繁殖效率大幅度提高，在群落中占据主导地位并成为优势种群，最终改变整个群落的格局。另外，全球变化对种子产量和质量的影响，也可能会进一步改变植物群落的组成和格局。近年来，大量的研究结果证实大气 CO_2 浓度升高能提高某些类型植物的种子产量、体积以及萌发率，这使得其后代在植物群落中具有更强的竞争力，最终成为优势类群。然而，那些种子产量及质量下降或者变化不大的类群，其子代在植物群落中的竞争力相对较弱，从而逐渐成为弱势群体，甚至可能在该群落中消失。综上所述，未来全球变化对某些植物的有性生殖表现出正效应，从而逐渐成为植物群落中的优势种群，但那些对全球变化表现出负效应的种类则可能逐渐成为退化种群，甚至最终被淘汰，导致植物群落的种群组成和结构发生明显改变（图 1.2）。

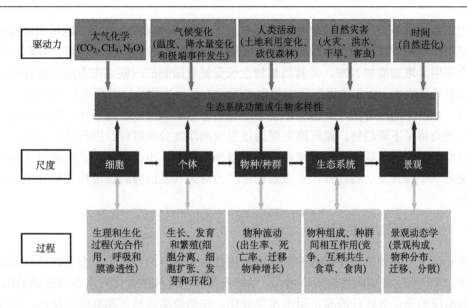

图 1.2　生态系统过程在不同尺度上对气候变化的适应性

1.4　生态系统尺度的响应与适应

1.4.1　生态系统生产力的适应机制

大气中的 CO_2 浓度已由 20 世纪的 260～280 ppm 上升为现在的约 390 ppm，预计到 2050 年将达到 500 ppm（IPCC，2007）。CO_2 浓度升高对植物的光合作用效率具有积极的促进作用，当叶片暴露于 CO_2 浓度倍增的环境中，光合速率会增加 30%～50%，CO_2 的施肥效应可能使植物（尤其是 C_3 植物，因为 C_3 植物的光和速率在当前 CO_2 浓度下并未饱和）地上部分的生物量有所增加。但是这种施肥效应不会线性增加，植物对不断升高的 CO_2 浓度具有适应性。Long 和 Bernacchi（2003）对 FACE 实验与封闭实验进行了对比研究，表明作物对 CO_2 的适应性将使作物产量的提高低于预期值。同时，由于 CO_2 施肥效应，地下土壤有机碳的分配也相应增加，但是这种短期的 FACE 实验响应并不能完全证明土壤碳贮量随 CO_2 浓度升高而增加。同时，CO_2 浓度升高也会影响土壤呼吸，导致土壤呼吸的增加，但是这种呼吸的增加能否引起土壤碳贮量的变化尚无定论。因此，探讨净生态系统生产力（NEP）对 CO_2 浓度升高的适应性需要做长期的观测与实验。

全球平均温度从 1906 年到 2005 年升高了 0.74℃，预计到 2100 年全球平均温度将增加 1.5～5.8℃（IPCC，2007）。随着温度升高，植被的生长期延长，生态系统生产力有增加的趋势，部分生态系统的固碳力也会明显增加。Raich 等研究发现，热带成熟常绿阔叶林的 NPP 随年均温度的增加而增加，温度升高时，北方森林生态系统的植被净初级生产力（NPP）也有所增加（Cao *et al.*，1998）。同时，温度的升高也会使土壤呼吸加剧，这将会抵消由 NPP 增加带来的土壤碳库的增加。但是土壤碳库的变化对温度的升高具有适应性，因为随着增温时间的增加，土壤呼吸的敏感性也会降低。

大气氮沉降是全球变化的重要现象之一。工业革命以来，由于化石燃料和农牧业含氮化肥和饲料的广泛使用，全球氮沉降明显增加。在一定范围内的氮沉降，有利于植物的光合作用，增加植物 NPP，尤其当植物生长受氮素限制的时候。在美国哈佛森林的长期生态系统研究中，9 年的氮沉降实验也表明样方林木生物量比对照增长近 50%。但是过量后，叶子中的氮含量达到饱和，使得叶绿素含量和 Rubisco 酶活性达到极限时，光合作用能力将呈下降趋势。氮沉降主要通过影响凋落物分解过程、细根周转过程、土壤呼吸以及可溶性有机碳淋失过程来对森林土壤碳库产生作用。因此，氮沉降对土壤碳库的影响是一个综合复杂的过程，生态系统生产力对大气氮沉降的适应性的研究仍处于探索阶段。

1.4.2　水分循环的适应机制

水不仅是生物体的重要组成部分，而且也是生化反应的介质和生态系统中物质循环的载体。气候变化将加剧目前人口增长、经济变革和土地利用变化对水资源造成的压力。降水和温度的变化导致径流和可用水发生变化，在热带潮湿地区和高纬度地区，可用水增加，在中纬度和半干旱低纬地区，可用水减少，干旱增多，数亿人口面临更为严重的供水压力。气候变化对淡水系统的不利影响超过其效益（IPCC，2007）。因而，生态系统对水循环的适应机制至关重要。植物的水分利用效率（WUE）涉及生态系统碳、水循环，对研究生态系统对未来气候变化的响应和适应具有重要意义。

水分利用效率可以简单地表示为净光合速率（A）与蒸腾速率（T_r）之比。因而，光合速率和蒸腾速率都会影响到水分利用效率的变化。研究表明，随着大气 CO_2 浓度的增加，光合速率可能会增加。同时，CO_2 浓度增加会降低植物叶片的气孔密度和气孔的张开度，导致气孔导度下降，从而降低水分的蒸腾速率，因而会直接或间接地提高水分利用效率。至于未来气候变化后，光合与蒸腾哪个对水分利用效率的影响较大仍无定论。另外，水分利用效率还受到温度的影响，气候变暖对水分利用效率的影响比较复杂。同植物光合作用的最适温度有关，当周围温度在植物最适温度以下变化时，温度升高将导致光合作用的增加，反之，光合作用将降低。同时也会造成气孔导度的增加，从而增加蒸腾，这时二者不同的增加幅度决定水分利用效率是增加还是减少。除此之外，降水的变化对生态系统的水循环和植被分布的影响较显著。臭氧浓度的增加会影响 Rubisco 的活性，从而降低光合效率，影响植物的水分利用效率。氮沉降通过改变土壤中的氮素而影响水分利用效率，植物的水分利用效率和氮素利用效率之间制约平衡关系，需要植物自身调节适应。另外，由于不同植物对水分需求的应对策略不同，因而表现在生态系统尺度上水分利用效率就更加复杂。在未来全球变化的背景下，植物能否存活还要看其表型可塑性，植物耐旱和避旱策略就是其长期适应气候变化的结果。另外，植物还会根据最优的碳水平衡适应气候变化。目前的研究主要是植物对短期控制实验的反应，要弄清植物对气候变化的适应性仍需要进行长期的多因子实验和模型模拟研究。

1.4.3　养分循环的适应机制

碳代谢是生态系统的关键过程之一，决定着生态系统中物质循环和能量流动过程。

同时，氮素是构成蛋白质的重要元素，蛋白质是酶系统的主要成分，是生物体内一切生化反应得以进行的必要条件。随着大气氮沉降的增加，陆地生态系统氮循环过程将不可避免地受到干扰，从而影响到生态系统的各个过程。植物进行光合作用吸收 CO_2 的同时也要从土壤中获取必要的氮素，碳和氮在植物和土壤中常常维持一定的比例关系，二者之间的耦合控制碳、氮循环的关键过程，影响生态系统对大气和气候变化的响应。碳氮比的改变导致硝化与反硝化作用发生变化，但是这在多大程度上能够增加碳的固定以及多大的碳氮比能够使土壤固定更多的碳，仍有待于进一步研究。在未来 CO_2 浓度升高的情况下，植物生产力提高的潜在效应需要更多的氮。因此，氮素对生态系统的固碳能力限制性作用在某些地区可能将更加明显。

随着未来大气氮沉降的输入，氮素将会在植物体内积累，植物叶子的氮浓度明显增加，叶子氮浓度的增加将会改变植物氮代谢进程、打破体内元素平衡，进而影响到生态系统的固碳力。适量氮沉降使植物的光合速率增加，但是氮过饱和之后，植物光合速率反而会下降，这可能是由自遮蔽（self-shading）效应引起的。适量氮素会促进根系生长，造成地下部分生物量及凋落物的归还增加，使土壤有可能成为大气 CO_2 的一个潜在碳库。因而，对于未来过量的氮沉降应采取措施控制化石燃料以及化肥使用，减少大气氮沉降对生态系统的影响。目前对于生态系统碳、氮循环过程应对未来气候变化的响应研究较多，而对于生态系统对气候变化的适应性机理的认识还远不清楚，仍需要进一步研究。

1.5 研究区概况及试验设计

1.5.1 华北农田长期增温样地

1. 研究区概况

中国科学院禹城农业综合试验站（116°38′E，36°57′N，海拔 23.4m）。位于山东省禹城市，属大陆性季风气候暖温带地区。年平均气温为 13.1℃，1 月平均温度为–3℃，7月平均温度为 26.9℃；年平均降水量为 610mm，降水季节分配不均匀，3～5 月平均降水量为 75.7mm，占年平均降水量的 12.4%；6～8 月降水量平均为 419.7mm，占年平均降水量的 68.8%。实验站土壤质地以粉砂和轻壤为主；pH 较高，为 7.9～8.0；土壤有机质含量较低，为 0.6%～1.0%；全 N 含量为 0.05%～0.065%。从土壤自然条件看，该站在华北平原具有典型代表性。当地种植制度以冬小麦–夏玉米轮作为主（Hou R X et al.，2011）。

2. 野外增温实验设计

2009 年 9 月，在研究区随机选取 6 个 2m×3m 的样方用以布置增温实验（图 1.3）。随机选取 3 个样方作为增温组，另 3 个为对照组。3 个增温样方从 2009 年 11 月 18 日开始利用悬挂于样方正上方距离地表 2.25m 高度的 MSR-2420 型红外发射器（165 cm ×

图 1.3　典型农田生态系统实验增温样地

1.5cm，Kalglo Electronics Inc.，Bethlehem，PA）进行连续的增温处理。每个对照样方内同样在距离地面 2.25m 高度处悬挂一个相同大小和形状的"伪"红外增温装置模拟红外发射器对下方土壤产生阴影的效果。增温样方和对照样方相距约 5m，避免红外增温装置对对照样方产生影响。利用 PT100 热电偶系统（Unism Technologies Incorporated，Beijing，China）自动记录每小时 2.25m 高度处的空气温度和 5cm 深处的土壤温度。另外，本研究还利用红外温度计（FLUKE 574，Fluke Inc.，USA）测量玉米冠层叶片表面的温度。在整个玉米生长季从 2011 年 6 月 24 日到 2011 年 10 月 7 日，相对于对照样地，增温样地平均的空气温度、土壤温度、冠层温度分别增加 1.42±0.18℃/1.77±0.24℃（白天/夜晚）、1.68±0.9℃/2.04±0.16℃（白天/夜晚）、2.08±0.72℃（白天）。同时，本实验还利用 FDS100 土壤湿度传感器（Unism Technologies Incorporated，Beijing，China）监测了样方内 0～10cm 深度土壤湿度的变化状况。在整个监测时期，对照样地 10cm 深处土壤湿度为 26%，而增温样地为 25%（Hou et al.，2012）。

1.5.2　江西千烟洲红壤农田土地利用转化样地

1. 研究区概况

中国科学院千烟洲红壤丘陵综合开发试验站（以下简称千烟洲站）位于江西省泰和

县灌溪乡（115°04′13″E，26°44′48″N）。千烟洲站海拔约100m，相对高差20～50m，属典型的红壤丘陵区；具有典型的亚热带季风气候，年平均气温为17.9℃；年平均降水量为1489mm；年日照时数为1406h；年太阳总辐射为43.49MJ·m^{-2}；主要土壤类型有红壤、水稻土、潮土、草甸土等（陈永瑞等，2003；王辉民等，2010；魏焕奇等，2012）。地带性植被为常绿阔叶林，但由于长期不当的开发与利用，曾退化为灌草丛，且水土流失现象严重。自20世纪80年代始，按照"丘上林草丘间塘、缓坡沟谷鱼果粮"的立体农业模型原则，经过30多年的生态恢复，实验区的环境发生了根本变化（刘长根，2009；王辉民等，2010）。实验区的森林覆盖率已达到70%以上，现有的林分以人工林和天然次生林为主，主要包括湿地松（*Pinus elliottii* Engelm）、马尾松（*Pinus massoniana*）、木荷（*Schima superba*）、山鸡椒（*Litsea cubeba*）、枫香（*Liquidambar formosana*）和板栗（*Castanea mollissima*）等（胡理乐等，2005；刘琪璟等，2005；李轩然等，2006；胡理乐等，2006；马泽清等，2011）。实验站内平缓地区则种植了以水稻（*Oryza sativa*）为主的粮食作物，和以柑橘（*Citrus reticulate* Blanco）及油茶（*Camellia oleifera*）为主的经济作物（李杰新，1993；张红旗等，2003）。

2. 实验样地及处理

实验对象为一个土地利用转化（由油茶种植林转为双季水稻田）和施肥的双因子样地（图1.4）。样地设置前是一片生长近6年的油茶种植林，种植密度为2m×1.5m。实验样地的建立旨在模拟目前研究中比较缺少的旱地转水田的土地利用转化。土地利用变化样地选取的都是中国南方地区具有代表性的土地利用类型。油茶是我国特有的抗逆型木本食用油料树种，也是世界四大木本油料作物之一。我国拥有油茶田面积近400万ha，主要分布于我国南方诸省区，其中又以湖南、江西和广西3省区为集中栽培区（黄敦元等，2009；王斌等，2011；郭晓敏等，2013）。水稻是目前世界上最重要的粮食作物之一，是全球半数以上的人口赖以生存的主食来源。水稻的生长过程中至少有一段时间必须处于淹水状态，是东亚地区主要的N_2O和CH_4的排放来源（袁隆平，1997；彭少兵等，2002；石生伟等，2010）。

实验样地设置于2012年5月，以土地利用类型转化作为第一级处理，以施肥措施作为第二级处理，共包括水稻施肥（RF）、水稻不施肥（RU）、油茶施肥（OF）和油茶不施肥（OU）四类样方。在样地布置时，我们将样地共分为4个组，每个组分别包括4块样方，分别是水稻施肥、水稻不施肥、油茶施肥和油茶不施肥。换句话说，本实验样地包括四个处理（RF、RU、OF和OU），每种处理四个重复。其中水稻样地为10m×10m的正方形，而油茶田样地为14m×10m的矩形。样地与样地的间距为2m（图1.4）。

本样地于2012年7月即晚稻种植时开始启用。按照江西本地的水稻种植模式，水稻样方一年种植两季水稻。每季水稻的生长期大约为90天，早稻于每年4月移植7月底收割，晚稻于7月底移植10月底收割。施肥水稻的耕作模式：水稻秧苗移栽2～3天前在

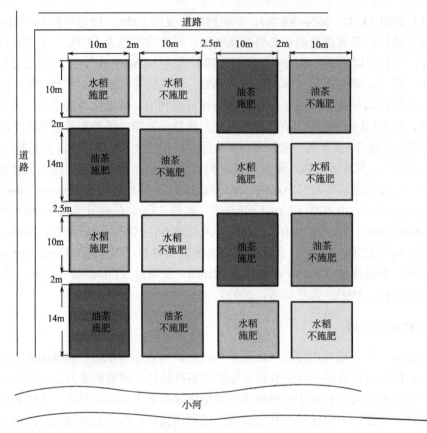

图1.4 千烟洲站油茶田转双季稻样地分布图

样地蓄水、翻土、施入底肥；然后是对水稻秧苗进行移栽，种植前后左右间隔为 20 cm；水稻秧苗移种 7~8 天后施入追肥；水稻秧苗移种 4 个星期后，水稻进入烤田期，水稻田里的水分排至饱和含水量以下，只有当水稻土壤比较干燥时才进行适当补水；这种状态持续到水稻抽穗灌浆和收割。除了不施用底肥与追肥外，不施肥的水稻样方的管理方式与施肥水稻样方相同。在本研究开展实验的 2014 年，水稻秧苗移种和施肥的日期详见表1.1。油茶田的管理方式相对简单，也是一年施用两次肥料，施肥时间是水稻施用追肥的时间，施肥量是水稻底肥和追肥的总和（表1.1）。不施肥油茶样方中不进行施肥处理。本研究水稻底肥为 72 kg N·ha^{-1} 的复合肥，追肥为 108 kg N·ha^{-1} 的尿素。施肥前需要将肥料充分溶解于水中，然后将含在肥料的溶液均匀喷撒于各样方中。

为研究植物根系分泌物以及淹水措施对土壤微生物排放温室气体温度敏感性的影响，本研究还先后在样地现有处理的基础上加入了断根和淹水处理。2013 年 7 月，本研究在实验样地的每个样方中设置一个 1 m × 1 m 的断根小样地，四块 1 m × 1 m 的 PVC 板被用作断根板。水稻样方的断根小样方不种植水稻，在每个生长季开始的翻土作业中断根小样方需要重新建立。油茶田样方内的断根小样方则为长期保存样方。为避免边缘效应，它们都距离大样地边缘至少 30cm。油茶田方的断根小样方均设置于两颗油茶树中间位置，因为这里的根系相对较少。2014 年年初，我们对水稻样方的管理模式进行了调整。为了了解长期淹水措施对水稻土壤微生物温室气体排放及温度敏感性的影响，本研究从四组水稻样方中选择两组进行长期淹水处理。也就是说 2014 年的两季水稻中只有两组水稻样方进行正常的排水烤田处理，另两组样方则是一直处于淹水状态。

表 1.1　2014 年水稻和油茶田管理模式

水稻生长季	水稻移植日期	水稻施肥日期和施肥量	油茶施肥日期和施肥量
早稻	2014.04.27	2014.04.26 施底肥（72kg N·ha^{-1}复合肥），2014.05.04 施追肥（108 kg N·ha^{-1}尿素）	2014.05.04 施肥（72kg N·ha^{-1}复合肥和 108 kg N·ha^{-1}尿素）
晚稻	2014.08.01	2014.07.31 施底肥（72kg N·ha^{-1}复合肥），2014.08.08 施追肥（108 kg N·ha^{-1}尿素）	2014.08.08 施肥（72kg N·ha^{-1}复合肥和 108 kg N·ha^{-1}尿素）

3. 样地气象及土壤生理生化性质的测定

土地利用转化样地内设置了一个小气候自动测定系统（图 1.5）。每块样方中安放了两个温度传感器和一个土壤湿度传感器，用于监测各样方中土壤 5 cm、10 cm 处的温度以及 10 cm 处的湿度，温湿度检测步长为 10min。其中湿度数据为体积含水量数据。各样方的温湿度数据自动汇集到安装于实验样地中央的自动气象站中（图 1.5）。而样地的气温和降水数据则来自于千烟洲站的自动气象站。由于本研究中取样深度为 0~10cm，因此分析主要运用的温度为土壤 5cm 处的温度。图 1.6 显示了样地气温及油茶和水稻田土壤 5 cm 处的平均土温大小。图 1.7 显示了实验期间千烟洲的月降水量大小。

图 1.5　土地利用样地小气候观测系统

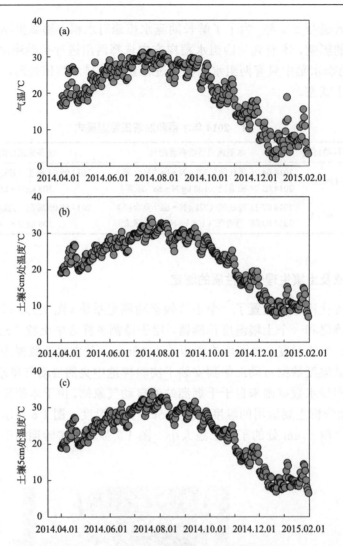

图 1.6　千烟洲站气温（a）、油茶不施肥样地（b）和水稻样地（c）5cm 土壤温度

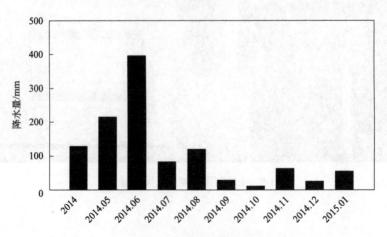

图 1.7　千烟洲站降水量

与此同时，为分析样地处理对土壤的影响，本研究还定期对各样方土壤理化性质进行分析。采取频率：2012 年 8 月至 2013 年 7 月，通常是每周采集一次土壤，但为了分析施肥作用对土壤无机氮的影响，施肥后的 2 周内是 3 d 采集 1 次土壤。从 2013 年 8 月起，采样频率变为了每两周采一次样，其中水稻生长季的采样频率较高，而冬闲田时期仅采集两次土样。采样深度为 0～10 cm 和 10～20 cm。每个样方采集四钻土（直径 2 cm）。各个样方土样充分混合在一起，并利用 2 mm 筛过滤植物根系及砾石。我们测定的提标包括：土壤质量含水量、pH、电导率、土壤总碳、土壤总氮、土壤可溶性有机碳（dissolved organic carbon，DOC）、土壤无机氮浓度（NO_3^--N 浓度和 NH_4^+-N 浓度）。土壤质量含水量的测定方法烘干法，即约 20g 土样在 105℃下烘干，利用土样烘干前后的质量差计算土壤含水量。pH 和电导率是利用 pH 计（Delta 320，Mettler-Toledo，Switzerland）测定的，土水比例为 1∶2.5（W/V）。土壤总碳和总氮利用元素分析仪（Elementar，Hanau，Germany）测定。土壤 DOC 按照土水比例 1∶5（W/V）利用蒸馏水提取，最后用总有机碳分析仪（Liqui TOC Ⅱ，Elementar，Hanau，Germany）测定。土壤无机氮浓度按照土水比例 1∶5（W/V）利用 1 M[①]KCl 提取，测定仪器为流动分析仪（Integral Futura，Alliance Instruments，France）。多余的土壤在−20℃下长期保存。

4. 土壤培养系统开发

目前国际上并没有成熟的、商业化的可移动性多通道土壤培养设备。在野外从事土壤样品的培养，对设备的要求特别高。不仅要求设备轻便，方便在野外的携带，同时还必须能快速准确地将培养物控制在指定的温度上，这样才能尽量减少土壤培养过程对土壤样品的干扰，特别是对土壤湿度的干扰。目前普遍采用的土壤培养设备包括水浴锅和培养箱等。水浴锅能够准确地控制土壤样品温度，但难以降温；而培养箱的优点是可以实现增温和降温，但它也有温度控制精度不高的缺点。此外，这两种仪器的体积都非常庞大，适合于实验室的控制实验，但难以胜任野外研究。

本书作者历时两年时间，自主开发了一套土壤培养系统，用于对土壤样品进行温度控制（图 1.8）。这套土壤培养装置是一个多通道的温度控制系统，每一个温度控制通道都包括一个温度控制表、继电器、温度传感器和加温或制冷器（图 1.9）。运行系统时，我们只需要在温控表中设置目标温度，系统能够通过其自动调节能力使加热/制冷器达到目标温度。温度控制表首先通过温度传感器感知加热/制冷器的温度，然后通过控制继电器开关的方式控制加热或制冷器的功率，从而使加热或制冷器稳定在目标温度。加热器为内部装有 50 W 电阻丝的石棉编织袋。制冷器是装有散热系统的陶瓷制冷片。为达到不同的制冷效果，每个制冷通道的陶瓷制冷片具有不同的制冷功率。为了方便土壤的培养，各个通道下的加热或制冷器都是按照玻璃培养瓶（250mL 蓝盖瓶）的尺寸加工制作。图 1.10 显示了当系统运行后，利用纽扣温度计（Maxim integrated，DS1922L）测定的土壤样品温度实时变化曲线（测定步长为 1 min）。测定结果表明经过室温下的多次训练后，本套温度控制装置可以在 40 min 内使土壤样品的温度达到并稳定（±0.3℃）（图 1.10）。

---

① 1M=1mol/dm³。

由于本系统是通过控制加热/制冷器来间接控制土壤样品的温度，土壤样品的温度与目标温度存在一定的差别，所以我们在分析时运用实测温度以避免误差。

图 1.8　土壤培养系统（左边为制冷系统，右边为制热系统）

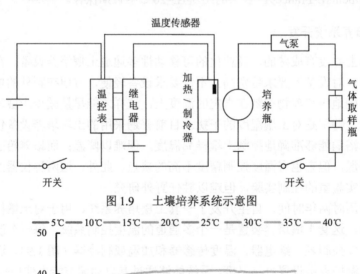

图 1.9　土壤培养系统示意图

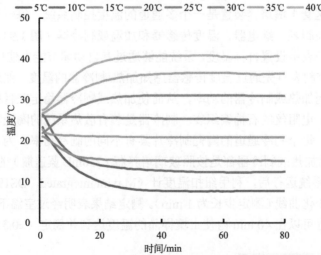

图 1.10　放入培养系统后土壤温度的变化趋势

第2章 生态系统关键过程对气候变暖响应及适应的概念与理论

2.1 适应性与表型可塑性的概念

适应性被定义为生物生长在不同的环境中，其生理特征针对不同环境状况进行调整的能力（Prosser，1991；Wilson and Franklin，2002）。在气候变化问题中，物种自身的生存、分布迁移的变化和生物地球化学循环是重要议题。生物适应性在以下几个方面有着重要作用：①生物个体的能力直接影响了生物在气候变化背景下的生存、分布和迁移，具备能力的生物能对气候的变化产生适应性的调整，避免个体的死亡或者缓冲分布范围的变化（Richter et al.，2012；Svanbäck and Schluter，2013）；②生物体（尤其是植物）由于产生了生理生化过程（例如光合作用和呼吸作用）的适应性，而对整个生物地球化学循环的模拟造成影响（Prieto et al.，2012；Chen and Zhuang，2013；Smith and Dukes，2013）。在当前气候变化的研究背景下，涌现出了大量关于生理过程和功能性状（例如植物光合作用、呼吸作用、气孔）对气候变暖，CO_2 升高适应性的研究，这些研究主要基于增温实验和 CO_2 倍增等控制实验（Farage et al.，1998；Atkin and Tjoelker，2003；Campbell et al.，2007；Gunderson et al.，2010；Johnson et al.，2010；Yamori et al.，2010；Urban et al.，2012）。表型可塑性（phenotypic plasticity）是指同一基因型在不同环境中表现出不同表型性状的能力（Bradshaw，1965；Sultan，2000）。目前，也开始有一些文章从表型可塑性的角度探讨气候变化的影响，这些研究虽然没有直接将适应性和表型可塑性概念统一起来，但是却为二者应当统一起来进行研究提供了佐证（Hahn et al.，2012；Anderson et al.，2012）。关于适应性的研究一直以实验研究为主，关注于描述性研究，缺乏对于基础概念的探讨，缺乏理论基础。本书主要探讨了"适应性"这一基本概念。对于"适应性"的探讨，离不开表型可塑性。然而，在国内外研究中，适应性和表型可塑性的研究一直以来沿用各自的概念，忽略了两个概念之间的联系。

2.1.1 适应性与表型可塑性概念的区别

适应性和表型可塑性两个概念既有交集，又存在差异。从定义上即可看出，表型可塑性与适应性两个概念有非常相似的含义。表型可塑性这一概念显然更为一般化，适应性则是表型可塑性的一种特殊的类型，特指生理层面的对于异质环境的可塑性（Wilson and Franklin，2002；Fischer et al.，2003）。在理论生态学上对于表型进化和表型适应的探讨主要采用了表型可塑性这一概念。正是由于表型可塑性和适应性两个概念存在相似性，针对表型可塑性概念探讨的理论问题对于适应性的研究是同样适用的，同样重要的。这一点应当引起重视，因为目前对于适应性的研究主要集中在生理过程及生理机制调控等描述性研究以及应用性研究方面，而忽视了其本身与理论问题的联系。

尽管可以将适应性理解为表型可塑性的一种特例，但是不可忽视的是表型可塑性这个一般化的定义本身包含各种各样的类型，这些类型之间存在着差异。一方面的差异体现在生物应对变异环境所产生的可塑性存在产生时间的不同，或者称为可塑性产生在不同的生活史阶段。一个明显的例子即为叶片在不同温度下生长出来会体现在光合作用系统生理结构和功能上的可塑性反应，已经生长成熟的多年生叶片在不同季节的温度差异下继续生长，也会表现出光合作用系统生理结构和功能上的可塑性反应（Medlyn et al.，2002；Gorsuch et al.，2010a；Ow et al.，2010）。另一个方面的差异可以理解为可塑性是否可逆。举例子来说，树干的高度或叶片的长度被认为是一旦在一定的环境下生长形成，便成为一种不可逆的性状，而叶片的一些生理生化特征则被认为是可逆的，例如光合作用的最适温度可以随着生长季节温度变化，通过调整光合作用系统产生相应的改变。这两个方面的差异并不是相互独立的，根据这些差异的存在，可以更为深入地理解表型可塑性这一概念的内涵。发育过程的可塑性（developmental plasticity），指未成熟前生长在不同的环境中所形成的可塑性反应，这种可塑性反应与其他生活史阶段可塑性的差异往往是因为发育过程的可塑性反应中包含的一些可塑性反应是不可逆的（Wilson and Franklin，2002；Fischer et al.，2003）。在关于适应性产生的过程机制的研究中，尤其在进行多个实验结果比较时，应注意这些差异，因为相同的适应性差异，可能由于产生在生活史的不同阶段，而由不同的生理机制造成；同样，同一种性状，可能在生活史的前期产生适应性反应，但是在后期却可能并不产生适应性反应。在进行理论分析时，这些不同类型的差异往往可以一般化到成本和收益上去，例如，发育过程的可塑性反应与生活史其他时段可塑性不同，往往是由于一些结构特征一旦成形后，如果变化，需要付出更大的成本，故分析时只需明确可塑性特征的成本收益。

适应性和表型可塑性的大部分实验研究是揭示发育阶段的可塑性反应，在不同的实验环境下培养生物，以观察其表型变异。研究表型可塑性的主要方法是分析反应范式（reaction norm）（Stearns，1989；Via et al.，1995；Piersma and Drent，2003）。表型可塑性的反应范式的具体表现形式是功能特征随着环境梯度改变而改变的函数。最为常用的反映范式是生物表型随着环境梯度线性变化模式（Pigliucci，2001）。利用这种方式分析生理生化过程的可塑性时，应当尤其注意。因为生理生化过程是由物理化学过程组成的，物理化学过程本身随着环境（温度、水分等）变化即会产生一定的响应，因此，针对生理生化过程的可塑性来说，尤其应当注意的是反应范式指标应当能代表响应曲线的变动。以植物光合作用的温度适应性（temperature acclimation）为例来进行说明。因为光合作用是一种物理化学过程，植物的光合作用随温度的变化即会产生响应过程，但是在不同温度下培养的植物叶片（也就是表现出可塑性的过程中），光合作用随温度的响应曲线会发生移动，这种响应曲线的移动真正代表了可塑性（Atwell et al.，1999；Luo，2007）。

2.1.2　适应性与表型可塑性分类

Sultan（2000）将表型可塑性划分为功能可塑性、发育可塑性、生活史可塑性和跨代可塑性（cross-generation plasticity）。依据上文的概念可看出，这里的分类并不是完全独立的，功能可塑性和生活史可塑性都可以表现在生物发育过程中，成为发育可塑性，也可以在发育后表现出来。适应性和表型可塑性研究的关键在于表型可塑性对于生物体适合度的意义，分析生物体适合度的基本单位是性状。鉴于在本章 2.1.1 已经对于适应性和表型可塑性的概念所包含的各种不同的含义进行了阐述，此处将表型可塑性简单分为功能性状可塑性和生活史性状可塑性。

功能性状的表型可塑性是指与资源获取有关的功能性状，为了弥补因为资源短缺造成的生物生长和生物量的降低，对环境变化而做出的调整（Sultan，2000）。这种可塑性具体包括较短时间尺度的生理可塑性变化，例如叶倾角、气孔开度、光合速率的可塑性调整（Farage et al.，1998；Atkin and Tjoelker，2003；Campbell et al.，2007；Johnson et al.，2010），以及较长时间尺度的生物量分配（如根茎比）、叶片大小、比叶面积、根系空间分布和细根的长度和体积比（Schlichting，1986；Gedroc et al.，1996；Ryser and Eek，2000）。

生活史性状的表型可塑性是指生活史性状，例如性别表达，繁殖系统、繁殖生长分配和物候等，对于环境的改变表现出可塑性反应（Sultan，2000）。这种可塑性具体包括单性花中雌雄花的比例，两性花自花传粉和异花传粉的转换，植物开花时间的调整（Diggle，1994；Galloway，1996；Vogler et al.，1998）。这样划分也是为了强调应当以性状为单位进行适应性和表型可塑性的分析，而不应当将生物体所有功能看作一个整体，评价在不同环境中的适应性和表型可塑性能力（Richards et al.，2006）。此外，划分为功能性状的适应性和表型可塑性与生活史性状的适应性和表型可塑性能够突出表型可塑性研究与生态学其他部分之间的联系。功能性状的表型可塑性研究和生活史性状的表型可塑性研究因其对于生物适合度的分析，将直接有助于生物多样性和进化生物学的分析。此外，功能性状的表型可塑性研究将可以直接向上扩展到生态系统功能、生物地球化学循环的研究。

2.2　适应性与表型可塑性理论

目前，实验研究构成了气候变化适应性研究的主要部分，着重于揭示和描述不同生物的对于不同环境因子变异的适应性现象以及其生理机制，而针对共性的适应性理论基础的问题的探讨比较缺乏。气候变化适应性的主要理论问题包括：①适应性和适合度的关系。对于这一问题的探讨主要是验证有利的适应性假设（better acclimation hypothesis，BAH），即认为适应性一定会使生物有更优的适合度表现。这样一个让人认为显而易见的假设被众多的实验检验所推翻，但是并没有给出让人满意的解释，仅有的一些解释只是认为验证实验的实验设计存在问题（Wilson and Franklin，2002）；②生物适应性存在与否。众多实验研究致力于揭示不同物种适应性是否存在，而忽视了从理论的角度揭示适应性存在或者不存在的原因（成本-收益分析）；③生物适应性能力大小。以增温实验对光合作用适应性为例。目前的研究直接以最适温度的增加（线性模型）作为适应性能力的衡量指标（Battaglia et al.，1996；Bunce，2008），但是还有一些研究则是分析不同培养温度下光合速率的变化（Atkin et al.，2006）；④生物适应性的模拟问题。生物适应性的模拟问题在生物地球化学循环模拟中已经开始引起重视，不考虑适应性的模拟可能会带来模拟的误差。目前对于适应性的模拟主要是通过经验模型对于生理参数进行调整

（Prieto et al.，2012； Chen and Zhuang，2013；Smith and Dukes，2013），缺乏理论意义。

表型可塑性的研究中，同样也是实验研究占了很大比例，但是表型可塑性的理论研究发展比适应性理论发展得早，理论方面还是展开了一些讨论（Stearns，1989；Debat and David，2001；Pigliucci，2005；Funk et al.，2007；Nussey et al.，2007）。理论探讨的重点在进化生物学领域，重要的问题包括表型可塑性与进化、自然选择的关系（Robinson and Dukas，1999；Gotthard and Nylin，1995；Pigliucci，2006；Ghalambor et al.，2007；Nussey et al.，2007）。本书关注的问题是从生态学角度对表型可塑性的理论探讨（Sultan，2000；Pigliucci，2005），这些理论问题与气候变化适应性的理论问题有很好的对应关系，例如生物表型可塑性是否是适应的，表型可塑性的存在与否及大小，表型可塑性的理论分析方法，从而对于气候变化适应性的理论问题能够给予启发。

2.2.1 适应性与表型可塑性能力比较

人们通常把性状的适应性和表型可塑性看做是生物体适应环境的一种能力。自然而然，人们会分析和比较不同物种，或者相同物种不同种群适应能力的大小（Marshall and Jain，1968；Williams et al.，1995；Kaufman and Smouse，2001；Parker et al.，2003）。利用反应范式来研究生物体适应性和表型可塑性能力高低时，反应范式的纵坐标通常是某个性状值，这个性状值实际代表的是生物适合度。在衡量适应性和表型可塑性能力大小时，大量研究直接在环境梯度上采用了线性模式进行分析，并直接根据斜率的大小评判适应性和表型可塑性的能力大小（Battaglia et al.，1996；Bunce，2008）。本节通过一个概念模型来揭示上面分析方法存在的问题（图 2.1），上述分析方法对于图 2.1（b）所对应的状况是没有问题的，但是利用上述方法直接对图 2.1（a）分析则忽略了应该存在两种情况：①类型 B（实线）适应性或表型可塑性能力强，在较差的环境中，能保持适合度平稳，不会造成适合度迅速下降；②类型 A（虚线）的适应性或表型可塑性能力强，在较好的环境中，能迅速提高适合度。通过上面的分析可以看出，适应性和表型可塑能力的判断应当分为两种状况：①在胁迫环境（stressful environment）中维持生物体的生存的能力（Gorsuch et al.，2010b；Baker，1965；Hoffmann and Parsons，1991；Dooremalen et al.，2013）；②在非胁迫环境中，增加生物体对于其他种群的相对适合度，以增加生物体本身基因频率的能力（Battaglia et al.，1996；耿宇鹏，2004；Bunce，2008；Ow et al.，2010）。因为这两种含义的存在，所以利用一个一次方程描述性状在胁迫与非胁迫两种状态下的反应范式对生物体适应性和表型可塑性能力高低进行定义存在挑战（Ghalambor et al.，2007）。而图 2.1（b）所对应的状况，即为前两种状况的组合状况，既能在胁迫下保持稳态，又能在非胁迫环境下更为快速提高适合度，即图 2.1（b）中类型 A 的可塑性能力强（Richards et al.，2006）。应当注意的是，尽管在图 2.1 中纵坐标均为适合度，但是实际应用中，胁迫状况和非胁迫状况中用来表征适合度的具体性状指标可能不同。

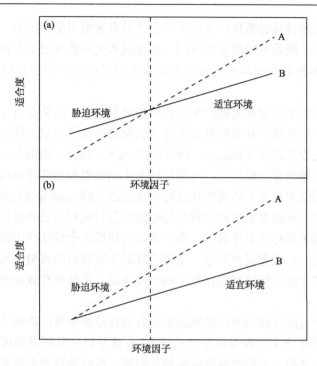

图 2.1　适应性与表型可塑性能力模型

（a）中表型可塑性能力高可能有两种含义，类型 A（虚线）在适宜环境中能有效提高适合度，类型 B（实线）在胁迫环境
　　中能有效避免适合度的降低，保持相对稳定状态。（b）类型 A 在两种含义下都具有更高的表型可塑性能力

2.2.2　适应性与表型可塑性的有限性

生物适应性和表型可塑性在直观上被当做表征生物适应异质环境的能力和解释同物种在地理区域上广泛分布的重要概念（Bradshaw，1965；Sultan，2001；Richards *et al.*，2005）。在这种观点下，生物表型可塑性被认为是"有利的"。但是，所观察到的生物都是只有一定的可塑性范围，不是无限制地适应各种环境。这样就有了很自然的问题：既然表型可塑性是有利的，为什么表型可塑性不能达到最大化，所观察到的表型可塑性都是有限的？为什么不是所有的物种都能表现出表型可塑性？（Wilson，1998；Valladares *et al.*，2007）。回答这些问题的关键在于成本-收益分析，即对于适应性和表型可塑性的成本以及有限收益的讨论。

生物适应性和表型可塑性的成本或称代价主要在于生物为了维持表型可塑性需要有一定的投入，而这种投入无疑会降低生物的适合度。一些理论性的研究将生物表型可塑性的成本进行了分类（Wilson，1998；Givnish，2002；Relyea，2002；Valladares *et al.*，2007）：表型可塑性的产生成本，是指生物为了产生表型可塑性，需要额外投入一定物质或能量；表型可塑性的维持成本，是指生物产生表型可塑性之后，为了维持表型可塑性，需要额外投入一定物质或能量；获取信息的成本，是指生物体需要一些特殊构造过程感知环境的变异，进而产生表型可塑性反应；发育不稳定的成本，是指接收不正确的环境信息形成表型可塑性反应，实际却成为一种无效投入，从而降低适合度（Scheiner，1993）；

遗传成本，是指需要特殊的遗传构造使生物保持具有表型可塑性能力。表型可塑性的产生成本和维持成本一般是考虑的主要方面，其他成本大多数状况下难以量化。对于表型可塑性的产生成本和维持成本的理解可以借鉴生物呼吸过程中生长呼吸和维持呼吸的概念。

生物适应性和表型可塑性所能产生的收益也是有限的，收益的有限性从另一个方面解释了为什么在异质环境中并非所有最优化的表型都表达了出来。研究对于表型可塑性收益的有限性也进行了总结（Wilson，1998；Givnish，2002；Valladares et al.，2007）：不准确的诱导因子和信息收集过程，可能导致产生的表型和当前环境因子状况不吻合；产生表型可塑性的过程相对于环境变化过程存在延迟（Kleunen and Fisher，2005）；发育表达程度的有限性，是指表型的表达程度与表型可变异的程度之间有权衡关系，这样一来，在一些环境因子相对稳定环境中，具有表型可塑性的个体往往不能充分地表达，从而造成适合度较低；后成表现型问题，主要是针对非发育过程可塑性来说的，认为发育期过后，性状所产生的可塑性可能存在一些功能缺陷，不能很有效地增加生物体适合度（Wilson，1998）。

本书利用对于适应性和表型可塑性成本和有限收益概念帮助理解 2.1 节中生物适应性和可塑性的概念和含义。表型可塑性的成本-收益分析可以把表型可塑性的概念一般化，真正分析时只要把成本和收益分析清楚了即可。也就是说究竟是发育过程中的可塑性，还是成熟之后由于环境变化所产生的适应性，仅仅是因为其表现出表型可塑性的成本不同而已。同样，概念上的另一种分歧，即可逆与不可逆也可以统一到成本和收益关系来考虑。一种表型不可逆原因也是成本太大所造成的。这样统一到成本收益分析问题上之后，也就与"一些生物能反映出表型可塑性，另一些生物不能反映出表型可塑性"和"某些性状能表现出表型可塑性，另一些性状不能表现出表型可塑性"的问题是一致的。

2.2.3　有利的适应性假说

适应性和表型可塑性是自然界中常见现象。因此，就会有这样一个问题"适应性和表型可塑性对生物体的意义是什么，适应性和表型可塑性是生物体对环境的一种适应性表现吗？"（Karban and Myers，1989；Sultan，1995；Pigliucci，2001；Griffith and Sultan，2005；Ghalambor et al.，2007）。直觉上，人们都会有这样一种感受，表型可塑性使得生物体在多变的环境中生存，增加了生物体的生态幅，解释了生物体在自然界中的分布范围（Bradshaw，1965；Sultan，2001；Richards et al.，2005）。这种观点自然而然强调了表型适应性和可塑性是生物适应环境的一种属性。基于这种观点，就有了适应的可塑性假说（adaptive plasticity hypothesis）（Schmitt et al.，1995，1999；Dudley and Schmitt，1996），在一些着重与分析适应性的研究中，则提出了有利的适应性假说（beneficial acclimation hypothesis 或 better acclimation hypothesis，BAH）（Leroi et al.，1994；Huey et al.，1999）。这两个假说的含义是相同的，指适应性或表型可塑性在变化的环境中提高了生物体的存活、生长、繁殖，最终增加了生物体的适合度（Wilson and Franklin，2002；Wood and Harrison，2002；Deere and Chown，2006）。对于有利的适应性假说的检验主要集中在它的一个推论上，在一个特定环境下生长的生物体，与在其他环境条件下生长的生物共同置于这一特定环境条件下时，会有更好的表现或更高的适合度（Wilson and Franklin，2002；Wood and Harrison，2002；Deere and Chown，2006）。这是一个让人感觉自然合理的推论，但是很多的实验验证都否定这一假设（Leroi *et al.*，1994；Huey *et al.*，1999），因此开始引起一些争论。一些研究认为进行实验验证的过程中应当比较特定的性状是否在培养环境下表现出优势，而不应当从生物体整体的适合度的角度进行考虑（Wilson and Franklin，2002；Wood and Harrison，2002）。这种争论有一定的意义，因为个体的适合度可能被其他未产生适应性的性状拉低了。还有一些研究则把注意力开始转移到实验设计上，提出以往的实验验证过程所分析的发育过程是表型可塑性，而不是适应性反应（Wilson and Franklin，2002）。但是这种对于实验设计的质疑，并不能完全解释上面的现象。因为即使在概念上进行了区分，仍然需要解释发育过程中的表型可塑性是否具有适应性特征。

2.2.4　表型最优化分析

在表型变异的研究中，最常用理论分析方法是表型最优化模型（Scheiner，1993；Rossiter，1996；Menge *et al.*，2011）。其基本的含义是分析不同表型所带来的成本和收益，通过成本-收益权衡分析确定在特定环境下的最优表型，即在此环境下能获得最大适合度的表型（Scheiner，1993；Rossiter，1996）。最优化模型的方法可以用于分析生物所表现出来的适应性和表型可塑性变化。表型最优化的方法对于解释遗传变异及生物适应性或表型可塑性造成的表型反应是同样适用的，因为它考虑的是能带来最优适合度的一种平衡态结果，并不区分这种结果是由遗传变异带来，或是由适应性或表型可塑性带来。利用表型最优化分析生活史性状的表型可塑性时，其最优化的目标就是适合度，但是利用表型最优化模型分析分析功能性状的适应性和表型可塑性时，通常最优化的目标是性状所对应的功能，这里暗含了功能与适合度有正相关关系。表型最优化分析为适应性和表型可塑性问题提供了理论分析方法，确定了适应性或表型可塑性成本和收益，利用最优化模型，即可以对适应性和表型可塑性状况进行预测，并能基于平衡态观点对适应性和表型可塑性进行模拟。目前，对于气候变化适应性的模拟主要还是采用经验模拟的方法，修改经验参数，表型最优化分析为适应性模拟提供了一个理论分析的途径，可以成为未来的方向。

从表型最优化的角度预测适应性性状的一个分析例子是形态结构可塑性与生理性状可塑性之间的权衡。可塑性性状可以表现为形态结构性状的可塑性和生理性状可塑性（Bradshaw，1965）。这两类性状的可塑性产生来自不同的机制，并且有不同的成本，但是两类性状的可塑性均可能造成适合度增加。表现出形态结构上的可塑性（例如高度）通常代表着产生新的组织或器官以应对环境的变化，而生理层面上的可塑性则主要体现在分子水平上的变化。通常来看，形态结构上的可塑性变化往往可能带来更大的适合度优势，但是可能需要付出更多的成本。利用表型最优化的成本和收益的权衡分析可以推测在不同的资源状况下，生物体可能优先选择产生不同的表型可塑性性状。一般而言，成本会成为一种限定因素，即在能承担的成本的前提下获取尽量大的收益。基于此分析的一个推论为在资源丰富的条件下，生物体更倾向于产生形态结构层面的适应性，而在资源贫乏的条件下，生物体更倾向于产生细胞水平、分子水平上的适应性特征（Campbell et al.，1991；Grime and Mackey，2002）。

2.3　光合作用与呼吸作用过程的温度敏感性和适应性

选择介绍植物光合作用和呼吸作用的温度适应性这一问题主要有两个方面的原因。一方面，这一问题能够包含在广义适应性现象之中，能够对一些理论问题的解释给予启发；另一方面光合作用和呼吸作用作为植物最重要的生理过程，对于理解植被生产力，植物生长和分布，以及生物地球化学循环有重要的意义。尤其是在当前气候变化的背景下，这一问题引起了很多的关注。此外，经过长期的研究，光合作用的基本化学和物理过程已经比较清楚，为光合作用适应性研究提供很好的基础。

光合作用可以分为两个反应过程：光反应过程和暗反应过程。根据已有的光合作用生理过程，Farquhar 等（1980）建立了基于机理过程的 C_3 植物的光合作用模型。这一模型被广泛用于探讨 C_3 光合作用途径对环境因子变异的响应问题（Sharkey et al.，2007）。Farquhar-von-Caemmerer-Berry 模型（FvCB 模型）假设光合作用过程是受到两个独立的光合作用过程的影响（其实还有第三个过程即磷的限制，因为在实际中很少限制光合作用，所以在本研究中并不考虑）。一种是 Rubisco 酶羧化过程的限制，在这种限制过程中，反应底物 RuBP 被认为是充足的，CO_2 的浓度限制了光合作用速率。另一种是 RuBP 再生过程限制，主要是因为电子传递速率限制光合作用速率。Farquhar 等（1980）在模型中独立地模拟这两个过程，并比较模拟得到的结果，两个过程中较低的结果作为实际的光合作用速率。

由于温带物种生活在一种季节温度变动的环境中，因此它们本身可能就表现出一种温度的表型可塑性反应。此外，IPCC 预测全球平均气温将在 21 世纪末增加 1.8~4.0℃，并且伴随有区域的和季节的异质性（IPCC，2007）。为了预测全球变暖对于植物生长，生产力以及生物地球化学循环的影响，利用增温实验研究光合作用和呼吸作用的温度适应性也是重要的手段。此外，通过这些研究，可以提供 FvCB 进行光合作用模拟的温度敏感性参数，直接服务于生物地球化学循环的模拟。

2.3.1　光合作用与呼吸作用过程的温度响应曲线和温度敏感性

光合作用的温度响应曲线呈现一种单峰型。在低温下（一般为 10℃ 以下），光合作用速率受到物质传输速率的限制，在这种状况下，植物通常经历一种冷胁迫状态。在 10℃ 以上，随着温度的升高光合作用速率先升高，这主要是因为光合作用中很多反应过程是酶促反应，随着温度升高反应速率增加（Sharkey，1985）。一般在 10~35℃ 之间达到光合速率的最大值，此时的温度为最适温度，当温度高于最适温度时，植物体开始受到高温胁迫，酶活性减弱，膜的通透性以及空间构成也会发生变化。根据已有的研究文献，对于光合作用和呼吸作用温度适应性和温度响应状况的温度范围选择主要在 0~10℃（Hikosaka et al.，2006；Gunderson et al.，2010；Dillaway and Kruger，2010），但是会根据具体分析的物种和测量的季节进行调整（Gunderson *et al.*，2010；Dillaway and Kruger，2010）。

呼吸作用的温度响应曲线在 10℃到 40℃一般表现为指数增长形式。这也是由于呼吸过程中酶促反应过程所导致。在更高的温度下，呼吸作用可能会出现对高温胁迫的突然下降，但不在本书所研究的温度范围内。

光合作用和呼吸作用的温度敏感性主要由温度敏感性参数来进行刻画。常用的温度敏感性参数为光合作用反应系统和呼吸系统的活化能，以及在标准温度下（25℃）的参考值。这些温度敏感性参数直接服务于光合作用模拟，下文中对于温度敏感性的探讨主要是温度敏感性参数的变化及其对于生物地球化学循环过程模拟的意义。

2.3.2　光合作用与呼吸作用过程的温度适应性现象

1. 光合作用过程温度适应性现象

以往的研究结果对于叶片光合作用对增温的响应还存在较大的争议（Apple *et al.*，2000；Shen *et al.*，2014；Djanaguiraman *et al.*，2011）。例如，有的研究报道增温对叶片光合速率没有影响（Llorens *et al.*，2004a，2004b），而另一些研究却发现增温降低了叶片的光合速率（Shen *et al.*，2014；Djanaguiraman *et al.*，2011），还有的研究认为增温会增加叶片的光合速率（Chapin and Shaver，1996；Apple *et al.*，2000；Yin *et al.*，2008；Han *et al.*，2009；Prieto *et al.*，2009a；Jin *et al.*，2011）。然而，对不同的研究进行比较是非常困难的，因为不仅不同实验的增温处理存在差异，而且不同物种和生态型光合作用的温度敏感性和最适温度也不尽相同（Niu *et al.*，2008）。另外，叶片光合速率对增温的响应通常还会受到其他因素的影响，例如营养元素有效性、植物内部水分状态、叶片和外界环境的蒸汽压差等（Llorens *et al.*，2004a；Niu *et al.*，2008；Yang *et al.*，2011）。

目前，植物光合作用对温度的响应和适应性研究是当今全球变暖背景下植物生理生态学研究领域的热点之一。就高等植物而言，当其生存在极端高温或极端低温环境下，植物光合作用的光饱和速率均比较低；而只有植物生长在中间某一个最适的温度下才能表现出最大的光合速率。植物的光合特性通常具有一定的表型可塑性，也就是光合作用的最适温度会随着生存环境温度的改变而发生移动（Battaglia *et al.*，1996；Billings *et al.*，1971；Smith and Hadley，1974）。近年来，植物光合作用过程适应性研究主要集中在净光合作用的最适温度对气候变暖的适应上，但对引起最适温度变化的机理还并不十分清楚。已有的研究发现光系统Ⅱ电子传递决定着最适温度的适应性（Epron，1997）。然而，另有研究却表明光系统Ⅱ电子传递对最适温度的适应性并不敏感（Badger *et al.*，1982）。另外，也有的实验结果表明，温度适应性还与物种起源有着密切的关系。例如，Dillaway 和 Kruger（2010）的研究没有发现寒带物种山杨（*Populus tremuloides* Michx.）和纸皮桦（*Betula papyrifera* Marsh.），以及温带物种东部三叶杨（*Populus deltoides* Bartr ex. Marsh var. deltoides）和枫香（*Liquidambar styraciflua* L.）4 个树种的最适温度发生移动。然而，Cunningham 和 Read（2002）通过研究澳大利亚热带和温带地区 8 个树种最适温度对增温的适应性，发现除了温带物种光亮密藏花（*Eucryphia lucida*）外，其他物种的光合作用最适温度均随着生长温度的提高而线性增加，当生长温度由 14℃上升到 30℃时，温带物种光合作用的最适温度则仅从 20℃上升到 23℃，而热带物种的最适温度从 21℃上升到 26℃。此外，另有一些物种小叶青冈（*Quercus myrsinaefolia*）（Hikosaka *et al.*，1999）、阴阳莲（*Polygonum cuspidatum*）（Onoda *et al.*，2005b）、菠菜（*Spinacia oleracea*）（Yamori *et al.*，2005）、棉花（*Gossypium hirsutu*）（Crafts-Brandner and Law，2000；Crafts-Brandner and Salvucci，2000）的温度适应性移动与 RuBP 的羧化、再生和活性有关。

　　植物光合作用的最适温度随生长温度的改变而移动的现象在物种间也存在着差异。即某些物种能够完全适应气候变化，而另外一些物种却仅能部分适应，甚至有些物种根本不能适应气候的变化。例如，Mawson 等（1986）和 Mawson 和 Cummins（1989）在对北极植物零余虎耳草（*Saxifraga cernua*）的研究也发现光合作用可以完全适应增温带来的不利影响。近年来，Yamasaki 等（2002）对冬小麦的温度适应性研究时也发现了上述相似的结果。光合作用的温度响应曲线会随着培养温度的不同而产生移动现象，具体反映为光合作用曲线的最适温度和光合速率最大值的变动。Slatyer 和 Morrow（1977）发现如果培养温度增加 3℃，雪桉（*Eucalyptus pauciflora*）的最适温度就会增加 1℃。但是研究发现，这种变化幅度在不同物种之间存在差异，这种差异被称作植物光合作用适应性能力的差异。Battaglia 等（1996）发现蓝桉（*Eucalyptus globulus*）和亮果桉（*Eucalyptus nitens*）的适应能力分别为 0.59℃/1.0℃和 0.35℃/1.0℃。Dillaway 和 Kruger（2010）对两种热带树种和两种温带树种的研究发现，这些树种并没有随着培养温度的不同产生最适温度的改变。Bunce（2008）的研究也发现拟南芥并没有表现出最适温度的移动，但是甘蓝（*Brassica oleracea*）的最适温度随着培养温度的升高而明显增加。光合作用温度响应曲线最适温度的改变也反映了物种对于高、低温胁迫的适应能力。最适温度高，则代表着物种能够在较高的温度下保持生物活性，不至于在高温下即表现出光合作用系统的失活（Forseth and Ehleringer，1982；Seemann *et al.*，1986；Law and Crafts-Brandner，1999；Salvucci and Crafts-Brandner，2004；Song *et al.*，2010）。最适温度较低也同样代表了在低温保持活性的状态（Savitch *et al.*，1997；Savitch *et al.*，2000；Hjelm and Ügren，2003；Gimeno *et al.*，2009；Bae *et al.*，2010）。

2. 呼吸作用过程温度适应性现象

　　近年来随着全球变暖的加剧，植物叶片呼吸作用的温度敏感性问题关系到未来全球气温的准确估算，并因此受到全世界生态学家的普遍关注。植物呼吸作用过程对温度的响应可以表现在短期和长期两个不同的时间尺度上。就植物对温度的短期响应而言，以往的研究普遍认为呼吸速率与温度之间是指数函数的关系，并且一般认为呼吸作用的温度敏感性为一个常数 Q_{10}=2.0（即温度每升高 10℃植物呼吸变为原来的 2 倍）。然而，近年来越来越多的研究认为，利用一个恒定不变的值 Q_{10} 来表征这种呼吸作用对温度的短期响应是有问题的，因为植物呼吸对温度的响应非常敏感，其温度敏感性 Q_{10} 并不是一个常数并且会随着温度的改变而发生变化（Azcón-Bieto and Osmond，1983；Bolstad *et al.*，2003；Gershenson *et al.*，2009）。从另一方面来看，长期的增温也会导致植物的呼吸作用过程对温度产生一定的适应性（Atkin and Tjoelker，2003；Bolstad *et al.*，2003；Armstrong *et al.*, 2006), 呼吸作用的温度适应性现象即为温度敏感性参数的改变, 可以是呼吸速率活化能的变化, 也可以是在参考温度下标准值的变化 (Atkin and Tjoelker, 2003), 即 Q_{10} 也不是一个固定不变的值。然而, 尽管如此, 目前许多关于碳平衡的模型将 Q_{10} 作为一个定值来描述呼吸对温度的短期响应, 并且忽视其对温度的适应。从全球范围来说, 植物通过呼吸作用过程每年向大气释放大约 600 亿吨碳 (Amthor, 1997); 未来全球气候变暖可能使这一过程向大气释放更多的碳。因此, 在全球气候变暖背景下, 从叶片尺度深入探讨叶片呼吸作用对温度的适应性有助于更加准确地计算整个生态系统的碳收支状况, 预测未来全球变暖对整个生态系统碳平衡过程的影响。

2.3.3　光合作用与呼吸作用过程的温度适应性产生机制

1. 光合作用过程温度适应性产生机制

增温为什么会导致植物叶片光合作用的最适温度发生移动呢? 这种物种间对气候变暖不同适应能力的差异又是什么原因引起的呢? 近年来的研究已经发现, 在不同的生长温度下 J_{max} 的最适温度也会发生移动 (Mitchell and Barber, 1986; Hikosaka *et al.*, 1999; Yamasaki *et al.*, 2002)。这种 J_{max} 对生长温度的响应也可能是引起 RuBP 再生限制净光合的温度曲线移动的原因之一。以往的研究结果已经显示, RuBP 再生过程中所需酶的耐热性在不同的生长温度下发生了变化。例如, Badger 等 (1982) 发现夹竹桃叶片卡尔文循环中不同酶的热稳定性在不同的生长温度下发生了变化。随着近年来研究技术的发展, 许多研究利用叶绿素荧光技术发现, 光系统 II 的热稳定性在不同的生长温度下发生了变化 (Berry and Björkman, 1980)。近年来的研究结果发现, RuBP 羧化和再生之间的平衡也可能会影响植物光合的温度敏感性 (Farquhar and von Caemmerer, 1982; Onoda *et al.*, 2005b)。由于 RuBP 羧化限制的 A 和 RuBP 再生限制的 A 的温度敏感性不同 (Kirschbaum and Farquhar, 1984; Hikosaka *et al.*, 1999), 所以不同的生长温度下受 RuBP 羧化限制的 A 和受 RuBP 再生限制的 A 的温度敏感性也会发生相应的变化。当植物从较低的生长温度转移到较高的生长温度下时, RuBP 羧化限制的 A 和 RuBP 再生限制的 A 会同时增加, 但是两者的比率会降低, 此时 A 就变为受 RuBP 羧化和再生的双重限制。Wullschleger (1993) 对 109 个物种的 V_{cmax} 和 J_{max} 进行整合分析的结果显示, 尽管生长环境和物种间存在差异, 但是 J_{max} 和 V_{cmax} 两者的比值为定值。然而, Hikosaka 等 (1999) 发现不同生长温度下栓皮栎 (*Quercus myrsinaefolia*) 的 J_{max}/V_{cmax} 发生了改变。

通常而言, 植物叶片的气孔导度决定着细胞间的 CO_2 浓度 (C_i)。然而, 光合作用的温度敏感性对细胞间 CO_2 浓度非常敏感, 故植物光合作用的最适温度随细胞间 CO_2 浓度 (C_i) 的升高而增加 (Berry and Björkman, 1980)。当植物处在较低的 CO_2 浓度下, 随着温度的逐渐增加, CO_2 羧化反应的米氏常数 (K_c) 也会增加, 这在一定程度上抵消了 V_{cmax} 的增加量。因此, 受 RuBP 羧化限制的净光合的温度敏感性比较低。反之, 如果植物处于较高的 CO_2 浓度下, 这种受 RuBP 羧化限制的净光合的温度敏感性将会升高, 光合作用的最适温度也会有所升高 (Brooks and Farquhar, 1985)。另外, 细胞间的 CO_2 浓度 (C_i) 对温度的响应在物种间存在很大的差异。以往的研究发现, C_i 通常随着生长温度的增加而增加（Williams and Black，1993；Hikosaka *et al.*，1999）。然而，另一些研究的结果却显示 C_i 与生长温度之间没有关系（Hendrickson *et al.*，2004）。例如，Ferrar 等（1989）对 6 种桉树进行研究的结果显示，其中 2 种桉树的 C_i 随着生长温度的升高而升高，但是其他 4 种桉树的 C_i 却并没有受到生长温度的影响。另外，Hikosaka 等（1999）的研究发现，分别生长在 15℃ 和 30℃ 环境下的栓皮栎（*Quercus myrsinaefolia*）的 C_i 分别为 230 ppm 和 300 ppm，这种 C_i 的区别造成了栓皮栎的光合最适温度移动。另外，核酮糖-1，5-二磷酸羧化酶/加氧酶（Rubisco）是植物光合过程最关键酶之一。通常，在饱和的 CO_2 浓度下 Rubisco 酶的活性随着生长温度的增加呈指数增加。同样，V_{cmax} 作为 Rubisco 酶活性的一个重要指标，也会随着温度变化呈指数增加。例如，Hikosaka 等（1999）的研究发现，V_{cmax} 的活化能（E_{av}）随着生长温度的升高而增加，而受 Rubisco 酶限制的 A 随着 E_{av} 的增加而增大，E_{av} 每增加 $1kJ \cdot mol^{-1}$ 最适温度增加 0.54℃。Rubisco 酶由几个亚基组成，但是每个亚基的温度敏感性也存在很大差异（Yamori *et al.*，2005）。随着植物生长温度的变化，不同的亚基之间平衡也会发生相应的变化，从而进一步改变 E_{av}。另外，尽管每个叶绿体基因组只有单一的拷贝，但是每个多基因家族包含 2~12 个不等的亚基，这些不同大小的亚基则可能组合产生具有多种不同功能的 Rubisco 酶（Gutteridge and Gatenby，1995）。例如，Law 等（2001）通过对不同生长温度的棉花进行研究后发现，热胁迫会诱导合成一个具有新功能的 Rubisco 酶。总之，这种 Rubisco 酶的不同单体组合或许可以解释不同生长温度下植物净光合最适温度曲线的移动（Law and Crafts-Brander，1999）。

　　已有的研究对于光合作用的温度适应性现象产生的机制提出了 5 个假设。对于这 5 个假设验证的一种经典方法是在 FvCB 的框架下进行的，通过检验 FvCB 模型的温度响应参数是否改变来进行验证（Hikosaka *et al.*，1999；Medlyn *et al.*，2002；Hikosaka *et al.*，2006）。这种验证方法还有两个好处：①可以通过 FvCB 模型模拟的方法，分析 5 个假设分别对于光合作用温度适应性的贡献（分子生物学上的验证无法做到）；②更容易与适应性模拟问题相结合，并且扩展到应用于生态系统碳循环模拟中去。

　　第一个假设是 CO_2 羧化过程的改变，导致了光合作用的温度适应性现象（Gutteridge and Gatenby，1995；Yamori *et al.*，2005；Weston *et al.*，2007）。在 FvCB 中，最大羧化速率（V_{cmax}）代表着这一过程，这一假设的检验是通过判定 V_{cmax} 温度敏感性参数（V_{cmax} 的活化能（ΔH_{av}）的变化来进行验证。利用 Arrhenius 方程拟合 V_{cmax} 与温度的关系，可以得到 V_{cmax} 的 ΔH_{av}。ΔH_{av} 的升高代表 Rubisco 羧化过程这一机制造成了光合作用最适温度的升高（Medlyn *et al.*，2002；Hikosaka *et al.*，2006；Dillaway and Kruger，2010）。

　　第二个假设是电子传递系统的温度适应性造成了光合作用的温度适应性（Yamasaki *et al.*，2002；Hikosaka *et al.*，2006）。在 FvCB 模型中，最大电子传递速率（J_{max}）的活化能（ΔH_{aj}）表征了电子传递系统对温度的响应曲线。一些研究发现高的 ΔH_{aj}，可以造成光合作用最适温度的升高（Yamasaki *et al.*，2002；Hikosaka *et al.*，2006），但是也有研究未发现这种一致性变化（Mitchell and Barber，1986）。

　　第三个假设认为 Rubisco 羧化和 RuBP 再生两个过程之间氮分配的平衡关系影响了最适温度的改变（Hikosaka，1997；Yamori *et al.*，2005）。这种假设是基于"最大化光合作用系统的氮利用效率"这一理论问题进行分析的。因为酶系统的差异，Rubisco 羧化和 RuBP 再生两个光合作用系统的温度敏感性是存在差异的（Kirschbaum and Farquhar，1984）。在正常状况下，最大化氮利用效率要求光合作用应当是受到这两个过程共同限制的，因为如果只是受到其中一个系统的限制，那么就会造成氮在另一个系统之中的冗余，就应当有氮从另一个系统转移到这个系统之中。由于生长温度的改变，两个系统温度敏感性不同，会有一个系统的速率增加得快，因此就会有氮在两个系统中重新分配。Hikosaka（1997）利用模型模拟的结果证明，这种氮分配的改变会影响到光合作用的最适温度。Yamori 等（2005）发现了不同温度培养下，氮分配在两个光合系统中有所改变。在 FvCB 模型模型中，这种状况主要由 J_{max}/V_{cmax} 来表示。在实际分析中，得出了不同的结论，即 J_{max}/V_{cmax} 在一些结果中有变化，在一些结果中未变化（Hikosaka，1997）。

　　第四个假设认为总光合速率和呼吸速率之间的平衡关系会造成光合作用的最适温度改变（Sage and Kubien，2008；Way and Sage，2007）。因为本身从光合作用温度响应曲线看来，净光合作用速率在高温下降低是由呼吸作用在高温下非线性增加引起的，也就是决定光合作用最适温度的一个重要原因。V_{cmax} 和 J_{max} 直接解释了总光合作用最适温度，而总光合作用与呼吸作用之间的比例关系决定了净光合作用的最适温度。呼吸作用的温度适应性表现为低温下叶片暗呼吸速率的增长和在高温下暗呼吸速率的降低（Atkin and Tjoelker，2003；Atkin et al.，2005，2006）。在 FvCB 模型中，呼吸速率与光合速率之间的比值（R_d/A_g）可以用来表征这一现象。

　　第五个假设认为气体扩散过程是导致光合作用最适温度变化的重要原因（Kirschbaum and Farquhar，1984；Hikosaka et al.，2006）。扩散速率，气孔控制，以及膜的通透性都与温度有关，而这些因素直接影响了气孔导度（g_s）。Kirschbaum 和 Farquhar（1984）、Hikosaka 等（2006）通过理论模拟证实了气孔导度的降低可以降低光合作用的最适温度。但是 Ferrar 等（1989）的研究认为气孔导度的变化很小，所以无法影响最适温度。

　　上述提及的对于温度敏感性参数的分析，可以分析光合作用各个生理过程所产生的温度适应性过程。上面提及的 5 个假设并不是互相排斥的，可能是其中的一个或者几个共同作用导致了光合作用适应性的产生（Hikosaka et al.，1999）。为了进一步区分上面 5 个假设对于光合作用温度适应性产生的直接贡献，将光合作用参数、光合作用敏感性参数带入到 FvCB 模型中进行模拟。利用 V_{cmax} 及其温度敏感性参数可以模拟得到受到 CO_2 羧化过程限制的光合作用速率（A_c），A_c 的最适温度的变化则代表了 CO_2 羧化过程对于光合作用温度适应性的贡献；利用 V_{cmax} 及其温度敏感性参数可以模拟得到受到电子传递过程限制的光合作用速率（A_j），A_j 的最适温度的变化则代表了电子传递过程对于光合作用温度适应性的贡献；通过比较模拟得到 A_c 和 A_j 可以判断出实际光合作用速率是受到哪个过程限制，从而可以更明确区分二者的贡献；光合作用是总光合作用与呼吸作用的差值，通过 A_n、R_d 及其温度敏感性参数可以得到 A_g，比较 A_g 最适温度的变化量与 A_n 最适温度的变化量，并辅助以 R_d/A_g 的分析，可以得出 A_g 与 R_d 之间的平衡关系对于光合作用温度适应性的贡献；之前已有的理论模拟研究证明了 Rubisco 羧化和 RuBP 再生两个过程之间氮分配以及气孔导度的降低可以降低光合作用的最适温度的改变（Kirschbaum and Farquhar，1984；Hikosaka，1997；Hikosaka *et al.*，2006），因此这两个方面的假设，可以通过 J_{max}/V_{cmax} 和 g_s 的变化来分析。

2. 呼吸作用过程温度适应性的产生机制

通常从机理上来说，影响植物呼吸温度敏感性 Q_{10} 最主要的两个因素是温度和底物供应。温度主要是通过影响与呼吸相关的酶，从而对呼吸的温度敏感性产生影响。由于低温会对呼吸作用过程中一些关键的酶活性产生抑制作用，所以低温条件下呼吸作用可能是受糖酵解、三羧酸循环及线粒体电子传递过程的 V_{max} 限制。然而，植物的呼吸作用过程在比较合适的温度下几乎不会受到酶活性的限制，因为此时无论是可溶性酶还是与膜结合的酶都具有较高的 V_{max}。这种情况下限制呼吸过程的因素就成为底物的供应状况。底物的供应能力也会随着温度的改变而变化，所以底物的供应状况也会影响到呼吸的温度敏感性。过去已有的相关研究结果表明，外源性添加的葡萄糖会增加呼吸的温度敏感性 Q_{10}，表明呼吸的温度敏感性 Q_{10} 与可溶性糖浓度之间存在较好的正相关关系（Azcón-Bieto and Osmond，1983；Covey-Crump，2002）。通常来说，V_{max} 会随着温度的升高而增加，但是想要达到潜在的最大速率的条件是必须有充足的底物供应。假如是由于底物供应不足而限制了呼吸，那么温度的升高而对呼吸产生的刺激效应将会大大降低（Davidson *et al.*，2006；Gershenson *et al.*，2009）。

本书关于适应性和表型可塑性概念的探讨和几个理论的分析在光合作用和呼吸作用温度适应性实验研究的问题选取、实验设计方面具有指导和启发意义。将适应性研究统一到表型可塑性研究之后，可以看出自然界中本身存在的温度可塑性现象对于研究气候变化背景下的温度适应性有一定的指导意义，因为它也代表了生物体自身的温度可塑性能力（Lee *et al.*，2005；Dillaway and Kruger，2010；Crous *et al.*，2011）。目前关于光合作用和呼吸作用温度适应性的研究往往是独立采用控制实验或增温实验，并没有与植物表型可塑性现象联系起来。因此，本书希望揭示实验研究将增温实验下光合作用和呼吸作用的适应性以及植物光合作用和呼吸作用具有的温度表型可塑性两种现象。根据对于适应性和表型可塑性概念内涵的分析可知，适应性和表型可塑性可以分为两种类型：发育过程的适应性和表型可塑性；发育完成后的适应性和表型可塑性。气候变暖背景下，光合作用和呼吸作用适应性研究是考虑发育阶段的表型可塑性，因为类似实验研究通常是生物个体或者器官（如叶片等）在不同的环境下生长至成熟，所能表现出的适应性特征。理论分析中对于适应性能力的判断也有指导意义。理论分析的结果也表明温度适应性用反应范式表示可能不是一种线性关系，但是大量的实验研究却将这种线性关系作为一种暗含的假设条件。温带物种生活在温度差异较大的环境中，其光合作用和呼吸作用的表型可塑性是不是就容易表现出来呢（Lee *et al.*，2005；Campbell *et al.*，2007）？事实上，在冬季、春季和秋季，即使气温升高，生物体本身仍然处于其本身正常温度范围内，但是在夏季温度本身已经达到了生长期温度的最高值，对于增温的适应性就可能很有限。

2.4　植物叶片及其化学成分对增温的响应

2.4.1　气孔对增温的响应

气孔是植物叶片表面控制大气与植物间进行 CO_2、水蒸气等气体交换的孔状结构（Woodward，1987；Hetherington and Woodward，2003），它对调节生态系统碳、水循环过程起着非常重要的作用（Franks and Beerling，2009；Haworth et al.，2010；Taylor et al.，2012）。就全球范围而言，通过这种叶片与大气之间的气体交换过程植物每年大约通过光合作用固定 $440×10^{15}$ g CO_2，通过叶片的蒸腾作用蒸发 $32×10^{18}$ g H_2O（Ciais et al.，1997；Hetherington and Woodward，2003；Lake and Woodward，2008）。植物叶片通过改变气孔开度、气孔大小、气孔频度（包括气孔密度及气孔指数）和气孔分布格局等特征来最优化其进行气体交换的效率，而气孔的上述特征不仅会受到环境因素的影响（Lake et al.，2002；Hetherington and Woodward，2003；Schlüter et al.，2003；Lake and Woodward，2008；Casson and Gray，2008；Franks and Beerling，2009；王碧霞等，2010；徐浩杰等，2012），而且还会受到遗传基因的控制（Bergmann，2004；Liang et al.，2005；Shpak et al.，2005；Hara et al.，2007；Lampard et al.，2008；Hunt and Gray，2009；Hunt et al.，2010；Kondo et al.，2010；Sugano et al.，2010）。

叶片最大气孔导度主要由气孔的大小、形状、频度及空间分布格局所决定（Buckley et al.，1997；Hetherington and Woodward，2003；Franks et al.，2009），被广泛用于量化气体交换的效率（王玉辉和周广胜，2000；王玉辉等，2001；Franks and Beerling，2009；叶子飘和于强，2009）。通常，植物通过改变气孔的开度大小来快速响应短期的环境变化，这种响应方式也被称为气孔运动（Sharkey and Raschke，1981；Kwak et al.，2001；Guo et al.，2003；Young et al.，2006；Shimazaki et al.，2007；Shang et al.，2009）。许多研究结果发现气孔运动受到光强（Humble and Hsiao，1970；Sharkey and Raschke，1981；Kwak et al.，2001；Takemiya et al.，2006）、CO_2 浓度（Ogawa，1979；左闻韵等，2005；Young et al.，2006；Lammertsma et al.，2011）、温度（Honour et al.，1995；Feller，2006；Reynolds-Henne et al.，2010）、干旱（Guo et al.，2003；Klein J A et al.，2004）、空气湿度（Lange et al.，1971；Schulze et al.，1974）以及紫外线（Herčík，1964；Eisinger et al.，2000）等因素的影响。除了对短期环境改变响应的气孔运动，长期的环境变化如气候变暖也可能会影响到单个气孔的大小、气孔频度以及气孔的空间分布格局（Anderson and Brisk，1990；Lammertsma et al.，2011）。

目前，有关增温对叶片气孔频度及大小等方面特征的影响尚无定论。有些研究发现，增温对植物叶片气孔密度和气孔指数均没有影响（Apple et al.，2000；Hovenden，2001；Kouwenberg et al.，2007；Fraser et al.，2009）。然而，另外一些研究却发现增温能够减少或增加气孔密度和气孔指数（Beerling and Chaloner，1993；Ferris et al.，1996；Reddy et al.，1998；Xu and Zhou，2005；Xu Z Z et al.，2009）。另外，增温还能改变单个气孔的大小和形状（Ferris et al.，1996）。例如，Ferris 等（1996）的研究结果显示，增温显著增加了黑麦草（*Lolium perenne*）叶片的气孔长度。然而，另外的研究却发现增温使中国青藏高原上生长的 4 种亚高山草甸物种的叶片气孔长度减小（张立荣等，2010）。

除了叶片气孔的数量、大小和形状之外，增温还可能通过对细胞分裂和分化过程的影响来改变气孔在叶片上的空间分布格局（Croxdale，1998，2000；Berger and Altmann，2000；Shpak *et al.*，2005）。同时，细胞的分裂及分化过程也会受到遗传信号（Nadeau and Sack，2002；Bergmann *et al.*，2004；Shpak *et al.*，2005；Wang *et al.*，2007；Hunt *et al.*，2010）和环境因素的调控和影响（Wang *et al.*，2007；Casson and Gray，2008）。气孔在植物叶片上的空间分布格局在物种间呈现出很高的变异性。近年来在基因学方面的研究结果发现，许多的基因包括 *SDD1*、*EPF1*、*TMM*、及 *ERECTA*-基因家族均决定着气孔在植物叶片上的空间分布格局（Nadeau and Sack，2002；Hunt *et al.*，2010）。气孔在植物叶片上空间分布格局的变异性表现在许多的尺度上，例如近轴面-远轴面、同一叶片不同部位的变异、同一叶片单个气孔的变异。早期的研究报道表明叶片近轴面和远轴面的气孔密度显著不同（董天英和尹秀玲，1992；Ferris *et al.*，1996，2002；Reddy *et al.*，1998；Croxdale，1998，2000；Driscoll *et al.*，2006）；气孔的空间分布格局在叶片的不同部位（尖部、中部及基部）也呈现出很高的变异性（Ferris *et al.*，1996；Xu Z F *et al.*，2009）。

2.4.2　增温对植物叶片结构特征的影响

未来全球气候变暖将在一定程度上对植物的功能产生明显影响。通常而言，植物功能的变化是由植物结构的改变而造成的，尤其是植物叶片结构的变化决定着叶片光合作用及呼吸作用等关键生理过程和功能（Jin *et al.*，2011；Xu *et al.*，2012；Smith *et al.*，2012）。全球变暖对植物功能的影响主要是间接影响土壤氮的矿化过程及氮素有效性（Rustad *et al.*，2001；Peñuelas *et al.*，2004；Sardans *et al.*，2008a，2008b）、土壤湿度（Wan *et al.*，2005；Holsten *et al.*，2009）及生长季的长度（Menzel and Fabian 1999；Walther *et al.*，2002；Cleland *et al.*，2006）或直接影响植物的代谢速率（例如光合作用和呼吸作用）（Tjoelker *et al.*，1999；Zha *et al.*，2001；Llorens *et al.*，2004b；Niu *et al.*，2008；Han *et al.*，2009；Prieto *et al.*，2009b；Albert *et al.*，2011）。全球气候变暖对植物功能的大部分影响来自于植物结构的改变，尤其是植物叶片结构的变化（Jin *et al.*，2011；Xu *et al.*，2012；Smith *et al.*，2012）。许多的研究发现叶片厚度和叶肉体积与基于叶面积的碳同化速率（Higuchi *et al.*，1999；Xu *et al.*，2012）和比叶重（Gorsuch *et al.*，2010a；Jin *et al.*，2011）之间具有很强的相关性。以往的研究结果表明，生长在高温环境下植物的叶片较薄，这主要是由于增温使表皮细胞体积减小从而引起表皮、栅栏组织层和海绵组织层变薄的原因（Hartikainen *et al.*，2009；Gorsuch *et al.*，2010b；Jin *et al.*，2011）。早期的研究还发现叶绿体的数量和大小也同叶片光合速率存在着较高的相关性（Jin *et al.*，2011；Xu *et al.*，2012）。

2.4.3　增温对叶片碳水化合物和矿质元素含量的影响

非结构性碳水化合物（non-structural carbohydrates，NSC）是植物光合作用的产物，同时也是植物进行呼吸作用的基质。NSC 库的大小不仅反映了植物碳吸收（光合同化）

与碳消耗（呼吸及生长）之间的一种平衡状态，而且还间接显示了碳水化合物在植物体内分配状况的动态变化。自然界中许多的环境因素都可能成为限制植物生长的胁迫因子，影响着植物体正常的生理代谢功能，从而改变植物体内碳水化合物的分配比例。因此，研究植物体内 NSC 含量及其分配格局的变化可以全面了解植物生长与环境因子之间的关系。以往的大部分研究主要集中于关注大气 CO_2 浓度的增加对植物 NSC 含量的影响。通常认为，大气 CO_2 浓度的增加会提高植物的光合作用效率，从而进一步刺激植物的生长，即 CO_2 浓度的增加会对植物生长产生一定的施肥效应。以往关于 CO_2 浓度增加的实验（FACE）发现 CO_2 浓度的增加也导致植物叶片中的 NSC 含量的升高（Körner et al.，2005；Asshoff et al.，2006 ）。例如，Asshoff 等（2006）对温带森林树木连续 4 年 CO_2 浓度增加实验（FACE）的结果显示，环境 CO_2 浓度的升高并没有加速树木的生长，而且也没有改变树木的物候变化规律。然而，长期的高 CO_2 浓度条件却使树木体内 NSC 的累积量明显增多。Laitinen 等（2000）在芬兰的欧洲赤松（*Pinus Sylvestris*）上进行的实验也同样发现 CO_2 浓度增加使树木组织中的 NSC 含量明显提高。另外，Tamura 和 Moriyama（2001）在实验室条件下对 5～7 龄冷杉进行研究的结果也表明，植物组织中的 NSC 含量随着 CO_2 浓度的升高而逐渐增加。然而，关于全球变暖对植物叶片 NSC 含量影响的研究相对较少，并且以往的结论也并不一致。大部分的研究结果发现全球变暖通常减少植物叶片的非结构性碳水化合物浓度（Zha et al.，2001；Tingey et al.，2003；Jin et al.，2011；Wang et al.，2012；Smith et al.，2012）。相反，另一些研究的结果却显示全球变暖可能增加（Djanaguiraman et al.，2011）植物叶片非结构性碳水化合物的浓度或者没有影响（Tjoelker，1999；Xu et al.，2012）。例如，Tjoelker 等（1999）的研究发现增温对北美白桦（*Betula papyrifera*）、落叶松（*Larix laricina*）、北美短叶松（*Pinus Banksiana*）以及黑云杉（*Picea mariana*）4 种北方树种叶片的非结构性碳水化合物浓度没有影响，但是却增加了山杨（*Populus Tremuloides*）的叶片非结构性碳水化合物浓度。另外，植物叶片的矿质营养也在调控叶片光合等生理过程和生长等方面起着非常关键的作用。大量的研究表明增温显著增加了植物叶片的碳氮比（Tolvanen and Henry，2001；Olszyk et al.，2003；Biasi et al.，2008；Yang et al.，2011）。以往的研究已经发现增温导致树木（Tjoelker et al.，1999；Olszyk et al.，2003；Wang et al.，2012）、灌木（Tolvanen and Henry，2001；Biasi et al.，2008；Sardans et al.，2008a）以及草本植物（Yang et al.，2011）叶片的碳氮比显著增加。

2.5　微生物呼吸热适应性现象与概念

随着全球变暖影响的不断加深和《巴黎气候协定》的正式生效，共同控制和减缓全球变暖的危害已经成为全人类的共识（IPCC，2013）。为制定合理的减排政策，人们迫切需要准确模拟和预测全球变暖与地球生态系统间的相互影响。生态系统对全球变暖的反馈作用作为其中的关键过程，也成为目前生态学研究的热点（Fang et al.，2005；Davidson et al.，2006；Tang and Riley，2015）。长期以来，人们普遍认为土壤呼吸将随着温度升高而持续地增长，从而对全球变暖产生正反馈（Fang and Moncrieff，2001）。这一机制广泛运用于现有的各类地球系统模型,使人们对 21 世纪末全球气温的预期提高了近 1.5℃ (Cox et al.,2000;Knorr et al.,2005)。但是,许多野外长期加热实验没有支持该机制,因为增温措施对土壤呼吸的促进作用并不持久 (Melillo et al.,2002;Eliasson et al.,2005)。这些结果引起了学术界的激烈讨论。一种观点认为加热效应降低是由增温的间接作用引起,如增温样地内易分解碳的降低限制了升温对微生物呼吸的促进作用 (Melillo et al.,2002;Kirschbaum,2006)。同时,部分学者认为这一现象还可能与微生物呼吸的"热适应性"有关 (Oechel et al.,2000;Luo et al.,2001)。它是指气候变暖后土壤微生物主动降低生理活性以提高其在高温环境中的适合度,从而减缓表观土壤呼吸量的上升 (Bradford,2013)。也就是说,土壤微生物群落不仅仅会被动地响应全球变暖,而且还会主动改变自己以适应高温环境 (Bradford et al.,2008;Malcolm et al.,2008)。

考虑到土壤碳库对全球气候变暖过程的巨大影响,生态学家在最近 20 年间对土壤微生物呼吸的热适应性进行了大量研究,但是他们对土壤微生物呼吸的热适应性是否真实存在还有分歧。一些学者认为土壤微生物呼吸的热适应性建立在经典生物学的热适应性理论之上,有着坚实的分子调控和酶活性基础 (Hochachka and Somero,2002;Bradford et al.,2008)。他们也尝试在野外加热或室内培养等实验中寻找土壤微生物呼吸热适应性的直接证据 (Crowther and Bradford,2013)。事实上,采用单位土壤微生物量的呼吸量等指标,人们已经证明森林 (Wei et al.,2014)、草地 (Luo et al.,2001) 和近北极荒地 (Stark et al.,2015) 等生态系统的土壤微生物物种或群落的呼吸作用能够表现出明显的热适应性。然而,还有许多学者并不认同或在实验中未发现土壤微生物呼吸的热适应性 (Hartley et al.,2007;Hartley et al.,2008)。例如 Schindlbacher 等 (2015) 发现 9 年的 4℃增温没有使奥地利成熟森林的土壤微生物呼吸表现出热适应性。千差万别的结果制约着人们对土壤微生物呼吸热适应性的认识,也妨碍了人们对陆地生态系统反馈作用的模拟。

土壤微生物呼吸热适应性的想法来源于长期野外观测实验中生态系统呼吸及土壤呼吸的热适应性 (杨毅等,2001)。例如,Oechel 等 (2000) 指出由于气温的升高 (平均每年增 0.05℃) 阿拉斯加北极极地地区从 20 世纪 80 年代开始由碳汇转变为碳源,但是其碳源强度逐渐减小,并在 1992 年之后的夏季又转为碳汇。作者认为这一现象可能与生态系统的热适应性有关。Luo 等 (2001) 发现经过 1 年约 2℃增温后草地生态系统的土壤呼吸没有明显增加,他们将其归因于土壤呼吸热适应性引起的温度敏感性下降。虽然这些研究能否真正反映生态系统或土壤呼吸的热适应性还存在争议,但是土壤微生物呼吸作为生态系统呼吸及土壤呼吸的重要组成部分,其热适应性还是因此受到了广泛关注 (盛浩等,2007)。

随着土壤微生物呼吸热适应性研究的深入,人们对它的概念产生了两种不同的理解,即表观热适应性与内在热适应性 (Bradford,2013)。一些学者将长期实验中增温不再促进土壤微生物呼吸这一现象统称为土壤微生物呼吸的热适应性 (Luo et al.,2001;陈全胜等,2004)。不过,这种现象只是一种表观的热适应性,引起它的因素非常多。长期加热措施既可以对土壤微生物群落产生直接效应,降低土壤微生物的生理活性,又可以通过改变土壤有机质、水分和营养元素等方式间接地降低土壤微生物群落的呼吸作用 (Hartley and Heinemeyer,2007;Bradford,2013)。事实上,生物学上的适应性往往指生物通过调整自身组成或结构以提高其适合度的现象（Hochachka and Somero，2002；Bradford，2013），它显然不包括加热的间接作用。因此，部分学者仅将实验增温对土壤微生物群落产生的直接效应，即土壤微生物通过调整自身的生理活性使呼吸作用下降的现象称之为土壤微生物呼吸的热适应性。这就是所谓的土壤微生物呼吸内在热适应性（Bradford *et al.*，2008，2010）。在没有特别指明的情况下，本书所提及的热适应性均特指内在热适应性。

生物的热适应性通常被区分为两种类型：驯化和适应。前者指生物通过改变其生理特征和表型可塑性来适应外界温度变化；而后者表示生物通过基因型的改变来适应温度变化（Hochachka and Somero，2002）。通过对微生物菌株的培养分析，科学家们发现微生物的热适应性也存在着这两种类型（Hall *et al.*，2010；Tenaillon *et al.*，2012）。然而土壤微生物群落极其复杂，其中99%的微生物物种至今都不能被培养（Rinke *et al.*，2013）。人们很难知道土壤微生物群落通过何种方式适应高温环境。本书在此并不严格区分这两种热适应方式，这里的热适应性指的是两种热适应方式的综合效应。本章2.5～2.8节试图综合现有的文献，总结土壤微生物呼吸热适应性相关的概念、理论和实验证据、机理以及争议，分析引起争议的原因，并指出未来的重点研究方向，为预测未来的气候变化趋势以及制定区域和全球的温室气体排放政策提供理论依据。

2.6　微生物呼吸热适应性的理论与实验证据

土壤微生物呼吸的热适应性实质上是土壤微生物功能在群落尺度上对环境温度变化的适应性，有着深厚的生物学和生态学基础。通过对微生物模式物种——大肠杆菌（*Escherichia coli*）或其他菌株的培养，科学家们很早就发现微生物能够通过改变自身生理和遗传特征降低生理活性以提高其在高温环境中的适合度。例如，恒黏适应理论（homeoviscous adaptation theory）认为微生物能够通过改变生物膜结构（脂肪酸长度、不饱和键和支链数目等）以提高基质利用效率、降低生理活性（Sinensky，1974；Hazel，1995）。生活于不同温度下的微生物能产生不同活性的同工酶，从而使生物酶的催化效率在环境温度下达到最优（Závodszky *et al.*，1998；Somero，2004）。不同温度下培养的微生物菌株能够产生和积累大量的基因突变，从而使其呼吸作用下降（Bennett *et al.*，1992；Tenaillon *et al.*，2012）。土壤微生物群落也可以通过调整其生长速度产生热适应性。例如，Bárcenas-Moreno等（2009）、Rousk等（2012）以及Birgander等（2013）的研究以土壤微生物群落最佳或最低生长温度为指标证明了土壤微生物生长速率的热适应性。此外，许多研究表明动植物呼吸作用也能表现出热适应性（Atkin and Tjoelker，2003；Chi *et al.*，2013；Seebacher *et al.*，2015）。

上述理论基础只是一些间接证据，科学家们还试图找到土壤微生物呼吸热适应性的直接实验证据。参考传统研究方法，学者们也通过分离培养途径分析了许多土壤微生物物种（以各类真菌物种为主）呼吸作用的热适应性，并得到了正面的结果。例如，Lange和Green（2005）发现5种地衣真菌的呼吸作用展示了对季节温度变化的热适应性，夏季和冬季的（*Cladonia convoluta*）同样放在5℃下培养时其呼吸作用相差数十倍，但在各自环境的室温培养时其呼吸作用几乎相当。Heinemeyer 等（2006）认为刚开始时 6℃加热使丛枝菌根真菌（*Glomus mosseae*）的呼吸作用明显增加，但是两星期后其呼吸速率与对照的差异变得不显著，单位菌丝的呼吸量则下降 37.5%，显示该菌株的呼吸作用具有热适应性。Malcolm 等（2008）对 12 种菌根真菌进行培养，发现其中 3 种真菌能够在 7 天之内就表现出明显的热适应性，因为高温（23℃）培养菌株在同一温度下比低温（11℃或 17℃）培养菌株的呼吸作用要低 20%~45%。Crowther 和 Bradford（2013）则发现 5 种广泛分布的腐生真菌能够在温度变化 10 天之内表现出呼吸作用的热适应性。

　　有些研究尝试理解土壤微生物群落呼吸作用的热适应性，其难点在于如何消除其他因子对微生物群落呼吸作用的影响。土壤微生物呼吸的表观热适应性不仅与土壤微生物呼吸内在热适应性有关，还可能与加热引起的各类间接因素有关。只有去除土壤微生物的基质限制等间接因素才能反映土壤微生物呼吸的内在热适应性。Bradford 等（2008）认为当基质供应充足时单位微生物量的呼吸量（substrate R_{mass}）的下降可以指示内在热适应性。因为 substrate R_{mass} 能够排除土壤基质和微生物量的不同对微生物呼吸的影响，从而突出土壤微生物呼吸的内在热适应性。运用这一指标，Bradford 等（2008）发现 15 年的 5℃加热措施已经使美国哈佛森林土壤微生物群落的呼吸作用表现出热适应性。Bradford 等（2010）的结果表明在高温下培养 77 天后森林土壤微生物群落的 substrate R_{mass} 显著下降。

　　根据土壤微生物呼吸-温度曲线的形式，参考植物呼吸热适应性类型，Bradford 等（2008）还提出了三类不同的土壤微生物呼吸热适应性类型。它们分别为温度敏感性降低（第 I 类），微生物呼吸整体性降低（第 II 类）和呼吸温度曲线向右迁移而引起的呼吸降低（第 III 类）。前两类热适应性可以发生在单个微生物细胞层面上，第 III 类热适应性主要由土壤微生物群落结构变化引起。目前，多数研究都报道的是第 I 类热适应性（Luo *et al.*，2001；Wei *et al.*，2014），少数文献也发现了第 II 类热适应性（Bradford *et al.*，2010；Crowther and Bradford，2013）。研究表明第 I 和第 II 类热适应性在出现时间和适应程度上有所差别。第 I 类热适应性相较于第 II 类热适应性出现的时间较早，但第 II 类热适应性降低生理活性的能力比第 I 类热适应性更强烈（Atkin and Tjoelker，2003）。第 III 类热适应性虽然没有被直接报道，但是它或许可以解释部分实验中加热样地土壤呼吸温度敏感性高于对照样地的结果（Bradford，2013）。

2.7　微生物呼吸热适应性的机理

　　为建立和完善土壤微生物呼吸热适应性理论体系，很多研究还探索了它的机理。在经典的生物热适应性理论中，人们已经在动植物生理生化的基础上发现了一系列机理，比如行为方式的改变、表型可塑性调节和基因水平上的适应（Berg *et al.*，2010；Seebacher *et al.*，2015）。然而，由于微生物与"大型"动植物之间的差异，后者的热适应性机理很难直接运用于微生物群落（Prosser *et al.*，2007；Hofmann and Todgham，2010）。因此，土壤微生物呼吸的热适应性机理研究必须立足于微生物本身，并充分考虑群落尺度的特征（Bradford，2013）。目前文献中报道的土壤微生物呼吸热适应性机理包括生物膜结构变化（Bradford，2013）、微生物酶活性变化（Bradford，2013）、微生物碳分配比例变化（Allison et al.，2010）及微生物群落结构变化（Wei et al.，2014）等。

2.7.1　生物膜结构变化

微生物细胞的生物膜结构是基质进入细胞的"大门"，也是呼吸作用电子传递和氧化磷酸化的主要发生场所，控制着基质的转运速率与能量的利用效率（Hall et al.，2010）。高温环境下微生物生物膜的流动性增强，基质的转运速度随之加快。同时，流动性的升高也将降低生物膜结构维持质子浓度梯度的能力，增加质子泄露的概率，减少单位基质生成的 ATP 数量。微生物为了获得相同的生物质能源就必须消耗更多的有机碳，从而释放更多的 CO_2。根据恒黏适应理论，土壤微生物将通过增加脂肪酸的碳链长度，或减少脂肪酸的不饱和键或支链数目的方式降低生物膜结构在高温环境中的流动性，因为这些新的脂肪酸分子有着较高的熔点（Mangelsdorf et al.，2009）。生物膜结构的热适应性变化能够降低基质的转运速率，提高基质转化为 ATP 的效率，有效降低土壤微生物群落的 CO_2 产量。

2.7.2　微生物酶活性变化

土壤微生物群落的呼吸作用本质上是一系列酶促反应，其速率会受到温度的制约（Razavi et al.，2015）。从短期来讲全球变暖能显著增加酶促反应速率，加快土壤微生物的呼吸作用（German et al.，2012；Jing et al.，2014）。不过，从长期来讲，土壤微生物群落会调整其胞内酶与胞外酶活性，从而降低其在高温下的生理活性（Wallenstein et al.，2011）。这主要体现在酶活性最适温度随温度的升高而增加以及温度敏感性（Q_{10}）随温度的升高而减少两方面。例如 Fenner 等（2005）表明英国威尔士中部泥炭地土壤酶活性的最适温度随着季节温度的变化而显著变化（夏季为 20℃，冬季为 2℃）。Nottingham 等（2016）发现在秘鲁安第斯山脉中土壤 β-糖苷酶和 β-木聚糖酶的 Q_{10} 值与年平均温度呈显著的负相关关系。土壤微生物群落可以从 3 方面使酶活性适应高温环境。首先，土壤微生物的基因本身或表达过程发生变化，合成和分泌适应于高温环境的同工酶（Závodszky et al.，1998；Johns and Somero，2004）。其次，土壤微生物群落分泌酶的浓度也可能有所变化，它可能是由于基因表达的改变也有可能是由于蛋白质周转速率变化。此外，在保证酶结构的前提下改变酶反应的环境（如 pH、辅酶等）使酶的活性发生改变（Somero，2004）。

2.7.3　微生物碳分配比例变化

土壤微生物呼吸的热适应也可能与微生物的碳利用效率（CUE，也称为基质利用效率和微生物生长效率）有关。微生物的 CUE 是指微生物分配于生长的碳占其总吸收碳的比例（Manzoni et al.，2012；Sinsabaugh et al.，2013）。Allison 等（2010）发现温度升高引起的 CUE 降低将导致加热样地中土壤微生物量的下降，从而在中长期尺度上降低土壤微生物群落的呼吸量。CUE 机理在学术界受到广泛关注，已经成为新一代微生物模型的基础（Wieder et al.，2013）。不过对这个机理也有争议，因为一些研究发现土壤微生物的 CUE 并不一定会随温度的升高而下降（Crowther and Bradford，2013；Frey *et al*.，2013）。Bradford 等（2013）认为 CUE 随温度升高而降低的现象只是由微生物能量外溢（energy spilling）过程引起的，并不具有普遍性。此外，还有人发现 CUE 本身也会在全球变暖过程表现出热适应性，从而让 CUE 机理进一步复杂化（Wieder *et al*.，2013）。例如，Frey 等（2013）发现哈佛大学的哈佛森林中经过 18 年 5℃升温的土壤微生物利用苯酚的 CUE 随温度升高而降低的程度明显低于只经过 2 年升温的土壤微生物。Wieder 等（2013）模拟认为 CUE 随温度升高而下降的机制可以使 2100 年前土壤有机碳的损失量减少达 300 Pg[①]，但是 CUE 的热适应性将使土壤有机碳的流失量大大增加。而 Allison（2014）则认为无论 CUE 能否表现出热适应性，陆地生态系统对全球变暖的反馈作用都不会很强，因为 CUE 的热适应性将减少微生物对酶的投入从而降低呼吸作用。

2.7.4　微生物群落结构变化

一些文献认为土壤微生物呼吸的热适应性可能与微生物群落结构变化有关（Bradford，2013）。他们认为在全球变暖背景下，不同的微生物受温度升高的影响并不相同，适合度较低的微生物的生态位将逐步被竞争力更强的微生物所占领，从而使整个微生物群落结构发生变化。同时，微生物群落也能积累和扩散（基因的水平转移）适合高温环境的基因突变从而提高整个群落的适合度（Wiedenbeck and Cohan，2011）。因此，温度升高后土壤微生物群落很可能会向更适宜高温环境的微生物群落转变。不过由于土壤微生物群落的极端复杂性，以往的文献并没有就此机理达成一致。例如，利用 PLFA 方法，Wei 等（2014）发现微生物群落结构与微生物呼吸的热适应高度相关，但是作者却发现中国北方干旱草原土壤微生物的热适应性与微生物群落结构相关性并不显著。因此，土壤微生物群落结构变化这一机理仍需要深入研究。

2.8　微生物呼吸热适应性的争议及原因分析

土壤微生物呼吸的热适应性在学术界也引起了激烈的讨论，核心问题就是土壤微生物呼吸能否适应全球变暖过程。一方面，部分研究认为土壤微生物呼吸表观热适应性只是由增温样地内易分解碳的降低限制了升温对土壤微生物呼吸的促进作用而引起，而非土壤微生物呼吸的内在热适应性。许多野外加热和实验室培养实验都发现了加热样地内土壤易分解碳下降的现象（Luo *et al*.，2001；Melillo *et al*.，2002）。Kirschbaum（2004）的模拟结果表明加热样地内微生物呼吸受易分解碳限制这一机理足以解释长期加热样地中土壤呼吸的变化趋势，并不需要加入土壤微生物热适应性机理。Hartley 等（2007）试图利用土壤过筛实验分离土壤基质下降和热适应性的影响，因为该处理可以减少加热与对照样地之间基质有效性的差异，但不会改变热适应性。结果显示土壤过筛之后加热与对照间土壤微生物呼吸的差异消失，表明土壤微生物呼吸并不能产生热适应性。此外他们还发现在冷却培养后北极地区土壤微生物呼吸并没有出现上升的趋势（Hartley *et al*.，

---

① 1Pg=1×10^{15}g。

2008)。其他学者虽然认为土壤微生物呼吸具有适应高温的特征，但是他们在实验中没有观察到热适应性现象。例如，Malcolm 等（2009）表明红松林凋落物微生物群落的呼吸作用在持续 7 天的 6℃增温之后并没有表现出热适应性。Vicca 等（2009a）报道称泥炭土壤微生物没有通过改变生理活性让呼吸作用适应近两个月的 3℃增温。Schindlbacher 等（2015）发现连续 9 年的 4℃增温并没有使奥地利成熟森林的土壤微生物的 substrate R_{mass} 显著下降。

作者认为引起争议的原因主要有三点。首先，一些学者没有同时分析增温对土壤微生物呼吸的直接和间接效应。他们往往认为这两种效应是互相对立的，证明了一个机理就可以认为另一个机理是不存在的。例如 Kirschbaum（2004）、Eliasson 等（2005）和 Knorr 等（2005）的文献均发现以土壤易分解碳限制微生物呼吸为基础的土壤碳分解模型可以很好地解释长期加热后土壤微生物呼吸的变化趋势，并以此认为土壤微生物呼吸并不能适应高温环境。然而这个逻辑推理是不完整的，碳组分变化的解释度很高并不能排除微生物的热适应性。事实上，以土壤微生物呼吸热适应性为基础的模型也能很好地模拟土壤微生物呼吸在长期增温下的变化趋势（Allison *et al.*，2010；Frey *et al.*，2013）。很有可能的情况是增温对土壤微生物呼吸的直接和间接效应共同产生了土壤微生物呼吸的表观热适应性（Sierra *et al.*，2010；Tucker *et al.*，2013）。其次，一些文章研究土壤微生物呼吸热适应性时没有排除加热的间接效应。正如前文所述，只有在研究中排除加热的间接效应（例如加热与对照样地中基质有效性的差异）之后，我们才能说明加热对土壤微生物呼吸的直接效应，即土壤微生物呼吸能否对高温环境产生热适应性变化。Hartley 等（2007）的研究没有排除这些间接效应的干扰，因此难以证明土壤微生物呼吸不具有热适应性。此外，许多环境因子和实验条件能够影响土壤微生物呼吸的热适应性过程，从而使文献中的结果复杂化。①加热时间。土壤微生物呼吸的热适应性过程需要一定时间的积累。例如，Bradford 等（2010）显示只有将土壤在高温下培养 77 天之后，土壤微生物呼吸才表现出热适应性。所以加热时间较短的实验不能发现热适应性规律。②微生物物种。不同的微生物物种对高温环境的适应能力有所差异。Malcolm 等（2008）发现 12 种外生菌根真菌中有 3 种的呼吸作用在经历连续 7 天的温热环境后能做出热适应性变化。Crowther 和 Bradford（2013）研究表明 6 种在土壤中广泛存在的腐生真菌中只有 5 种的呼吸作用能够在 10 天之内表现热适应性。③土壤有机质含量。Hartley 等（2008）、Vicca 等（2009a）和 Schindlbacher 等（2015）证明相较于贫瘠的生态系统，土壤碳丰富的生态系统能够更好地忍耐高温造成的胁迫，从而不易出现热适应性现象。④微生物生存环境的温度变幅。Stark 等（2015）在近北极荒地生态系统中发现由大型动物不均匀采食引起的局部土壤温度差异使土壤微生物呼吸产生了不同的热适应性效果。

土壤微生物呼吸的热适应性作为影响陆地生态系统对全球变暖反馈作用的一个潜在重要机制而受到生态学家们的广泛关注。本书从证据、机理和争议 3 方面对土壤微生物呼吸热适应性的研究现状进行了总结和分析。作者认为土壤微生物呼吸的热适应性是生物在群落尺度上的热适应性，建立在经典生物学的热适应理论之上。针对土壤微生物菌株和复杂的土壤微生物群落，运用基质充分供应时单位微生物量的呼吸量等指标，研究者们在野外长期加热实验或实验室培养等实验中证明土壤微生物呼吸能够产生热适应性。目前比较认可的热适应性机理包括生物膜结构变化、微生物酶活性调整、微生物碳分配比例改变及微生物群落结构变化等。文献中对土壤微生物呼吸热适应性的争议很可能是研究方法、微生物物种及环境条件的差异引起的。综上所述，作者认为土壤微生物呼吸的热适应性是真实存在的。今后的研究应该从回答土壤微生物呼吸能否适应高温环境转向更加深入的讨论，这其中至少有 3 个方面应该成为今后的研究重点。

第一，继续探索土壤微生物呼吸热适应机理。土壤微生物呼吸热适应性机理决定了气候变暖条件下土壤微生物呼吸热适应的时间与强度，对预测未来土壤呼吸的变化趋势至关重要。人们在微生物碳分配变化和土壤微生物群落结构变化两个机理上还没有达成一致。与此同时，土壤微生物群落结构变化如何引起土壤微生物呼吸热适应性也不清晰。所以我们仍不能回答为什么土壤微生物呼吸在种群尺度上能够很快就适应高温环境（7～10 天），但需要很长时间（60～70 天）才能在群落尺度上表现出热适应性。另外，土壤微生物呼吸还可以通过很多其他机理，如形态及大小的变化、亚细胞结构的变化、休眠、微生物物种间相互关系的变化等，适应高温环境，这部分研究还很少甚至没有。

第二，深入分析环境及全球变化因子对土壤微生物呼吸热适应性的影响。当土壤有机质含量较高时土壤微生物呼吸不易产生热适应性这一观点仍需要进一步证明。湿地、森林等肥沃土壤拥有全球陆地生态系统大多数的碳储量。如果它们的土壤微生物呼吸不易产生热适应性，那么热适应机理对陆地生态系统反馈作用的影响就非常有限。除此之外，许多的环境因子如 pH、水分含量以及全球变化因子如大气氮沉降、CO_2 浓度升高、降水格局的改变等都能显著改变土壤的微生物呼吸。因此，它们很可能也会像土壤有机质含量、微环境温度变幅一样影响土壤微生物呼吸的热适应性，但是这些因子的影响至今很少研究。

第三，定量评估土壤微生物呼吸的热适应性对陆地生态系统反馈过程的影响。虽然科学家们一再强调土壤微生物呼吸的热适应性能够显著降低陆地生态系统对全球变暖的反馈作用。不过，至今还很少有文章评估这一机制的具体影响。Sierra 等（2010）的研究是个特例，他将土壤微生物呼吸的第 II 类热适应加入作物模型 CTICS，以此模拟了热带地区玉米地和香蕉地到 2099 年土壤有机碳含量的变化规律。结果表明土壤微生物呼吸热适应性过程不能改变全球变暖后土壤有机碳矿化速率加快的趋势，但可以将玉米和香蕉地土壤有机碳矿化速率分别降低 22%和 33%。未来需要更多此类研究才能准确评估土壤微生物呼吸的热适应性的影响，进而预测未来的气候变化趋势。

第3章 农田生态系统夏玉米关键生理生化过程对增温的响应与适应

近年来,大量的监测数据和模拟结果表明,自工业革命以来由于化石燃料燃烧、森林砍伐以及土地利用变化导致大气中温室气体(例如 CH_4、CO_2 及 N_2O 等)的浓度显著增加(IPCC,2007)。同时,在过去的一个世纪中,升高的大气温室气体浓度已经导致全球地面平均温度上升约 0.74℃,21 世纪末全球地表温度还将会上升 1.1~6.4℃(IPCC,2007)。这种全球性的气候变暖势必影响植物的生理生态学特性(Niu and Wan,2008;Zhao and Liu,2009),进而对植物的种群、群落、生态系统甚至整个生物圈产生深远的影响(Klein et al.,2004;Walker et al.,2006;Franco et al.,2006;Biasi et al.,2008;Jägerbrand et al.,2009)。目前,全球变暖背景下的植物生理生态学研究已经逐渐成为全世界科学家们关注的热点问题之一(Alward et al.,1999;Peñuelas et al.,2007;Lin et al.,2012)。

全球气候变暖导致气温和土壤温度升高,从而通过多种方式直接或间接影响植物的生理生化过程(Kudo and Suzuki,2003;Llorens et al.,2004a;Yin et al.,2008;Niu and Wan,2008;Zhao and Liu,2009),并进一步影响植物的生长及其生物量积累和分配的格局(Prieto et al.,2009a;Lin et al.,2010;Wang et al.,2012)。相关的研究结果显示,全球变暖可能会直接地改变代谢速率如光合作用与呼吸作用(Tjoelker et al.,1999;Zha et al.,2001;Llorens et al.,2004b;Niu et al.,2008;Han et al.,2009;Prieto et al.,2009b;Albert et al.,2011),或间接地增加土壤氮的矿化速率及其有效性(Rustad et al.,2001;Peñuelas et al.,2004;Sardans et al.,2008a,2008b)、降低土壤湿度(Wan et al.,2005;Holsten et al.,2009)、延长生长季(Menzel and Fabian,1999;Walther et al.,2002;Cleland et al.,2006),从而影响植物的生长及发育过程。另外,全球变暖还有可能改变植物群落物种的组成和分布(Epstein et al.,2004;Klein J A et al.,2004;Walker et al.,2006;Parolo and Rossi,2008),进而影响陆地生态系统的结构和功能(Peñuelas et al.,2004;徐小锋等,2007;Biasi et al.,2008;Jägerbrand et al.,2009),甚至导致区域/全球陆生植物物种的灭绝(Parmesan and Yohe,2003;Franco et al.,2006;Malcolm et al.,2006)。

目前已经在许多尺度上开展了关于全球变暖的研究,但大多数相关研究主要集中于生态系统水平(Peñuelas et al.,2004;Biasi et al.,2008)、群落水平(Klein M et al.,2004;Walker et al.,2006;Parolo and Rossi,2008)以及个体水平(Yin et al.,2008;Han et al.,2009),仅少数研究关注于叶片尺度上对于全球变暖的响应及适应机理方面(Jin et al.,2011;Djanaguiraman et al.,2011)。然而,植物叶片控制着植物的光合作用、呼吸作用及蒸腾作用等关键的生理过程，并最终决定着整个陆地生态系统的净生产力（Prieto *et al.*，2009b；Lin *et al.*，2010；Wang *et al.*，2012）。另外，以往的大多数研究主要关注于植物叶片的光合作用及呼吸作用过程对全球变暖的响应及适应，极少数研究关注于增温对叶片特性如形态（Hou *et al.*，2011）、结构（Yang *et al.*，2011）及其与叶片生理、生化过程关系等方面（Luomala *et al.*，2005；Wang *et al.*，2012）。然而，植物叶片的结构（解剖结构及亚显微结构）是反映生长温度对其表型可塑性影响的一个重要特性。因此，深入理解叶片结构对增温的响应机理有利于我们预测未来全球变暖可能对植物生长及发育过程的影响。另外，植物叶片的化学组成及其生理过程也与叶片的结构和功能密切相关（Pengelly *et al.*，2010）。因此，全面系统地研究增温对叶片结构、生理及生化过程的影响将有助于更加深入理解生态系统或群落尺度上对全球变暖的响应机理（Jin *et al.*，2011）。

以往许多模拟气候变暖的野外控制实验主要集中于北极冻原（Chapin and Shaver，1996；Hobbie and Chapin，1998；Tolvanen and Henry，2001；Epstein *et al.*，2004；Biasi *et al.*，2008）、高山草甸（Kudo and Suzuki，2003；Klein J A *et al.*，2004；Yin *et al.*，2008；Xu Z F *et al.*，2009；Han *et al.*，2009；Zhao and Liu，2009；Yang *et al.*，2011）、温带草原（Wan *et al.*，2005；Niu *et al.*，2008；Niu and Wan，2008；Chi *et al.*，2013）等生态系统类型。然而，目前对于典型农田生态系统野外原位增温的相关实验研究较少（Hou *et al.*，2012）。许多气候模型已经证实我国的气候正在逐渐呈现变暖的趋势，特别是自从20世纪70年代我国北部地区（如华北平原）的气候呈现出年平均气温升高的特征（Lin，1996；Smit and Cai，1996；Chen *et al.*，1998；Tao *et al.*，2006）。华北平原是我国最重要的粮食产区之一，该区域以玉米和小麦轮作系统为主，每年全国大约50%的小麦和30%的玉米均产自于该粮食产区（Tao *et al.*，2006）。值得注意的是，全球变暖将会改变粮食作物的蒸散和水分利用效率（Thomas，2008；Mo *et al.*，2009），并进一步改变农作物的生长和产量（石福孙等，2009；Mo *et al.*，2009；Liu *et al.*，2010；Guo *et al.*，2010）。以往的研究发现全球变暖已经导致世界上许多地区玉米产量减少。同样，全球变暖也势必对被喻为我国粮食仓储的华北平原地区的农作物产生巨大的影响。近期的研究结果表明，气候变暖是农作物物候变化的主要驱动因子，气候变暖导致作物的开花期和成熟期提前，使得在气温升高的背景下，开花至成熟生长阶段的平均温度没有增加，虽然整个生育期呈缩短趋势，但作物产量形成的重要生长阶段，从作物开花至成熟阶段却呈现出延长的趋势（Tao *et al.*，2012）。Hou等（2012）在华北平原对小麦进行实验增温的研究发现，气候变暖使小麦生长季缩短，但是其生育期并没有改变，导致免耕地小麦产量分别减少3.3%（2010年）和6.1%（2011年）。全球气候变暖对作物产量产生影响的机理可能非常复杂，但作物产量的改变主要是由于气候导致作物的结构和功能发生改变，从而反映到作物的产量变化。叶片是作物最关键的器官之一，因为其控制着植物的光合作用、呼吸作用及蒸腾作用等关键的生理过程，并最终决定着作物的产量。叶片的结构决定着叶片的功能，叶片任何功能的改变都会反映在叶片结构的变化。未来气候变暖可能会对作物叶片的内部结构和功能同时产生影响。因此，预测未来全球气候变暖对作物产量的影响首先应该同时将作物的叶片结构（例如气孔、解剖结构及亚显微结构）和叶片的功能（例如气孔导度、蒸腾速率、光合速率、呼吸速率及水分利用效率等）结合起来研究，系统全面地探讨全球变暖将会对作物叶片结构和功能产生的影响，这将有助于进一步深入理解气候变暖影响作物产量的潜在机理。

玉米（*Zea may* L.）是一种广泛分布的 C_4 物种，同时也是世界上许多地区最重要的粮食作物之一（马丽等，2011）。因此，全世界玉米产量的变化直接关系到未来全球粮食供应的安全问题。然而，目前全球气候变暖对玉米产量影响的机理并不清楚，这主要是因为气候变暖对玉米产量的影响极其复杂，这其中既包括玉米叶片结构的变化也包括玉米叶片功能的改变。因此，本研究将气候变暖对玉米叶片的复杂影响分解为结构和功能两个大的方面，结构方面主要探讨叶片的气孔特征、解剖结构和亚显微结构；功能方面主要关注叶片的光合作用、呼吸作用两大关键的生理过程以及叶片内的碳水化合物及微量元素的含量，以期全面系统地探讨气候变暖对玉米叶片产生影响的机理。本研究借助中国科学院禹城农业综合试验站的野外增温平台，拟解决以下几个关键的科学问题：①增温对玉米叶片气孔特征的影响；②增温对玉米叶片的解剖结构和亚显微结构的影响；③增温对玉米叶片的碳水化合物及营养元素的影响；④增温对玉米叶片光合作用和呼吸作用过程的影响。本研究对于以上关键科学问题的回答将有助于全面理解全球气候变暖对作物产量影响的机理。

3.1　玉米叶片气孔特征对增温的适应

气孔是植物叶片上的孔状结构（Woodward，1987），同时也是植物与大气之间进行气体交换的重要器官（Hetherington and Woodward，2003），对调节生态系统碳、水循环过程起着极其重要的作用（Franks and Beerling，2009；Taylor *et al.*，2012）。CO_2 通过气孔进入植物叶片，并进一步到达光合位点参与叶片内部的碳同化过程。因此，叶片的最大气孔导度主要由单位叶面积上气孔的个数和气孔大小决定。进一步来说，叶片最大气孔导度控制着大气 CO_2 进入叶片的多少，最终决定了植物的最大同化速率（Haworth *et al.*，2010）。植物叶片的最大气孔导度被广泛用于量化气体交换的效率（Franks and Beerling，2009），它除了受到气孔频度、气孔大小的影响之外，还由气孔空间分布格局所决定（Buckley *et al.*，1997；Hetherington and Woodward，2003；Franks *et al.*，2009）。全球气候变暖势必影响到叶片气孔的特征，最终影响到植物的碳同化过程。然而，目前有关增温对叶片气孔频度及大小等方面特征的影响还没有一致的结论。本节通过野外增温实验利用光学显微镜、扫描电镜、空间分析技术等手段，研究增温对华北平原玉米作物气孔密度、气孔指数、气孔大小以及气孔的空间分布格局的影响。研究结果将对深入理解增温对气孔特征影响机理具有重要的理论意义，为预测未来气候变暖对农田生态系统的影响提供数据支持。

3.1.1　实验材料及方法

1. 实验材料

本实验在中国科学院禹城农业综合试验站（详见 1.5.1）完成。玉米（*Zea may* L.）

种子播种前在黑暗、干燥的环境下 4℃冷藏 2 天。随后，2011 年 6 月 24 日将玉米种子分别播种到增温和对照样地，增温和对照样地的玉米苗均于 7 月 1 日出苗。为了避免干旱胁迫，利用地下水在整个生长季从 2011 年 6 月 24 日到 2011 年 10 月 7 日对各个样地的玉米苗灌溉。随机从增温和对照样地中选取 1 个样地取样。由于玉米穗位叶是决定玉米产量最重要的叶片，故在玉米播种 60 天后即 2011 年 8 月 24 日在所选的采样样地内随机采集 5 个完全伸展的穗位叶进行各个指标的测量和观察。

2. 印迹法取样

为了确定玉米叶片最大的气孔开张度，气孔印迹样品的采集工作在气孔开张的最适的环境条件下开展。气孔印迹样品的采集是在 2011 年 8 月 24 日上午 10：30～11：00 进行的，因为该时刻的天气晴朗，空气温度大约为 32℃，这样的自然环境条件对于气孔的开张是最理想的，有理由认为此刻气孔具有最大的开张度。分别从 3 个对照样地和 3 个增温样地中随机选取 5 棵玉米植株进行采样。本研究选取玉米的穗位叶，利用透明无色的指甲油分别从玉米叶片的近轴面和远轴面的不同部位（基部、中部和尖部）采集气孔的印迹样品。采样过程为首先在叶片不同部位的叶脉和叶边缘之间区域均匀地涂上无色透明的指甲油，等待大约半小时叶片表面的指甲油变干以后，利用镊子轻轻取下约 5 mm×15 mm 的薄片迅速放到载玻片上，利用盖玻片和胶水封片。本研究对气孔特征所采用的取样方法在以往的研究中被普遍采用（Ferris *et al.*，1996；Xu and Zhou，2005；Z Z Xu *et al.*，2009；Zhang *et al.*，2010）。

3. 光学显微镜观察

将上述制做好的叶片印迹玻片放在装备有照相机（DFC 300-FX，Leica Corp，Germany）的莱卡光学显微镜（DM2500，Leica Corp，Germany）下观察并拍照。在对玉米叶片印迹样品进行拍照时，在显微镜下随机选择 5 个视野进行拍照，每个视野下拍 3 张照片，也就是说在玉米叶片远轴面和近轴面的不同部位分别得到 15 张气孔的显微照片。然后，分别从叶片近轴面和远轴面不同叶片位置的 15 张照片中随机选取 5 张照片来计算气孔密度、表皮细胞密度及气孔指数，即分别从玉米叶片的近轴面和远轴面得到 75 个气孔印迹显微照片。然后，将上述玉米叶片远轴面和近轴面的气孔印迹照片结合到一起，探讨增温对整个叶片气孔特征的影响。气孔和表皮细胞的密度用单位叶面积内气孔和表皮细胞的个数来表示。气孔指数用如下公式计算：气孔数/（气孔数+表皮细胞数）×100%。另外，分别在上述每张照片上选取 6 个气孔和 6 个表皮细胞，利用 Image J 分析软件（NIH，USA）分别测量气孔和表皮细胞的长度、宽度、周长及面积（Ferris *et al.*，1996）。由于玉米叶片的近轴面和远轴面呈现出不同的形态和结构特点，我们分别将玉米叶片近轴面和远轴面不同部位的数据结合在一起来研究叶片近轴面和远轴面气孔和表皮细胞特征对增温响应的差异。另外，我们利用上述叶片近轴面和远轴面气孔和表皮细胞数据的平均值来代表整个叶片气孔和表皮细胞的特征。

4. 扫描电镜观察

从上述每个处理叶子的中部采集 3 个 2mm×2mm 的叶片用来做气孔及表皮细胞特征的扫描电镜观察。野外采集下来的玉米叶片（2mm×2mm）立即利用 2.5%（v/v）的戊二醛（0.1 M 磷酸缓冲液，pH=7.0）固定样品，放到 4℃环境下冷藏保存，并迅速将样品运回实验室做进一步的处理。在实验室内样品用相同浓度的磷酸缓冲液冲洗 6 遍，并在室温环境下用 1%（v/v）的锇酸固定 3h，然后再用同样的磷酸缓冲液冲洗干净。叶片组织随后要经历一系列的酒精梯度脱水，然后对样品进行临界点干燥，固定在观察台上，利用高压涂膜装置对样品进行喷金处理。随后，利用 Quanta 200 扫描电子显微镜（FEI Corp，USA）对样品进行观察和拍照。

5. 气孔空间格局分析

分别从增温及对照叶片的扫描电镜照片中随机选取 3 个叶片的显微照片（放大 100 倍）用于研究增温对叶片气孔空间格局的影响。在本项分析中，认为每一个气孔都是玉米表面上分布的单点，气孔开口的最中间位置是该单点的位置。首先，利用空间分析软件 ArcGIS 10.0（ESRI Inc. USA）将所选的显微照片在相同的坐标系下进行数字化处理，可以得到所选 3 个叶片近轴面和远轴面上每一个气孔的坐标。然后，利用空间统计分析方法 Ripley's K-function 对数字化后表征气孔分布状况的点进行空间分析（Ripley，1976）。Ripley's K-function 是一个分布累加函数，该函数利用所有单点距离的二阶矩阵探究这些点在不同尺度上的两维分布格局。分析结果由 $L(t)$ 值来表达：

$$L(t) = \sqrt{K(t)/\pi} - t \qquad (3.1)$$

当该分布格局为泊松随机分布时，所有的 t 值到 $L(t)$ 的距离均相等。为了确定 95% 的可信任区间，采用蒙特卡罗算法模拟随机分布点 1000 次。假如叶片表面的气孔在给定尺度 t 下为随机分布，则计算出来的 $L(t)$ 值应该位于 95%可信任区间之内。假如 $L(t)$ 值大于 95%可信任区间，则气孔在该尺度上簇状分布。否则，当 $L(t)$ 值小于 95%可信任区间时，气孔在该尺度下为规则分布。关于 Ripley's K-function 分析的细节，请参考文献 Diggle（1983）和 Peter 等（1997）。

6. 数据统计

关于气孔特征和生理的数据利用单因素或多因素方差分析的方法比较处理间的显著性差异，解剖结构和亚显微结构部分的数据采用 t 检验的统计方法。本研究中所有的统计分析均利用 SPSS 13.0（Chicago，IL）统计软件完成，所有作图利用 Sigmaplot 来实现。

3.1.2　实验结果

1. 气孔密度及指数

本项研究的结果表明，增温显著增加了叶片的气孔指数（$P<0.05$），但并没有改变气

孔密度（表 3.1）。增温使叶片气孔数增加仅约 5%，由单位叶面积 67 个增加为 70 个。然而，增温环境下的气孔指数显著高于对照 12%（$P<0.05$）。

2. 气孔开度大小

增温不但影响了气孔密度和指数，而且还对气孔的张开度产生影响。本研究的结果显示，增温显著减小了气孔长度，但增加了气孔宽度。由于温度的升高叶片气孔长度显著减小了 18%（$P<0.01$；表 3.1）；相反，在增温条件下气孔宽度却显著增加了 25.7%（$P<0.01$；表 3.1）。上述结果与我们直接的扫描电镜观察结果一致。我们观察到增温条件下的玉米叶片与对照叶片相比具有更短、更宽的气孔开口（图 3.1）。我们的研究结果还表明增温分别增加了气孔的面积和周长 31%（$P<0.01$）和 2.5%（$P<0.05$）。另外，增温还使气孔面积指数（单位叶面积上的总气孔面积）显著升高约 40%，但是对于气孔的形状指数没有显著影响（$P>0.05$；表 3.1）。

表 3.1 增温对玉米叶片气孔结构特征的影响

参数	对照样地			增温样地			变化量/%	P 值
	近轴面	远轴面	平均值	近轴面	远轴面	平均值		
气孔密度（个/mm^2）	56±5b	77±3a	67	58±9b	81±1a	70	4.5	$P>0.05$
气孔指数/%	13.8±0.1c	19.4±0.5ab	16.6	16.5±0.3b	20.6±0.8a	18.6	11.7	$P<0.05$
气孔长度/μm	36.8±5.1a	35.5±2.1a	36.2	30.8±3.8b	28.5±3.7b	29.7	−18.0	$P<0.01$
气孔宽度/μm	3.7±1.0bc	3.2±0.3c	3.5	4.2±1.0ab	4.5±0.9a	4.4	25.7	$P<0.01$
气孔面积/μm^2	118±43bc	100±15c	109	15045±a	135±31ab	143	31	$P<0.01$
气孔周长/μm	74±10b	70±3b	72	85±10a	77±7b	81	12.5	$P<0.05$
气孔面积指数/%	0.66±0.24c	0.77±0.12bc	0.71	0.87±0.26b	1.10±0.25a	0.99	39.9	$P<0.01$
气孔形状指数/%	13.8±1.0b	14.3±0.7b	14.0	14.4±0.9b	15.2±0.9a	14.8	5.7	$P>0.05$
气孔密度比率（近轴面/远轴面）		0.73±0.09			0.72±0.13		−1.4	$P>0.05$
气孔指数比率（近轴面/远轴面）		0.71±0.09			0.80±0.15		12.7	$P<0.05$

注：所有数据为平均值±标准偏差，气孔密度、气孔指数、气孔面积指数、气孔形状指数的样本数 $n=75$，气孔长度、气孔宽度、气孔面积、气孔周长的样本数 $n=450$；所有数据的平均值利用单因素方差分析在 0.05 水平上进行比较，不同字母表示在 0.05 水平上差异显著，相同字母表示在 0.05 水平上差异不显著。

3. 气孔的空间格局

本研究的结果显示，增温显著增加了气孔指数比率近轴面/远轴面的比例（$P<0.05$；表 3.1），但并没有改变近轴面/远轴面气孔密度的比率（表 3.1）。我们发现增温几乎没有对气孔密度的近轴面/远轴面比率产生影响（对照与增温的近轴面/远轴面气孔密度比率分别为 0.72 和 0.73），但增温却使气孔指数的近轴面/远轴面比率显著增加约 12.3%，即由 0.71（对照）增加到 0.80（增温）。

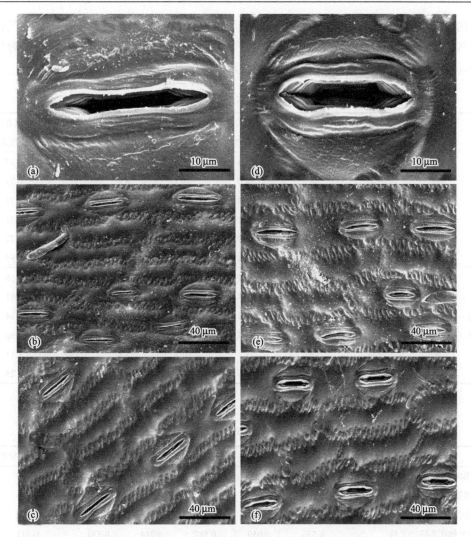

图 3.1　玉米叶片气孔和表皮细胞的扫描电子显微照片

（a）～（c）为对照环境下的玉米叶片气孔特征，（d）～（f）为增温环境下的气孔特征，与对照相比，增温使近轴面[（b）
和（e）]和远轴面[（c）和（f）]的气孔均变得更短、更宽；同时，增温还增加了表皮细胞的长度和宽度

　　增温对玉米叶片尖部、中部及基部不同部位气孔特征的影响也存在差异。本研究的结果表明，增温显著增加了近轴面基部和远轴面尖部的气孔密度（$P<0.05$；表 3.2）。增温分别显著增加了近轴面基部和中部气孔指数约 38% 和 24%，增加远轴面中部气孔指数约 10%（$P<0.05$）。另外，增温还分别减小近轴面尖部和远轴面中部的气孔长度约 10%和 35%（$P<0.05$）。增温分别增加叶片近轴面尖部和中部气孔宽度 20%和 41%（$P<0.05$）。相似地，增温也同时分别增加远轴面尖部和中部的气孔宽度约 31% 和 33%（$P<0.05$）。此外，除叶片近轴面的尖部外，增温增加了玉米叶片近轴面、远轴面的所有部位的气孔面积及其指数（表 3.2）。对于近轴面，增温显著增加了叶片中部和基部的气孔面积 34%和 33%及气孔面积指数 28%和 61%（$P<0.05$）。增温显著增加远轴面尖部、中部及基部的气孔面积 43%、40%、30%，气孔面积指数 61%、44%、32%（$P<0.05$）。多因素方差

分析的结果显示，增温和叶片位置显著影响了玉米叶片的气孔密度、气孔指数、气孔长度、气孔宽度、气孔面积及气孔面积指数（$P<0.05$）。然而，叶片近轴/远轴面仅对气孔密度、气孔指数、气孔面积及气孔面积指数产生显著影响（$P<0.05$）（表 3.3）。

表 3.2　增温对玉米叶片上不同位置气孔特征的影响

气孔特征 参数			气孔密度/ （个/mm²）	气孔 指数/%	气孔 长度/μm	气孔 宽度/μm	气孔 面积/μm²	气孔 面积指数/%
对照 样地	近 轴 面	尖部	51	13.4	38.9	6.9	112	0.57
		中部	61	14.0	49.8	6.8	117	0.71
		基部	56	14.0	48.9	7.2	126	0.71
	远 轴 面	尖部	73	19.2	38.7	5.8	84	0.61
		中部	79	19.7	49.0	6.6	97	0.77
		基部	79	19.4	46.0	8.2	120	0.95
增温 样地	近 轴 面	尖部	50	13.2	35.2	8.3	121	0.60
		中部	58	17.3	34.8	9.6	157	0.91
		基部	67	19.3	34.8	8.2	168	1.14
	远 轴 面	尖部	81	19.7	36.3	7.6	120	0.98
		中部	82	21.7	31.8	8.8	136	1.11
		基部	80	20.6	31.1	9.6	156	1.25

表 3.3　温度、轴面和部位三因素方差分析结果

因素	气孔密度	气孔指数	气孔长度	气孔宽度	气孔面积	气孔面积指数
温度影响的 P 值	0.024	0.000	0.000	0.000	0.000	0.000
叶轴面影响的 P 值	0.000	0.000	0.087	0.971	0.000	0.000
叶片部位影响的 P 值	0.000	0.000	0.001	0.004	0.000	0.000
温度×叶轴面影响的 P 值	0.536	0.059	0.587	0.714	0.330	0.011
温度×叶片部位影响的 P 值	0.252	0.008	0.000	0.159	0.064	0.014
叶轴面×叶片部位影响的 P 值	0.030	0.025	0.252	0.004	0.364	0.363
温度×叶轴面×叶片部位影响的 P 值	0.016	0.068	0.630	0.661	0.086	0.001

注：所有数据为平均值±标准偏差，气孔密度和气孔指数的样本数 $n=25$，气孔长度、气孔宽度及气孔面积的样本数 $n=150$；所有数据的平均值利用多因素方差分析在 0.05 水平上进行比较，对差异显著的组再进行多重比较（Duncan's multiple range test）。

气孔空间分布格局分析的结果显示，无论是对照样地还是增温样地，玉米叶片近轴面和远轴面气孔均在小尺度范围内规则分布（<140 μm），而在大尺度范围内呈随机分布特征（图 3.2）。然而，远轴面的气孔分布比近轴面的气孔分布更加规则，因为在相同尺度下远轴面的 $L(t)$ 值更小，尤其是对照条件下玉米叶片的气孔分布（图 3.2）。对照温度下玉米叶片气孔分布最规则的空间分布格局发生在尺度约 25 μm 处，此时近轴面平均的最小 $L(t)$ 为–1.81（图 3.2），而远轴面平均的最小 $L(t)$ 为–3.25（图 3.3）。增温使玉米叶片近轴面和远轴面的气孔空间分布格局更加规则，因为增温环境下玉米叶片的 $L(t)$

值比对照环境变得更小。具体来说，增温使玉米叶片近轴面平均的最小 $L(t)$ 从–1.81 减小为–4.43（图 3.2），远轴面平均的最小 $L(t)$ 从–3.25 减小为–4.80（图 3.3）。另外，增温还增加了玉米叶片气孔规则分布的空间尺度范围。增温环境下玉米叶片最规则分布的空间尺度约为 60μm，而对照条件下玉米叶片气孔分布呈现最规则分布格局的空间尺度仅为 25μm。

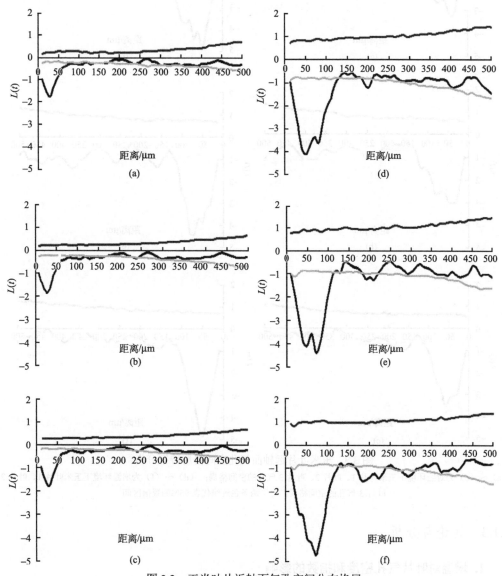

图 3.2　玉米叶片近轴面气孔空间分布格局

（a）～（c）为对照环境下玉米叶片 1、叶片 2、叶片 3 气孔的空间格局；（d）～（f）为增温环境下玉米叶片 1、叶片 2、叶片 3 气孔的空间格局。上下两条包迹线代表 95%的置信区间

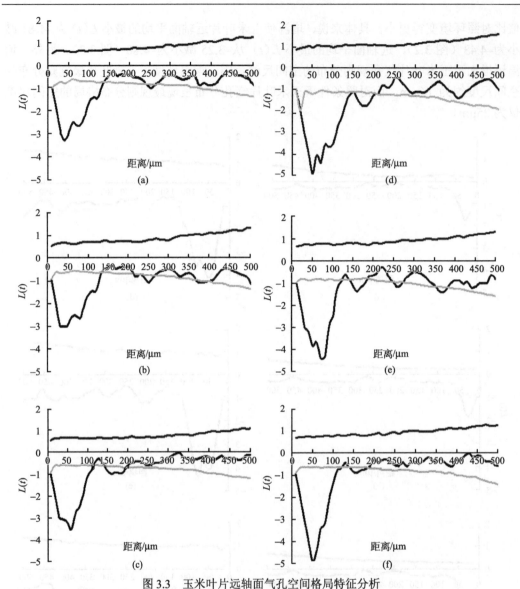

图 3.3　玉米叶片远轴面气孔空间格局特征分析

（a）～（c）为对照环境下玉米叶片 1、叶片 2、叶片 3 气孔的空间格局；（d）～（f）为增温环境下玉米叶片 1、叶片 2、叶片 3 气孔的空间格局。上下两条包迹线代表 95% 的置信区间

3.1.3　讨论与分析

1. 增温对叶片气孔密度和指数的影响

气孔密度和气孔指数是确定叶片气体交换有效面积关键的生理生态学参数，直接决定着叶片潜在的最大气孔导度（Woodward，1987；Ferris *et al.*，1996；Apple *et al.*，2000）。以往的研究结果表明，气孔的密度和指数不仅会受到环境因素的影响（Lake *et al.*，2002；Hetherington and Woodward，2003；Schlüter *et al.*，2003；Lake and Woodward，2008；Casson and Gray，2008；Franks and Beerling，2009），而且还会受遗传基因的控制

（Bergmann，2004；Liang *et al.*，2005；Shpak *et al.*，2005；Hara *et al.*，2007；Lampard *et al.*，2008；Hunt and Gray，2009；Hunt *et al.*，2010；Kondo *et al.*，2010；Sugano *et al.*，2010）。植物的老叶能够感应到光照强度和 CO_2 浓度等环境因素的变化，并且能将其感应到的这一信息通过长距离的系统信号传递给正在发育的新叶。而那些正在发育的新叶会针对这些信息对叶片的气孔密度和气孔指数进行相应的调整，从而适应外界环境因素变化（Lake *et al.*，2001，2002）。另外，还有的研究结果认为，植物中还可能存在着较短距离的信号，同长距离的信号一起共同决定了正在发育叶片的气孔密度和气孔指数（Brownlee，2001）。

叶片气孔密度和气孔指数对增温的响应随着物种的不同而变化（Ferris *et al.*，1996；Reddy *et al.*，1998；Kouwenberg *et al.*，2007）。许多研究发现增温改变气孔密度，但不影响气孔指数（Beerling and Chaloner，1993；Reddy *et al.*，1998；Xu and Zhou，2005；Xu Z Z *et al.*，2009）。但是，另一些研究的结果显示增温并没有影响气孔密度，但由于表皮细胞密度的变化而改变了气孔指数（Beerling *et al.*，1998；Ferris *et al.*，1996）。另外，还有一些研究发现增温既不影响气孔密度也不改变气孔指数（Apple *et al.*，2000；Hovenden，2001；Kouwenberg *et al.*，2007；Fraser *et al.*，2009）。本研究的结果显示，增温对气孔密度并没有产生影响，但却显著增加了气孔指数，表明增温主要是通过减少表皮细胞的数目，从而增加玉米叶片的气孔指数，而不是直接影响单位叶面积内的气孔数目。同时，增温显著减少表皮细胞密度 9%（$P<0.05$）和增加表皮细胞面积 35%（$P<0.01$）也直接支持了上述结论（表 3.4）。另外，扫描电子显微镜观察的结果也显示增温条件下玉米叶片表皮细胞与对照相比体积更大、数目更少（图 3.1）。上述结果表明，尽管全球变暖不会显著影响气孔数目，但可能会通过直接影响表皮细胞的分化和扩展，从而进一步影响到气孔的指数。

表 3.4　增温对玉米叶片表皮细胞和保卫细胞特征的影响

参数	对照			增温			增量 /%	P 值
	近轴面	远轴面	平均值	近轴面	远轴面	平均值		
表皮细胞密度 /（个/mm²）	349±27a	321±11ab	335	296±28b	314±16ab	305	−9.0	$P<0.05$
表皮细胞长度/μm	90.7±5.4a	74.5±14.3b	81.7	94.3±19.0a	82.6±16.4ab	89.3	9.3	$P>0.05$
表皮细胞宽度/μm	24.0±3.0bc	21.9±4.4c	22.9	29.1±4.4a	25.6±3.0b	27.6	20.6	$P<0.01$
表皮细胞面积/μm²	2104±326b	1496±309c	1766	2638±551a	2051±392b	2384	35.0	$P<0.01$
表皮细胞周长/μm	247±24a	183±26b	212	293±82a	249±54a	274	29.6	$P<0.01$
表皮细胞密度比率（近轴面/远轴面）		1.09			0.94		−13.3	$P<0.05$
保卫细胞长度*/μm	52.4±4.3a	49.8±4.0b	51	47.1±3.3c	42.2±2.6d	45	−11.8	$P<0.05$
保卫细胞宽度*/μm	6.2±2.87d	8.3±1.24c	7.3	11.6±1.6b	12.6±1.2a	12.1	66	$P<0.01$
保卫细胞面积/μm²	453±78b	468±77ab	461	497±70ab	504±72a	501	8.0	$P>0.05$
保卫细胞周长/μm	126±11a	129±9a	128	130±15a	134±22a	132	3.1	$P>0.05$

注：所有数据为平均值±标准偏差，表皮细胞密度的样本数 $n=75$，其他所有参数的样本数 $n=450$；所有数据的平均值利用单因素方差分析在 0.05 水平上进行比较，对差异显著的组再进行多重比较（Duncan's multiple range test）；不同字母表示在 0.05 水平上差异显著，相同字母表示在 0.05 水平上差异不显著。

*保卫细胞长度为保卫细胞长度方向上最长的距离，保卫细胞宽度为保卫细胞宽度方向上最宽的距离。

2. 增温对叶片气孔大小和形状的影响

叶片气孔对未来气候变暖的响应不仅会在结构上改变气孔的密度及指数（Apple *et al.*，2000；Xu and Zhou，2005；Luomala *et al.*，2005），而且还会在功能上调整气孔的大小（Hetherington and Woodward，2003；Franks and Beerling，2009；Casson and Hetherington，2010）。值得注意的是，植物通常通过改变气孔的开度大小来快速响应短期的环境变化，这种响应方式也被称为气孔运动（Sharkey and Raschke，1981；Kwak *et al.*，2001；Guo *et al.*，2003；Young *et al.*，2006；Shimazaki *et al.*，2007；Shang *et al.*，2009）。许多的研究结果发现气孔运动受到光强（Humble and Hsiao，1970；Sharkey and Raschke，1981；Kwak *et al.*，2001；Takemiya *et al.*，2006）、CO_2浓度（Ogawa，1979；Young *et al.*，2006；Lammertsma *et al.*，2011）、温度（Honour *et al.*，1995；Feller，2006；Reynolds-Henne *et al.*，2010）、干旱（Guo *et al.*，2003；Klein M *et al.*，2004）、空气湿度（Lange *et al.*，1971；Schulze *et al.*，1974）以及紫外线（Herčík，1964；Eisinger *et al.*，2000）等因素的影响。除了对短期环境改变响应的气孔运动，长期的环境变化如气候变暖也可能会影响到单个气孔的大小、气孔频度以及气孔的空间分布格局（Anderson and Brisk，1990；Lammertsma *et al.*，2011）。

以往的研究结果发现，拟南芥保卫细胞的长度由其基因组的大小而决定，并且不会受到CO_2浓度、干旱胁迫、相对湿度、辐射强度、紫外线以及病原体侵染等环境因素的影响（Lomax *et al.*，2009）。然而，不幸的是该研究没有涉及温度对保卫细胞长度的影响。有趣的是，本研究的结果发现，增温显著减小了保卫细胞的长度，从而导致气孔长度的减小。我们的研究结果也直接支持了 Zhang 等（2010）的研究结果，他们在青藏高原上对 4 种亚高山草本物种的增温实验研究中也同样发现增温显著降低这 4 中草本物种的气孔长度。然而，应该注意的是增温减小气孔长度的同时也增加了气孔的宽度。结果是增温显著增加了气孔的面积和气孔面积指数（$P<0.01$；表 3.1）。由于叶片气孔导度和蒸腾速率通常与气孔指数、气孔密度及气孔开度大小呈正相关关系（Buckley *et al.*，1997；Hetherington and Woodward，2003；Franks and Beerling，2009；Franks *et al.*，2009），本研究的结果表明，增温可能会增加玉米叶片的气孔导度和蒸腾速率。同时，对于叶片气孔导度和蒸腾速率的直接测定结果直接支持了上述结果。因此，本研究的结果表明，未来气候变暖不仅增加玉米叶片气孔指数和气孔开度大小，在一定程度上导致叶片气孔导度和蒸腾速率的增加。

3. 增温对玉米不同叶面和叶片部位气孔分布特征的影响

早期的研究报道叶片近轴面和远轴面的气孔密度显著不同（Ferris *et al.*，1996，2002；Reddy *et al.*，1998；Croxdale，1998，2000；Driscoll *et al.*，2006）；以往的研究认为，玉米叶片的背腹面（近轴面/远轴面）极性在分生组织阶段就已经建立起来，并在随后整个叶片发育的阶段始终维持这种极性（Driscoll *et al.*，2006）。本研究发现增温没有改变气孔密度的近轴面/远轴面比例，表明玉米叶片的背腹面极性确实是受基因控制的，并不受外界环境温度的影响。另外，Driscoll 等（2006）也报道了相似的研究结果，他们发现玉米气孔的背腹面极性不受 CO_2 浓度的影响。然而，增温却显著增加了玉米叶片气孔指数（近轴面/远轴面）的比例，这种结果主要是由叶片背腹面表皮细胞减少的比例不同造成的。上述结果表明，玉米响应未来全球变暖可能会通过改变近轴面/远轴面表皮细胞比例来影响气孔在叶片背腹面的分布。

除了植物叶片不同的叶面外，气孔在同一叶片的不同部位（尖部、中部及基部）也呈现出较高的变异性（Ferris *et al.*，1996；Xu Z F *et al.*，2009）。本研究的结果也显示，增温不仅影响玉米近轴面和远轴面的气孔频度，而且还导致玉米同一叶面上不同部位（包括尖部、中部及下部）的气孔频度发生变化。这一研究结果表明，未来气候变暖不仅导致玉米叶面间的高变异，还引起玉米叶面内不同部位的变异。相似的结果已经在 2 个常绿草本物种黑麦草（*Lolium perenne*）（Ferris *et al.*，1996）和羊草（*Leymus chinensis*）（Xu *et al.*，2009）上发现。然而，以往的研究在探讨增温对植物叶片气孔特征的影响取样时仅考虑在叶片远轴面的中间部位取样（Beerling and Chaloner，1993；Hovenden，2001；Xu and Zhou，2005；Kouwenberg *et al.*，2007），而这样的取样方法显然是不全面的。因此，今后对植物叶片气孔研究的取样方法应该改进，取样时应该考虑对整个叶片进行多点　采样。

4. 增温对叶片气孔空间分布格局的影响

增温还可能通过对细胞分裂和分化过程的影响来改变气孔在叶片上的空间分布格局（Croxdale，1998，2000；Berger and Altmann，2000；Shpak *et al.*，2005）。同时，细胞的分裂及分化过程也会受到遗传信号（Nadeau and Sack，2002；Bergmann *et al.*，2004；Shpak *et al.*，2005；Wang *et al.*，2007；Hunt *et al.*，2010）和环境因素的调控和影响（Wang *et al.*，2007；Casson and Gray，2008）。气孔在植物叶片上的空间分布格局在物种间呈现出很高的变异性。近年来在基因学方面的研究结果发现，许多的基因包括 *SDD1*、*EPF1*、*TMM*、以及 *ERECTA*-基因家族均决定着气孔在植物叶片上的空间分布格局（Nadeau and Sack，2002；Hunt *et al.*，2010）。增温不但会改变叶片尺度气孔分布的特征，而且还会在更小的叶片不同位置尺度上影响气孔的空间分布格局特征。在本研究中观察到增温条件下比对照的玉米叶片气孔分布更加规则，表明增温还有可能提高玉米叶片的气体交换，因为气孔分布越规则，叶片的气体交换效率越高。与对照相比，增温条件下更加规则的气孔分布格局也可能是导致本研究中增温环境下具有更高气孔导度和蒸腾速率的原因之一。

5. 不同增温方式对叶片气孔特征的影响

除了温度之外，植物气孔的频度（气孔密度和气孔指数）还可能会受到其他环境因素的影响，例如干旱、光照辐射、光照强度以及相对湿度（Apple *et al.*，2000；Xu *et al.*，2009；Fraser *et al.*，2009）。目前，以往文献中有关增温对气孔频度影响不一致的结果可能是由利用多种不同的增温方式造成的。以往研究中利用的开顶箱（Fraser *et al.*，2009）、温室（Ferris *et al.*，1996；Reddy *et al.*，1998；Apple *et al.*，2000；Xu and Zhou，2005；Luomala *et al.*，2005）、气候生长箱（Hovenden，2001；Xu Z Z *et al.*，2009；Jin *et al.*，

2011）等都可能改变除了温度之外的土壤水分含量、光照强度、相对湿度等其他环境因子。例如，Niu 等（2007）比较了模拟气候变暖不同增温方式的缺点后指出开顶箱和温室不仅改变了植物的生长温度，而且还改变了其生长的微环境包括光照、湿度和降雨量。另外，Luomala 等（2005）指出在植物生长季利用生长箱来提高植物生长环境温度会造成增温处理培养箱内相对于对照培养箱产生较高的饱和蒸气压差（vapour pressure deficit, VPD），从而影响到植物叶片气孔密度和气孔指数。另外，还有许多的研究比较具有不同空气温度的不同地理位置（Beerling and Chaloner，1993）和不同纬度（Kouwenberg *et al.*，2007）上生长的植物的气孔特征，这种方法很显然改变了植物生长的例如降雨、土壤湿度以及光照等其他气候条件。结果是这种人为造成的植物生长环境的不同导致增温对植物气孔频度影响的结果在不同的物种和生态系统之间产生差异。本研究利用红外线发射器对华北平原的重要粮食作物玉米进行野外开放、原位的增温实验，尽管这种利用红外线的增温方式对植物冠层的加热强度可能不太均匀，但目前认为该实验增温的方式对作物生长的微环境干扰和破坏较小。

3.2　玉米叶片解剖生物和亚显微结构对增温的适应

　　未来全球气候变暖可能会在一定程度上对植物的功能产生影响，植物功能上的改变通常是由植物结构的改变而造成的，尤其是植物叶片结构的变化决定着叶片光合作用及呼吸作用等关键的生理过程和功能（Jin *et al.*，2011；Xu *et al.*，2012；Smith *et al.*，2012）。全球变暖对植物功能的影响通常会间接影响土壤氮的矿化和有效性（Rustad *et al.*，2001；Peñuelas *et al.*，2004；Sardans *et al.*，2008a，2008b）、土壤湿度（Wan *et al.*，2005；Holsten *et al.*，2009）及生长季的长度（Menzel and Fabian 1999；Walther *et al.*，2002；Cleland *et al.*，2006）或直接影响植物的代谢速率（例如光合作用和呼吸作用）（Tjoelker *et al.*，1999；Zha *et al.*，2001；Llorens *et al.*，2004b；Niu *et al.*，2008；Han *et al.*，2009；Prieto *et al.*，2009b；Albert *et al.*，2011）。

　　全球气候变暖对植物功能的大部分影响来自于植物结构的改变，尤其是植物叶片结构的变化（Jin *et al.*，2011；Xu *et al.*，2012；Smith *et al.*，2012）。许多的研究发现叶片厚度和叶肉体积与基于叶面积的碳同化速率（Higuchi *et al.*，1999；Xu *et al.*，2012）和比叶重（Gorsuch *et al.*，2010b；Jin *et al.*，2011）之间具有很强的相关性。以往的研究结果表明，生长在高温环境下植物的叶片较薄，这主要是由于增温使表皮细胞体积减小从而引起表皮、栅栏组织层和海绵组织层变薄（Hartikainen *et al.*，2009；Gorsuch *et al.*，2010b；Jin *et al.*，2011）。早期的研究还发现叶绿体的数量和大小也同叶片光合速率存在着较高的相关性（Jin *et al.*，2011；Xu *et al.*，2012）。例如，Jin 等（2011）观察到植物的生长温度增加2.5℃并没有改变单个细胞中叶绿体的数目；但是当植物的生长温度增加到5℃时，单个细胞内叶绿体的数目减少了22%（对照温度为白天23℃/夜晚18℃）。同时，该研究的结果还显示叶绿体的大小也随着生长温度的增加而减少。目前植物叶片的解剖结构和细胞器的亚显微结构对气候变暖的响应还并不清楚。本研究主要通过模拟增温实验探讨玉米叶片从组织解剖结构（包括海绵组织、栅栏组织以及叶肉细胞等）到细胞器的亚显微结构（叶绿体和线粒体）对增温的响应机理。

3.2.1　实验方法

分别从用于气孔特征观察的 5 棵玉米植株的相同穗位叶中部位置采集玉米叶片样品，迅速放入 2.5%（v/v）的戊二醛固定液中保存并尽快运回实验室进行处理。利用石蜡切片的实验方法在光学显微镜下观察叶片组织的内部解剖结构。本研究按照 Sage 和 Williams 等（1995）的方法取叶片中部的组织制作叶片横切的石蜡切片，然后在显微镜下观察并拍照。根据所拍照片利用 Image J 软件（NIH，USA）定量研究叶片内部结构特征。叶肉厚度的定义为叶片横切面上下表皮之间的距离。由于同一叶片的叶肉厚度也可能不均匀，对于叶肉厚度的测量采用对每个横切面不同位置的上下表皮之间测量 5 次，将这 5 次测量值的平均值作为该横切面的叶肉厚度。本研究将相邻两个维管束鞘之间的距离定义为鞘间距。对玉米叶片内鞘间距大小的测量为相邻 2 个维管束鞘的距离（Pengelly et al.，2010）。叶片中叶肉或维管组织所占比例利用随机生成 200 个点的方法计算，这 200 个随机点所处的叶肉组织或维管组织的比例代表了叶片横切面两种组织所占的比例。

将采集的玉米叶片（2mm×2mm）用 2.5%（v/v）的戊二醛固定液（0.1 M 磷酸缓冲液，pH=7.0）迅速固定，然后放到 4℃环境下冷藏保存，并立即将样品运回实验室做进一步的处理。在实验室内样品用相同浓度的磷酸缓冲液冲洗 6 遍，并在室温环境下用 1%（v/v）的锇酸固定 3 h，然后再用同样的磷酸缓冲液冲洗干净。随后植物样品要经过不同浓度梯度的酒精脱水、树脂渗透、包埋等过程。利用 LKB-V 型超薄切片机切片，醋酸双氧铀和柠檬酸铅染色，然后在透射电子显微镜（JEOL Ltd，Tokyo，Japan）下观察叶片组织亚显微结构并拍照。

本研究中关于增温对叶片解剖结构和亚显微结构的影响利用 Student's t-test 进行统计分析。本研究中的统计分析均利用 SPSS 13.0（Chicago，IL）统计软件完成。

3.2.2　实验结果

1. 增温对玉米叶片解剖结构的影响

研究结果显示增温显著减小了玉米叶片的宽度和厚度（$P<0.05$），但并没有影响叶片的长度（表 3.4）。另外，增温还同时显著减少了叶肉厚度约 10.2%。由于对照样地和增温样地叶片细胞的平均层数没有显著区别，叶肉厚度的减少主要是由细胞面积变小造成的（表 3.4）。增温减小相邻维管束鞘间的鞘间距 10.7%，并减小了维管束面积约 28.5%，导致增温环境下的玉米叶片具有更多小的维管束（表 3.4 和图 3.4）。相对于环境温度，增温并没有明显改变维管束鞘（BS）细胞的大小（表 3.4 和图 3.4）。另外，增温导致叶肉细胞面积减小 22.2%，这主要是由栅栏组织细胞面积的显著减少引起的，因为增温并没有影响海绵组织细胞的面积。然而，对照和增温环境下叶肉细胞与维管束鞘细胞面积的比例并没有显著的差异。相似地，尽管增温显著增加叶片中叶肉组织所占比例（M%）约 12.9%，但是维管束鞘细胞所占的比例以及叶肉组织与维管束鞘细胞组织的比例均没

有在增温环境下发生显著的变化（表 3.4）。此外，增温还减少了细胞壁厚度 31.5%但并没有影响气孔下腔的面积（表 3.4 和图 3.4）。

2. 增温对玉米叶片亚显微结构的影响

增温还影响了玉米叶片内叶绿体和线粒体等细胞器的亚显微结构。相对于对照叶片，增温分别平均增加了叶绿体长度和宽度 45.9%和 50%，导致叶绿体的剖面面积显著增加 1.3%（表 3.4 和图 3.5）。但是，增温对每个叶肉细胞内的叶绿体数目和每个叶绿体内质体小球的数目没有产生影响（表 3.5 和图 3.5）。另外，增温显著增加了线粒体的大小约 2.9%（表 3.5 和图 3.5）。

表 3.5　温对玉米叶片形态、解剖及亚显微结构的影响

参数	对照样地	增温样地	增量/%	P 值
叶片长度/cm	78.4±3.1	79.9±2.2	1.9	0.256
叶片宽度/cm	10.2±0.7	9.8±0.6	−3.9	0.017
叶片厚度/μm	167±11	150±25	−10.2	<0.0001
单位面积叶重（LMA）/（g·m^{-2}）	147±1.1	145±1.2	−1.4	0.768
解剖数据				
叶肉厚度/μm	122±11	110±20	−9.8	0.001
细胞层数	8.1±0.7	8.6±0.8	6.2	0.068
鞘间距/μm	122±19	109±29	−10.7	0.027
维管束鞘面积/μm^2	4946±1251	3538±1568	−28.5	0.001
气孔下腔面积/μm^2	742±271	761±344	2.6	0.851
栅栏组织细胞面积/μm^2	374±81	246±153	−52.0	<0.0001
海绵组织细胞面积/μm^2	226±88	216±85	−4.4	0.525
叶肉细胞面积/μm^2	297±57	231±91	−22.2	<0.0001
维管束鞘细胞面积/μm^2	487±225	459±170	−5.8	0.446
叶肉与维管束鞘的细胞面积比	0.79±0.42	0.64±0.37	−20.0	0.093
叶肉组织所占比例/%	51.9±7.4	45.2±7.7	−12.9	0.010
维管束鞘组织所占比例/%	28.1±5.3	27.8±5.8	−1.1	0.872
叶肉与维管束鞘组织比	1.9±0.5	1.7±0.6	−10.5	0.270
细胞壁厚度/μm	0.6±0.1	0.4±0.1	−31.5	0.031
叶绿体及线粒体数据				
叶绿体长度/μm	6.1±1.2	8.9±0.9	45.9	<0.0001
叶绿体宽度/μm	1.4±0.2	2.1±0.2	50.0	<0.0001
叶绿体剖面面积/μm^2	6.3±1.1	15.2±1.4	141.3	<0.0001
每个细胞内叶绿体数目	8.8±2.6	11.8±2.4	22.7	0.240
每个叶绿体内质体小球数目	8.6±1.1	9.9±1.8	15.3	0.151
线粒体大小/μm^2	0.17±0.04	0.26±0.06	52.9	0.01

注：表中数值为平均值±标准差，分别从对照和处理中选取 5 个玉米植株的穗位叶，进行各个指标的观察和测量；对于叶片的解剖结构和亚显微结构，每个叶片至少观察和测量 100 个细胞。所有数据利用 Student's t-test 在 0.05 水平上进行比较。

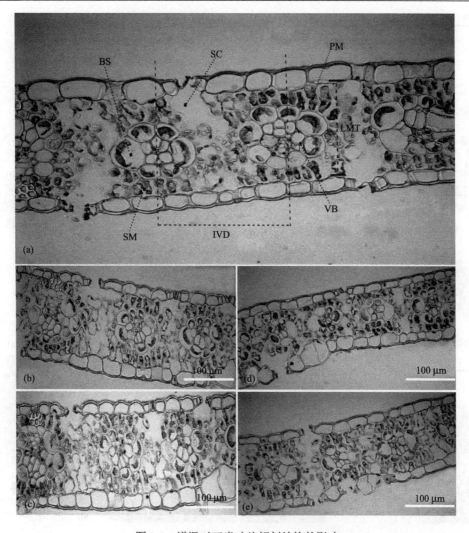

图 3.4　增温对玉米叶片解剖结构的影响

（a）中 IVD. 鞘间距；LMT. 叶肉厚度；VB. 维管束；BS. 维管束鞘；SC. 气孔下腔；PM. 栅栏组织；SM. 海绵组织；（b）～（c）为对照条件下叶片解剖结构；（d）～（e）为增温条件下的叶片解剖结构；通过显微照片可以观察到增温减小了叶片的厚度及维管束的面积，但是增加了维管束的数目

3.2.3　讨论与分析

1. 增温减小了玉米叶片的厚度

　　关于增温对叶片结构分析的工作在许多的温度下开展，但是大多数研究主要关注植物对冷胁迫或者热胁迫的响应，很少有研究关注非胁迫生长温度下植物叶片结构对温度的响应，并且这些研究的结论也并不一致（Armstrong *et al.*，2006）。植物叶片厚度的改变反映出其解剖结构的变化，例如栅栏组织层数目和大小的变化。许多在非胁迫生长温

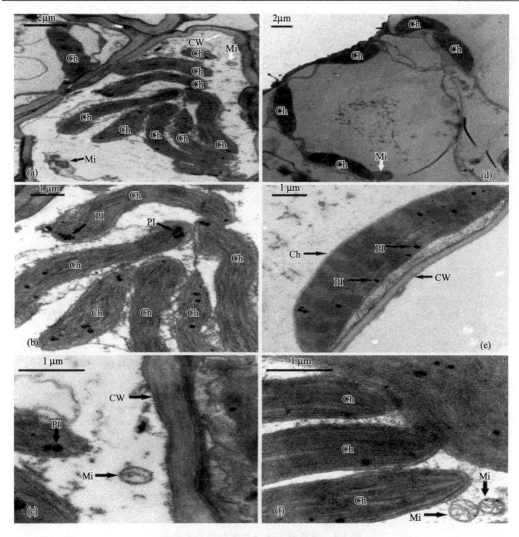

图 3.5　对玉米叶片亚显微结构的影响

（a）~（c）为环境温度条件下叶片解剖结构；（d）~（f）为增温条件下的叶片解剖结构；通过显微照片观察到增温显著
增加了叶绿体及线粒体的面积，但减小了细胞壁的厚度。Ch. 叶绿体；Mi. 线粒体；CW. 细胞壁；PI. 质体小球

度下（10~30℃）开展的研究发现，同一个物种生长在高温条件下具有较薄的叶片，但这主要是由表皮层厚度、海面和栅栏组织层厚度的减小或者是叶肉细胞大小的减小而造成的（Higuchi *et al.*，1999；Hartikainen *et al.*，2009；Gorsuch *et al.*，2010b；Jin *et al.*，2011）。另外，以往的大多数研究也认为增温可能会减小植物叶片的厚度（Luomala *et al.*，2005；Jin *et al.*，2011；Yang *et al.*，2011；Xu *et al.*，2012）。例如，Jin 等（2011）发现增温显著减少拟南芥叶片厚度 8%。相似地，Yang 等（2011）在我国青藏高原上的增温实验研究发现增温减少了该区域优势种亚高山嵩草（*Kobresia pygmaea*）叶片厚度的 10%。然而，Smith 等（2012）的研究却发现增温并没有对铁木桉（*Eucalyptus sideroxylon*）的叶片厚度、叶肉厚度以及表皮厚度产生影响。

　　本研究的结果显示，增温减少了华北平原玉米叶片的厚度约 10%，这与以往的研究结果基本一致（Jin *et al.*，2011；Yang *et al.*，2011）。我们对叶片解剖结构的进一步观察和测量后发现，叶片厚度的减少主要是由增温环境下叶肉组织变薄而导致。但叶肉细胞的层数没有改变，叶肉组织变薄的原因主要是由于增温显著减小了叶肉细胞的面积。另外，增温显著减少了叶肉组织中栅栏组织细胞的面积 52%，但对海绵组织的细胞面积却几乎没有产生影响。因此未来气候变暖可能通过减少海绵组织细胞的面积来减少玉米叶片的厚度。

2. 增温对玉米叶片维管束鞘的影响

叶片的解剖结构对于调控植物光合过程方面起着极其关键的作用。然而，目前在全球气候变化生态学领域一个还没有解决的关键问题就是叶片内部解剖结构的变化在植物光合作用对温度响应过程中所起的作用（Smith *et al.*，2012）。叶片的解剖结构不仅紧密联系着整个植物的功能和生长而且对于外界环境条件（例如温度）也非常地敏感（Klich，2000；Niinemets *et al.*，2009）。因此，气候变化背景下叶片解剖结构的变化也可能通过改变 CO_2 从大气扩散到光合位点的途径来影响植物光合过程对气候变化的响应。植物叶片维管束鞘是 C_4 植物光合途径的重要部分，大气中的 CO_2 气体通过叶片气孔进入叶肉组织，然后泵入维管束鞘内，使维管束鞘内具有非常高的 CO_2 浓度，提高了 C_4 植物的光合效率。本研究结果显示，增温分别减少了玉米叶片鞘间距和维管束鞘的面积约 10.7% 和 28.5%。换句话说，增温导致玉米叶片内维管束鞘的面积变小，数量增多。同时，我们也直接观察到增温环境下的玉米叶片与对照相比具有更多、更小的维管束鞘。Yang 等（2011）近期的研究也发现增温分别减少维管束的宽度和长度 18% 和 22%。本研究的结果表明，单位叶面积内更多小的维管束鞘可能使大气 CO_2 由气孔进入玉米叶片到达维管束鞘的距离缩短，这将会在一定程度上减小 CO_2 气体扩散到达叶绿素光合位点的叶肉阻力，提高 CO_2 在光合位点的同化效率，最终可能表现在增温条件下的玉米叶片具有较高的光合速率。

3. 增温对叶绿体大小和数量的影响

叶绿体是植物进行光合作用的细胞器，叶绿体的结构和数量同植物光合速率之间存在着非常密切的关系（Jin *et al.*，2011；Xu *et al.*，2012）。早期的研究结果已经发现细胞内叶绿体的数量同光合速率之间存在着很好的相关性关系。以往的研究观察到生长在高 CO_2 浓度或高温环境下的植物与对照相比具有较高叶片光合速率的同时单个细胞内也具有较多的叶绿体数量（Jin *et al.*，2011）。然而，目前关于增温对叶绿体大小和数量影响并没有一致的结论。例如，Jin 等（2011）观察到拟南芥的生长温度增加 2.5℃并没有改变单个细胞中叶绿体的数目；但是当植物的生长温度增加 5℃时，单个细胞内叶绿体的数目减少 22%（对照温度为白天 23℃/夜晚 18℃）。同时，该研究的结果还显示叶绿体的大小也随着生长温度的增加而减小。Xu 等（2012）探讨了增温对铁树桉（*Eucalyptus saligna*）细胞内叶绿体大小和数目的影响，研究结果显示增温显著减少了每个细胞内叶绿体的数量但并没有改变叶绿体的大小。然而，本研究发明增温显著增加了玉米叶片内叶绿体的大小，但并没有改变每个细胞内的叶绿体数目（表 3.4）。以往研究结论的不一致可能有有以下两方面原因。①不同物种对增温的响应方式不一样。植物为了响应周围的环境变化势必在结构方面做出一些调整，进一步改变叶片功能，例如光合作用。这些调整包括对于每个细胞内叶绿体的大小和数量的改变。不同物种在对叶绿体进行调整时所采取的策略可能存在着差异。有些物种可能通过改变叶绿体数目的方式来调整，而有些物种则可能通过改变叶绿体的大小的方式进行调整。②不同研究中增温强度的差异也可能是导致叶绿体调整方式改变的原因。例如，Jin 等（2011）的研究中发现植物生长温度增加 5℃时拟南芥单个细胞内的叶绿体数目显著减少，但当生长温度增加 2.5℃时却没有影响到叶绿体树木的变化。同样，Xu 等（2012）的研究是将铁树桉生长温度提高 4℃时发现增温改变了每个细胞内叶绿体的数量。然而，本研究在野外利用红外线对玉米叶片的增温仅为 2℃，同 Jin 等（2011）和 Xu 等（2012）的研究相比增温强度低，增温信号较弱，这也可能是本研究中没有改变叶绿体数目的原因之一。在本研究中还发现，尽管增温并没有改变每个细胞中叶绿体的数目，但是却导致叶绿体的大小发生了变化。总之，本研究的结果表明当植物生长环境的温度增加幅度较小时植物体主要通过调整叶绿体的大小来适应环境变化，但是当其生长环境的温度变化较大时，可能仅通过调整叶绿体的大小并不足以适应外界的环境，选择另一种更加有效的调整方式即改变叶绿体的数目来达到适应的目的。

3.3　玉米叶片碳水化合物及营养元素对增温的适应

非结构性碳水化合物（non-structural carbohydrates，NSC）是植物碳同化过程的主要产物，是植物新陈代谢过程中极其重要的能源物质，对于维持植物正常的生理活动具有非常重要的作用（Zha et al.，2001；Wang et al.，2012）。非结构性碳水化合物（NSC）主要由淀粉、果糖、葡萄糖和蔗糖等组成，是植物生长代谢过程中重要的能量供应物质，其在植物体中含量的变化在很大程度上影响着植株的代谢及生长过程（Tingey et al.，2003；Smith et al.，2012）。因此，植物组织中 NSC 的含量是评价植物碳收支状况的一个重要的量度指标。NSC 库的大小不仅反映了植物碳吸收（光合同化过程）与碳消耗（呼吸过程及生长）之间的一种平衡状态，而且还间接显示了碳水化合物在植物体内分配状况的动态变化。

目前，关于增温对植物叶片非结构性碳水化合物的影响还没有一致的结论（Tjoelker et al.，1999；Zha et al.，2001；Tingey et al.，2003；Djanaguiraman et al.，2011；Xu et al.，2012）。例如，以往的一些研究的结果表明全球变暖可能增加 NSC 浓度（Djanaguiraman et al.，2011）或者对 NSC 浓度没有影响（Tjoelker et al.，1999；Xu et al.，2012）。然而，大部分的研究结果却发现全球变暖通常减少植物叶片的非结构性碳水化合物浓度（Zha et al.，2001；Tingey et al.，2003；Jin et al.，2011；Wang et al.，2012；Smith et al.，2012）。另一些植物叶片的矿质营养也在调控叶片光合作用等生理过程和生长等方面起着非常关键的作用。过去的研究已经发现增温显著增加植物叶片的碳氮比（Tolvanen and Henry，2001；Olszyk et al.，2003；Biasi et al.，2008；Yang et al.，2011）。本节主要通过野外的模拟增温实验探究增温对玉米叶片非结构性碳库和营养元素的影响，研究的结果将有利于全面理解未来气候变暖条件下我国华北平原典型生态系统农作物非结构性碳库和营养元素的变化，有助于预测气候变暖对该地区农作物产量的影响。

3.3.1　实验方法

将采集的植物叶片样品在 75℃下烘干至恒重，然后利用球形研磨仪（MM2，Fa. Retsch，Haan，Germany）研磨成粉末。总的非结构性碳含量为可溶性糖（葡萄糖、蔗糖及果糖）和淀粉的总和。根据 Wong（1990）和 Hoch 等（2003）的方法提取和确定葡萄糖、蔗糖、果糖及淀粉的含量。利用元素分析仪（Vario Max CN；Elemnetar Corp.，Germany）测定叶片内总碳、总氮的含量。叶片组织内 K、Ca、Mg、P、Na 及 Fe 的含量由 ICP-OES（Optima 5300DV，PerkinElmer Corp.，USA）测定。所有化学成分含量的表达均基于样品干重，每个指标的测量均重复 5 次。

3.3.2　实验结果

1. 增温对叶片碳水化合物含量的影响

尽管增温并没有显著改变玉米叶片中淀粉的含量，但是却增加了可溶性糖（主要为葡萄糖、蔗糖及果糖）的含量，所以增温显著增加了叶片总非结构性碳的含量（表 3.6）。相对于对照条件，增温条件下玉米叶片总可溶性糖含量增加了大约 43.7%，这是由于增温分别增加葡萄糖 24.9%，果糖 52.8%，蔗糖 83%（$P<0.05$；表 3.6）。尽管增温没有对叶片中淀粉的浓度产生影响，但是由于叶片可溶性碳含量的显著增加，叶片总非结构性碳含量增加了约 30.8%（表 3.6）。

表 3.6　温对玉米叶片碳水化合物含量的影响

碳水化合物	对照/（mg·g^{-1}干重）	增温/（mg·g^{-1}干重）	增量/%	P 值
葡萄糖	16.2±2.7	20.2±1.8	24.9	0.048
果糖	11.4±1.8	17.4±0.9	52.8	0.003
蔗糖	5.1±1.1	9.4±1.9	83.0	0.009
总可溶性糖	32.7±4.6	47.0±1.4	43.7	0.001
淀粉	37.5±4.3	45.0±3.6	20.0	0.080
总非结构性碳	70.2±4.5	92.0±5.0	30.8	0.006

注：所有数据为平均值±标准偏差（样品数 $n=5$），平均值利用 Student's t-test 在 0.05 水平进行比较。总可溶性糖=葡萄糖+果糖+蔗糖；总非结构性碳=淀粉+总可溶性糖。

2. 增温对叶片营养元素含量的影响

本研究结果表明，增温没有显著影响任何基于干重的叶片营养元素的含量，但增温却明显增加了叶片的碳氮比约 7.8%（$P<0.05$）。尽管对照叶片中营养元素的浓度低于增温环境下叶片营养元素的浓度，但增温并没有显著增加叶片营养元素 C、N、 P、K、Ca 及 Mg 的浓度（表 3.7）。

表 3.7 温对玉米叶片元素含量的影响

元素	对照/（mg·g^{-1}干重）	增温/（mg·g^{-1}干重）	增量/%	P 值
C	436±3	439±3	0.8	0.179
N	28.5±1.6	26.4±0.7	−7.4	0.058
P	2.9±0.4	2.5±0.1	−13.8	0.110
K	12.7±2.2	12.0±1.3	−5.5	0.618
Ca	6.5±0.8	5.4±1.8	−17.0	0.249
Mg	6.9±1.6	5.1±1.6	−26.8	0.077
碳氮比	15.4±0.7	16.6±0.3	7.8	0.028

注：所有数据为平均值±标准偏差（样品数 n=5），平均值利用 Student's t-test 在 0.05 水平进行比较。

3.3.3 讨论与分析

1. 叶片 NSC 对增温的响应

碳水化合物是植物碳同化过程的主要产物，是植物新陈代谢过程中极其重要的能源物质，对于维持植物正常的生理活动具有非常重要的作用（Zha et al.，2001；Wang et al.，2012）。NSC 库的大小不仅反映了植物碳吸收（光合同化过程）与碳消耗（呼吸过程及生长）之间的一种平衡状态，而且还间接显示了碳水化合物在植物体内分配状况的动态变化。以往的研究结果表明，植物生长在增温环境下通常会减少叶片中碳水化合物的含量（Zha et al.，2001；Tingey et al.，2003；Jin et al.，2011；Wang et al.，2012）。然而，Tjoelker 等（1999）发现增温对 4 种北部树种北美白桦（*Betula papyrifera*）、落叶松（*Larix laricina*）、北美短叶松（*Pinus Banksiana*）及黑云杉（*Picea mariana*）叶片中碳水化合物的含量没有影响，但却增加了山杨（*Populus Tremuloides*）叶片中的碳水化合物含量。本研究的结果显示增温显著增加了叶片葡萄糖、果糖、蔗糖等可溶性糖的浓度，导致其总非结构性碳含量的增加。相似地，近期的实验研究也发现增温使大豆叶片可溶性糖的含量显著升高（Djanaguiraman et al.，2011）。本研究中增温造成玉米叶片非结构性碳含量增加的原因可能是由于增温环境下叶片光合速率的增加和暗呼吸速率的降低，导致大量的光合产物累积在叶片内。另外，碳水化合物的在叶片中的累积表明植物的光合作用产物超过了其需求量（Eamus and Jarvis，1989），或者增温限制了植物的韧皮部装载及运输（Körner et al.，1995）。

2. 叶片微量元素对增温的响应

大量的研究报道增温可能会增加树木（Tjoelker et al.，1999；Olszyk et al.，2003；Wang et al.，2012）、灌木（Tolvanen and Henry，2001；Biasi et al.，2008；Sardans et al.，2008b）以及草本植物（Yang et al.，2011）叶片的碳氮比。本研究也发现，增温显著增加了重要的粮食作物玉米叶片的碳氮比，由于增温基本没有对叶片的含碳量产生影响，该碳氮比的升高主要是由于叶片含氮量的降低而造成的。因此，长期的增温有可能会增加玉米的氮素利用效率。另外，本研究还发现增温也没有影响玉米叶片 P 的含量。该的结果与 Sardans 等（2008a）的研究结果一致，他们的研究结果也显示增温对灌木 *Globularia alypum* 叶片内的 P 含量没有产生显著的影响。然而，Peñuelas 等（2004）发现增温减少了南欧球花（Globularia alypum）叶片 11% P 含量。另外，Sardans 等（2008a）还报道增温增加了（*Erica multiflora*） 叶片内 42% P 含量。由于营养元素含量的变化依赖于叶片生物量的变化（Peñuelas *et al.*，2004；Sardans *et al.*，2008a），本研究中增温没有改变玉米叶片的 P 含量可能主要是由于叶片生物量的减少造成的，因为增温显著减少了玉米叶片的厚度和宽度，但没有影响叶片的长度。本研究的结果表明，增温环境下叶片 P 含量的减少可能是由于叶片生物量的增加稀释了叶片中 P 的含量。事实上，我们也观察到了玉米叶片中 K、Ca 及 Mg 的含量呈现出下降的趋势；这种趋势看起来像是营养元素和叶片生物量之间动态平衡的结果。

3.4　玉米叶片光合作用及呼吸作用过程对增温的适应

植物的光合作用和呼吸作用过程决定着整个陆地生态系统的碳平衡状态，受到全世界生态学家的普遍关注。从全球范围来说，植物通过呼吸过程每年向大气释放大约 600 亿吨碳（Amthor，1997）；未来全球气候变暖可能使这一过程向大气释放更多的碳。近年来随着全球变暖的极速加剧，植物叶片呼吸作用的温度敏感性问题关系到未来全球气温的准确估算。以往的研究普遍认为呼吸速率与温度之间是指数函数的关系，并且一般认为呼吸的温度敏感性为一个常数（Q_{10} = 2.0）。然而，近些年的研究发现，Q_{10} 并不是一个定值（Azcón-Bieto and Osmond，1983），而且会随着温度的改变而改变，同时也会对高温产生适应（Atkin and Tjoelker，2003；Bolstad *et al.*，2003；Armstrong *et al.*，2006）。尽管如此，许多关于碳平衡的模型将 Q_{10} 作为一个定值来描述呼吸对温度的短期响应，并且忽视其对温度的适应。

以往的研究结果对于叶片光合对增温的响应还存在较大的争议（Apple *et al.*，2000；Shen *et al.*，2014；Djanaguiraman *et al.*，2011）。例如，有的研究发现增温对叶片光合速率没有影响（Llorens *et al.*，2004a，2004b），而另一些研究却发现增温降低了叶片的光合速率（Shen *et al.*，2014；Djanaguiraman *et al.*，2011），还有的研究认为增温会增加叶片的光合速率（Chapin and Shaver，1996；Apple *et al.*，2000；Yin *et al.*，2008；Han *et al.*，2009；Prieto *et al.*，2009b；Jin *et al.*，2011）。然而，对不同的研究进行比较是非常困难的，因为不仅不同试验的增温处理存在差异，而且不同物种和生态型光合作用的温度敏感性和最适温度也不尽相同（Niu *et al.*，2008）。另外，叶片光合速率对增温的响应通常还会受到其他因素的影响，例如营养元素有效性、植物内部水分状态、叶片和外界环境的蒸汽压差等（Llorens *et al.*，2004a；Niu *et al.*，2008；Yang *et al.*，2011）。

在全球气候变暖背景下，从叶片尺度深入探讨叶片呼吸作用和光合作用两大关键生理过程对温度的适应性，有助于更加准确的计算整个陆地生态系统的碳收支状况，预测未来全球变暖对整个陆地生态系统碳平衡过程的影响。本研究利用野外原位增温实验，探讨玉米叶片的光合作用和呼吸作用过程对未来气候变暖的响应和适应机理，为预测未来该区域的粮食产量和全球粮食安全问题提供理论和数据支持。

3.4.1 实验方法

1. 气体交换测量

利用 Li-6400-09 便携式光合测定系统（LI-COR Inc. Lincoln，Nebraska，USA）来测定玉米叶片的气体交换参数。同 Li-6400 便携式光合测定系统配套使用的 2cm × 3cm 标准气室能独立控制光合光量子通量密度（PPFD）、CO_2 浓度、叶片温度及气室湿度。由于 Li-6400 便携式光合测定系统自身对叶片温度的调整范围非常有限，可以通过增加一些具有内部水槽的金属块来加热或冷却叶室。这些水槽通过塑料管与 2 个既能加热又能冷却的容器相连接。该容器加热或冷却的功能通过添加热水或冰水来实现，最终达到改变叶室温度的目的（图 3.6）。在华北平原夏季玉米的生长季，这套改造后的 Li-6400-09 便携式光合测定系统能够使叶片温度的调控范围扩大到 10～40℃（Chi et al.，2013）。

图 3.6　野外控温便携式光合测定系统

分别从增温样地和对照样地随机的选择 5 个完全伸展开的穗位叶进行不同叶片温度下典型 A_n/C_i 曲线的测定。分别测定以 5℃为间隔从 10℃升高到 40℃叶片温度下的 A_n/C_i 曲线。为了利用自然环境的温度变化，一般从早上 7：00 开始测定低温下的 A_n/C_i 曲线（叶片温度为 10℃），然后随着环境温度的逐渐升高，再测定稍高温度下的 A_n/C_i 曲线（叶片温度为 15℃、20℃和 25℃）；当下午空气温度最高的时候测定高温下的 A_n/C_i 曲线（叶片温度为 30℃、35℃和 40℃）。每次在测定 A_n/C_i 曲线之前先使叶片处于饱和的光合光量子通量密度（1500 μmol·m^{-2}·s^{-1}）和大气 CO_2 浓度（380ppm）下至少 10 分钟，以保证气室内叶片气体交换过程达到平衡。A_n/C_i 曲线的测定开始后，Li-6400 便携式光合测定系统气室内的 CO_2 浓度首先逐渐从 380ppm 降低为 50ppm，然后再由 380 ppm 增加到 1200 ppm，每条 A_n/C_i 曲线均由 9 个数据点组成。

当 A_n/C_i 曲线测定结束后关闭叶室内的 LED 光源至少 5 分钟，然后进行叶片暗呼吸的测定（Chi *et al.*，2013）。叶片暗呼吸测定的过程中保持 LED 光源处于关闭状态，其他所有的测定条件与 A_n/C_i 曲线测定时一致。叶片暗呼吸的测定过程中以 30 秒间隔采集 5 个数据值。将这 5 个数值的平均值作为该叶片在特定温度下的呼吸值。

2. 光合作用参数拟合

根据 Farquhar 光合作用模型，光合作用受到 Rubisco 羧化过程影响时的光合速率（A_c）计算方程为

$$A_c = \frac{V_{cmax}(C_c - \Gamma^*)}{C_c + K_c(1 + O/K_o)} - R_d \tag{3.2}$$

式中，V_{cmax} 为最大羧化速率；C_c 为叶绿体中的 CO_2 浓度，指在不存在光呼吸的情况下 CO_2 饱和点；K_c 和 K_o 为 Rubisco 酶对 CO_2 和 O_2 的 Michaelis-Menten 的常数；O 为叶绿体处的 O_2 浓度；R_d 指暗呼吸速率（Farquhar *et al.*，1980）。

当光合作用受到 RuBP 再生限制时，光合作用的光合速率（A_j）方程为

$$A_j = \frac{J_{max}(C_c - \Gamma^*)}{4C_c + 8\Gamma^*} - R_d \tag{3.3}$$

式中，J_{max} 表示最大电子传递速率。净光合速率值由 A_c 和 A_j 中较小的值决定，即

$$A = \min\{A_c, A_j\} \tag{3.4}$$

本研究中利用 Microsoft Excel 对测定的所有 A_n/C_i 曲线拟合出参数 V_{cmax} 和 J_{max}。另外，叶片暗呼吸的 Q_{10} 用方程 $Q_{10} = e^{10b}$ 来计算。

3.4.2　实验结果

1. 增温对光合作用和呼吸作用过程的影响

无论是对照还是增温处理的玉米叶片净光合-叶温曲线均呈现出典型的"钟形"分布（图 3.7（a））。研究结果表明，增温导致玉米叶片的净光合速率显著升高（$P<0.001$）。增温还导致玉米叶片净光合-叶温曲线向高温端发生了移动。增温使基于叶面积净光合速

率的最适温度从 28.97℃ 增加到 30.53℃（图 3.7（a））。另外，增温显著降低了玉米叶片的暗呼吸速率 R_d（$P<0.001$；图 3.7（b）），同时降低 R_d 的温度敏感性 Q_{10}，增温使玉米基于叶面积暗呼吸的 Q_{10} 由 1.53 降低为 1.44（$P<0.05$；图 3.7（b））。

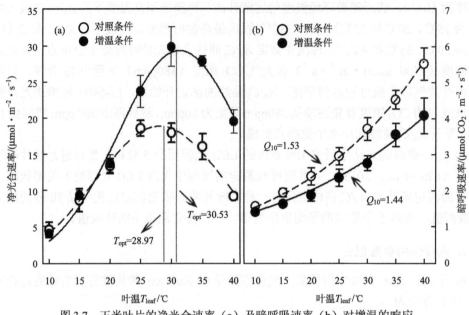

图 3.7　玉米叶片的净光合速率（a）及暗呼吸速率（b）对增温的响应

2. 增温对 J_{max} 和 V_{cmax} 的影响

同净光合速率对温度的响应相似，对照和增温叶片 J_{max} 对温度的响应曲线也均呈现出典型的"钟形"（图 3.8（b））。然而，增温叶片的 J_{max} 显著高于对照（$P<0.001$），尤其是在较高的叶片温度下（图 3.8（b））。本研究结果还表明，增温不仅使 J_{max}-T_{leaf} 曲线在纵向上发生移动，而且还导致 J_{max}-T_{leaf} 曲线在水平方向上产生移动。我们的研究发现增温使 J_{max} 的最适温度由 31.84℃ 升高为 33.29℃（$P<0.05$；图 3.8（b））。另外，本研究的结果还显示，对照和增温处理叶片的 V_{cmax} 值非常相似，表明增温对低温下的 V_{cmax} 几乎没有影响。统计的结果表明，增温确实没有对 V_{cmax} 产生影响（$P=0.259$）。另外，增温也没有对 V_{cmax} 的温度敏感性产生显著的影响（$P>0.05$；图 3.8（a））。

3. 增温对 R_d/A_g 和 J_{max}/V_{cmax} 的影响

由于净光合作用速率为总光合速率与呼吸速率的差值，因此植物呼吸过程和光合过程之间的平衡关系是影响净光合作用温度响应及其最适温度的重要特征。本研究的结果发现，对照和增温处理的玉米叶片暗呼吸速率与总光合速率的比值（R_d/A_g）随着温度的上升均呈现出增加的趋势，但是增温和对照组的差异并不显著（$P=0.181$）（图 3.9（a））。另外，本研究的结果还显示 J_{max}/V_{cmax} 同测量温度之间呈现出线性相关关系（对照条件 $R^2=0.89$；增温条件 $R^2=0.81$）（图 3.9（b））。同时，统计结果表明，实验增温并没有显著影响 J_{max}/V_{cmax}（$P=0.104$；图 3.9（b））。

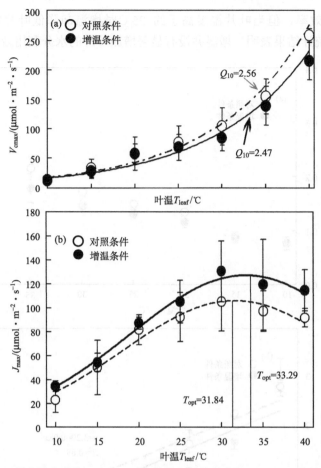

图 3.8　最大羧化速率 V_{cmax}（a）和最大电子传递速率 J_{max}（b）对增温响应

4. 增温对气孔导度、蒸腾速率和水分利用效率的影响

本研究的结果显示，对照和增温叶片的气孔导度均随着叶片温度的逐渐增加呈现出先增加后降低的趋势（图 3.10（a））。对照和增温叶片的气孔导度在叶片温度分别达到约 20℃和 25℃之前，气孔导度呈现增加的趋势；但当叶片温度超过 20℃和 25℃后气孔导度却逐渐降低。增温降低了叶片在低温时（10~20℃）的气孔导度，但却增加了叶片在高温时（25~40℃）的气孔导度。增温并没有显著增加玉米叶片的气孔导度（$P=0.263$）。另外，与气孔导度不同的是对照和增温处理下玉米叶片的蒸腾速率均随着叶片温度的升高而逐渐增加（图 3.10（b））。在叶片温度低于大约 25℃时对照和增温叶片的蒸腾速率差别不大；但当叶片温度高于约 25℃时，增温处理叶片的蒸腾速率明显高于对照叶片。增温显著增加玉米叶片的蒸腾速率（$P=0.009$），对照和增温叶片的水分利用效率对温度的响应均呈现出先增加再降低的趋势（图 3.11（c））。当叶片温度升高到约 30℃时，对照和增温叶片的水分利用效率均达到最大值。增温使叶片最大的水分利用效率减少 27.4%（从 4.75 mmol·mol^{-1} 到 3.73 mmol·mol^{-1}）。当叶片温度低于约 25℃时增温增加

叶片的水分利用效率，但当叶片温度高于约 25℃时增温却降低叶片的水分利用效率（图 3.10（c））。统计结果表明，增温并没有显著增加叶片的水分利用效率（$P=0.193$）。

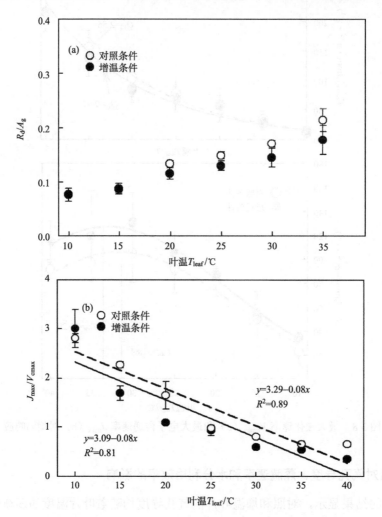

图 3.9　增温对玉米叶片 R_d/A_g（a）和 J_{max}/V_{cmax}（b）比值的影响

3.4.3　讨论与分析

1. 玉米叶片光合作用过程对增温的适应

　　植物光合作用过程的适应主要包括相对适应和绝对适应两种形式。植物光合作用过程的相对适应是指当植物生长温度改变时其光合作用过程的最适温度也随之发生移动（Berry and Björkman，1980）。然而，绝对适应是指当植物的生长环境温度发生改变后，植物的光合作用速率也发生变化。以往许多基于实验室增温或野外增温的实验研究探讨了不同物种光合作用对温度的响应及适应性机理（Gunderson et al.，2000；Yamori et al.，2005；Niu et al.，2008；Gunderson et al.，2010；Chi et al.，2013）。本研究的结果显示，

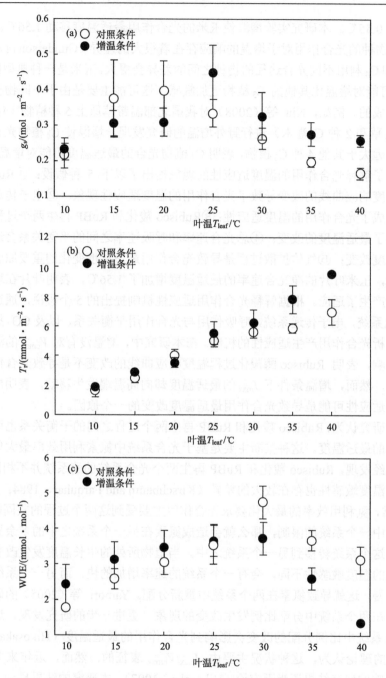

图 3.10　玉米叶片气孔导度 g_s（a）和蒸腾速率 T_r（b）和水分利用效率 WUE（c）对增温的响应

连续 2 年的野外实验增温使华北平原玉米光合作用的最适温度由 28.97℃增加到 30.53℃（图 3.7（a））。以往许多研究的结果也发现实验增温能够使植物光合作用的最适温度向高温端移动。例如，Gunderson 等（2010）的研究发现连续 3 年的增温实验导致 5 种落叶树种光合作用的最适温度升高。Battaglia 等（1996）的研究结果显示，生长温度增加 1℃使蓝桉（*Eucalyptus globulus*）和亮果桉（*Eucalyptus nitens*）的光合作用最适温度分别升高 0.59℃和 0.35℃。本研究实验增温使玉米的光合作用最适温度移动 1.56℃。值得注意的是，不同物种的光合作用对于增温的响应存在着很大的差异（Gunderson *et al.*，2010），尤其是 C_3 和 C_4 利用不同光合途径的物种之间的差异会更大。玉米是一种典型的 C_4 植物，而 C_4 植物可能对增温比其他的 C_3 植物更加敏感，这可能主要是由于不同物种对温度响应的差异造成的。例如，Niu 等（2008）对我国北部温带草原上 5 种植物（包括 2 种 C_3 草、1 种 C_4 草和 2 种 C_3 灌木）进行野外增温的研究发现，增温使 C_4 植物光合最适温度的增加幅度远大于其他 4 种 C_3 植物，表明 C_4 植物光合的最适温度可能对增温更加敏感。

　　人们为了解释光合作用的温度适应性的现象提出了以下 5 种假设：①Rubisco 酶羧化过程的温度响应曲线的改变导致了光合作用的温度适应性现象；②电子传递系统的温度适应性造成了光合作用的温度适应性；③Rubisco 羧化和 RuBP 再生两个过程之间的平衡关系影响了最适温度的改变；④总光合速率和呼吸速率之间的平衡关系会造成光合作用的最适温度改变；⑤气体扩散过程是导致光合作用最适温度变化的重要原因。本研究的结果显示，玉米叶片的净光合速率的最适温度增加了 1.56℃，表明叶片在增温条件下对高温环境产生了适应。根据解释光合作用适应性机制提出的 5 个假说，通过对光合作用 CO_2 羧化系统，电子传递系统，呼吸作用与光合作用平衡关系，以及 CO_2 扩散过程等几个方面分析光合作用产生适应性的机制。在本研究中，增温没有对 V_{cmax} 的温度敏感性产生显著影响，表明 Rubisco 酶羧化过程温度响应曲线的改变不是导致光合作用温度适应性的原因。然而，增温条件下 J_{max} 的最适温度却向高温端发生移动，表明电子传递系统对高温的适应性可能是导致光合作用最适温度改变的一个原因。

　　以往的研究认为，Rubisco 羧化和 RuBP 再生两个过程之间的平衡关系也可能会影响到光合作用的最适温度。这种推断主要是基于光合系统中氮素利用效率最大化理论。已有的研究已经发现，Rubisco 羧化和 RuBP 再生两个光合系统的酶系统并不相同，并且这两个系统的温度敏感性也存在较大的差异（Kirschbaum and Farquhar，1984；Hikosaka，1997）。通常，氮利用效率的最大化要求光合作用主要受到这两个过程的共同限制，假如只是受到其中一个系统的限制，那么就会造成氮素在另一个系统之中的多余累积，就会导致氮素从这个系统转移到另一个系统之中。当植物所处的生长温度发生改变时，由于这两个系统的温度敏感性不同，会有一个系统的速率增加的快，而另一个系统的速率增加的相对较慢，这就导致氮素在两个系统中重新分配。Yamori 等（2005）的研究就发现了这种氮素在两个系统中分配比例发生改变的现象。更进一步的研究发现，这种氮在两个光合作用系统中比例分配的改变会影响到光合作用的最适温度（Hikosaka，1997）。FvCB 模型的理论认为，这种状况主要由 J_{max}/V_{cmax} 表征的。然而，近年来关于增温对 J_{max}/V_{cmax} 影响的研究结果还尚无定论（Hikosaka，1997）。本研究的结果显示，增温对玉米叶片 J_{max}/V_{cmax} 的影响不显著（$P=0.104$），表明增温并没有使玉米叶片 Rubisco 羧化和 RuBP 再生两个光合作用系统中氮素的分配比例发生变化。因此，玉米叶片光合作用最适温度的移动并不是由于 J_{max}/V_{cmax} 的改变而引起的。

　　除了 Rubisco 羧化和 RuBP 再生两个过程之间的平衡关系，总光合速率和呼吸速率之间的平衡关系也可能会造成光合作用最适温度的改变。通常认为，光合作用过程对温度的响应是线性的，而呼吸过程对温度的响应却是非线性的。从光合作用温度响应曲线来看，净光合速率在高温下的降低是由于呼吸作用在高温下非线性增加引起的，这也可能是决定光合作用最适温度的一个重要原因。总光合作用与呼吸作用之间的比例关系决定了净光合作用的最适温度。呼吸作用的温度适应性常表现为低温下叶片暗呼吸速率的增长和在高温下暗呼吸速率的降低（Atkin and Tjoelker，2003；Atkin *et al.*，2005；Atkin *et al.*，2006）。此外，关于光合和呼吸速率还存在一种平衡态观点，认为适应性的产生使得在一定的培养温度范围内，植物的光合速率和呼吸速率都维持在一个稳定的值（Campbell *et al.*，2007）。本研究的结果显示，增温并没有显著影响玉米叶片呼吸速率与光合速率之间的比值 R_d/A_g（$P=0.181$），表明玉米叶片光合作用最适温度的移动也不是由于 R_d/A_g 比值的改变而引起的。

2. 玉米叶片呼吸过程对增温的适应

目前由温度的变化而引起植物呼吸的改变已经成为整个生物圈对全球气候变化相应的重要组成部分。通常，植物叶片的暗呼吸（R_d）与叶片温度之间呈现为典型的指数关系。然而，植物生长温度的增加能够降低相同叶片温度下的呼吸速率，从而使呼吸的温度敏感性（Q_{10}）降低。以往的许多研究结果发现，植物叶片 R_d 的温度敏感性 Q_{10} 随着植物生长温度的增加而降低（Atkin *et al.*，2006；Ow *et al.*，2010；Crous *et al.*，2011；Chi *et al.*，2013）。本研究的结果也同样发现植物生长温度的增加使叶片 R_d 的温度敏感性 Q_{10} 显著降低（$P<0.05$），再次证实了叶片暗呼吸与植物生长温度之间的负相关关系。近年来的研究普遍认为植物呼吸的温度敏感性主要由基质的有效性和最大的酶活性而决定（Atkin and Tjoelker 2003；Campbell *et al.*，2007；Tjoelker *et al.*，2008；Crous *et al.*，2011）。然而，在本研究中增温增加了叶片中非结构性碳水化合物（NSC）的含量（尤其是可溶性糖的含量）。因此，叶片 R_d 温度敏感性的降低可能是由于较高的生长温度使植物呼吸过程中关键酶活性的降低而引起的。另外，以往的大量研究结果表明，植物叶片含氮量同叶片呼吸存在正相关的关系（Tjoelker *et al.*，1999；Loveys *et al.*，2003；Dillaway and Kruger，2011）。我们的研究发现玉米生长温度的升高降低了叶片含氮量 7.4%，也可能是导致玉米叶片 R_d 温度敏感性下降的原因之一。

3.5　集成分析及适应性机理解释

3.5.1　实验增温提高夏玉米叶片净光合速率

以往的研究结果对于叶片光合对增温的响应还存在较大的争议（Apple *et al.*，2000；Shen *et al.*，2014；Djanaguiraman *et al.*，2011）。例如，有的研究报道增温对叶片光合速率没有影响（Llorens *et al.*，2004a，2004b），而另一些研究却发现增温降低了叶片的光合速率（Shen *et al.*，2014；Djanaguiraman *et al.*，2011），还有的研究认为增温会增加叶片的光合速率（Chapin and Shaver，1996；Apple *et al.*，2000；Yin *et al.*，2008；Han *et al.*，2009；Prieto *et al.*，2009a；Jin *et al.*，2011）。本研究的结果也表明，增温显著增加玉米叶片的净光合速率（$P<0.001$；图 3.7）。本研究中玉米叶片净光合速率的显

著提高可能有以下五个方面的原因。

第一个方面，通过分析增温对玉米叶片气孔特征影响的结果发现：①增温显著增加了叶片的气孔指数（$P<0.05$；表 3.1），表明增温使玉米叶片上气孔和表皮细胞的比例发生改变，即气孔在叶片上所占的比例增大；②增温还显著增加了玉米叶片气孔开口的面积（$P<0.01$；表 3.1），即增温条件下气孔的开张度更大；③增温也同时增加了气孔面积指数（$P<0.01$；表 3.1），即单位叶面积内气孔的总面积。因此，增温导致气孔指数、气孔面积及气孔面积指数的增加可能在一定程度上有利于大气 CO_2 更加顺利的通过气孔进入叶片的内部，并扩散到相应的光合作用位点，提高玉米叶片的净光合速率。

第二个方面，本研究的结果显示，增温导致玉米叶片气孔的分布更加规则（图 3.2）。由于气孔在玉米叶片上的分布越规则，叶片的气体交换效率就越高。因为假如气孔在叶片上的分布是成随机或簇状分布的话，CO_2 分子经过气孔扩散到叶片内部的有效面积减小，即叶片进行气体交换的有效面积减小。因此，该结果表明增温可能会提高玉米叶片的气体交换效率，使更多的 CO_2 分子更加容易的通过气孔扩散到叶片内部，从而有利于玉米叶片净光合速率的增加。

第三个方面，C_4 植物与 C_3 植物碳同化途径的不同是因为 C_4 植物的光合过程在维管束鞘细胞中进行。当 CO_2 分子经过气孔扩散到叶片内部后，C_4 植物通过叶肉细胞的 PEP 羧激酶固定 CO_2，生成的 C_4 酸转移到维管束鞘薄壁细胞中，再次放出 CO_2，参与卡尔文循环，最终形成糖类物质。本研究中对玉米叶片解剖结构的研究结果表明，增温导致玉米叶片内维管束鞘的数量增多、面积变小（表 3.4）。同时，我们也能直接观察到增温环境下的玉米叶片与对照相比具有更多、更小的维管束鞘（图 3.5）。这种增温导致在玉米叶片内产生更多的、更小的维管束鞘可能对于 C_4 植物叶片碳同化效率的提高具有非常重要的意义。因为玉米叶片内更多的、更小的维管束鞘能够有效缩短在叶肉细胞内由 PEP 羧激酶固定 CO_2 而生成的 C_4 酸，通过胞间连丝由叶肉细胞转移到维管束鞘细胞的距离，这同时在一定程度上也减小了其转移过程中受到的叶肉阻力，有效提高维管束鞘内参与碳同化过程的 CO_2 浓度，最终体现在增温条件下的玉米叶片具有较高的净光合速率。

第四个方面，本研究的结果还显示，增温使玉米叶片的叶肉组织和维管束鞘组织比例减小 10.5%（表 3.4），尽管这在统计上并没有达到显著水平，但是叶肉和维管束鞘的组织比确实呈现出了减小的趋势。该结果表明，增温条件下玉米叶片内维管束鞘组织所占的比例增大，即玉米叶片内进行光合作用的有效部位增加，这也许是增温条件下玉米叶片净光合速率提高的原因之一。

第五个方面，叶绿体是植物进行光合作用的细胞器。在叶绿体上通常分布着许多的基粒，而组成这些基粒的类囊体是植物进行光合作用反应的位点。在本研究中还发现增温显著增加了叶绿体的大小（表 3.4），表明增温可能会导致叶绿体上会分布更多的基粒类囊体（光合作用反应位点），这也可能是增温条件下玉米叶片净光合速率提高的又一个原因。

总之，通过对以上增温导致玉米叶片净光合速率增加的五方面原因的分析发现，玉米叶片为了适应变化了的外界环境，对整个叶片从气孔到叶肉组织再到细胞器等不同的层次进行着调整，这种叶片从结构方面进行的全面调整的过程也是叶片这个系统逐渐进行优化的过程，并最终使该叶片系统达到功能的最优化，以便适应外界变化了的新环境条件。

3.5.2　夏玉米叶片暗呼吸过程对实验增温产生适应性

植物叶片的暗呼吸（R_d）与叶片温度之间通常呈现为典型的指数关系（Atkin *et al.*，2006）。植物生长温度的升高能够降低相同叶片温度下的呼吸速率，从而使呼吸的温度敏感性（Q_{10}）降低（Crous *et al.*，2011）。以往的许多研究结果发现，植物叶片 R_d 的温度敏感性 Q_{10} 随着植物生长温度的增加而降低（Atkin *et al.*，2006；Ow *et al.*，2010；Chi *et al.*，2013）。近年来的研究普遍认为植物呼吸的温度敏感性主要由基质的有效性和最大的酶活性而决定（Atkin and Tjoelker 2003；Campbell *et al.*，2007；Tjoelker *et al.*，2008；Crous *et al.*，2011）。另外的大量研究结果表明，植物叶片含氮量同叶片呼吸存在正相关的关系（Tjoelker *et al.*，1999；Loveys *et al.*，2003；Dillaway and Kruger，2011）。

本研究的结果显示，增温显著降低了玉米叶片暗呼吸的温度敏感性 Q_{10}（$P<0.05$；图 3.7（b）），表明叶片的暗呼吸过程对增温产生了适应。根据上述可能影响叶片暗呼吸过程的因素，对本研究所涉及可能影响叶片暗呼吸温度敏感性的相关因素进行分析和讨论。①本研究的结果显示，增温减少了叶片的含氮量 7.4%（表 3.6），尽管在统计上并没有达到显著水平，但这也可能是增温降低叶片暗呼吸温度敏感性的原因。②在本研究中生长在增温环境下的玉米叶片具有较高的非结构性碳水化合物（NSC）的含量（尤其是可溶性糖的含量）（表 3.5），表明增温导致叶片温度敏感性的降低并不是由于底物供应的不足而引起的。③在本研究中叶片暗呼吸的温度敏感性 Q_{10} 降低可能是由于较高的生长温度导致植物呼吸过程中关键酶活性的降低而引起的。④线粒体是植物进行呼吸过程的细胞器，叶片内线粒体的大小和个数也可能会影响到叶片的暗呼吸过程。本研究中发现增温显著增加了线粒体的大小，但遗憾的是本研究并没有关注叶片内线粒体的个数，因此也无法解释线粒体的变化是否对玉米叶片的暗呼吸的适应有所贡献。

3.5.3　增温提高夏玉米叶片非结构性碳水化合物的原因

通常，植物叶片通过光合作用生成的光合产物大部分会转化为结构性的物质例如木质素和纤维素等，而仅有一小部分光合产物以 NSC 的形式储存在植物叶片中，为叶片中的呼吸过程提供底物和能量。植物叶片中的 NSC 含量是由总光合产物、呼吸消耗及结构性物质转化三个部分而共同决定的。以往的研究结果表明，植物生长在增温环境下通常会减少叶片中碳水化合物的含量（Zha *et al.*，2001；Tingey *et al.*，2003；Jin *et al.*，2011；Wang *et al.*，2012）。另外，近期的实验研究也发现增温使大豆叶片可溶性糖的含量显著升高（Djanaguiraman *et al.*，2011）。本研究的结果也表明，增温显著提高了玉米叶片中的 NSC 含量。

本研究中增温造成玉米叶片 NSC 含量的显著升高可能是由以下 3 个方面的原因造成的。首先，增温条件下玉米叶片的净光合速率显著升高，而呼吸速率降低，表明增温条件下的玉米叶片同化合成出更多的光合产物。因此，叶片内光合产物的增加可能造成其 NSC 含量的增加。其次，叶片中产生的大量光合产物需要通过韧皮部装载和运输过程将光合同化产物从"源"细胞（光合细胞）装载入筛分子，将光合产物运送并卸载到消耗或储存的"库"细胞。因此，增温还有可能影响到了叶片内的韧皮部装载和运输过程，导致大量的光合产物无法输送出去，造成叶片 NSC 含量的增加（Körner et al.，2005；Asshoff et al.，2006）。再次，如上所述，增温使玉米叶片产生了更多的光合产物，接下来叶片需要解决的就是如何将这些光合产物通过次生代谢过程转化为植物细胞壁的重要组成部分木质素和纤维素等结构性物质。然而，植物叶片中将光合同化产物转化为结构性物质的有关酶可能对于环境温度的变化非常敏感。已有的研究结果表明，低温能够限制植物光合同化产物转化为结构性物质，从而表现为限制植物的生长（Körner，2003；Shi et al.，2008）。同样，在本研究中增温也可能限制玉米叶片次生代谢过程中的一些关键酶的活性，阻碍了叶片中 NSC 转化为组成细胞壁的结构性物质的过程，造成了玉米叶片中 NSC 含量的显著升高。本研究对玉米叶片解剖结构的分析结果显示，增温不仅显著减小了叶片的宽度和厚度而且还减小了细胞壁的厚度（表 3.4），该结果有力地支持了高温限制玉米叶片的次生代谢过程，造成 NSC 无法转化为结构性的物质，而是继续存留在玉米叶片中。

3.5.4　增温对夏玉米气孔导度和蒸腾速率产生的影响

许多的研究结果发现气孔运动受到光强（Humble and Hsiao，1970；Sharkey and Raschke，1981；Kwak et al.，2001；Takemiya et al.，2006）、CO_2 浓度（Ogawa，1979；Young et al.，2006；Lammertsma et al.，2011）、温度（Honour et al.，1995；Feller，2006；Reynolds-Henne et al.，2010）、干旱（Guo et al.，2003；Klein M et al.，2004）、空气湿度（Lange et al.，1971；Schulze et al.，1974）以及紫外线（Herčík，1964；Eisinger et al.，2000）等因素的影响。本研究的结果表明，增温显著增加了叶片的气孔指数，也就是说增温使玉米叶片上气孔和表皮细胞的比例发生改变，即气孔在叶片上所占的比例增大；另外，增温还导致玉米叶片上气孔的分布更加规则，有利于更多的 CO_2 分子更加容易的通过气孔扩散到叶片内部，有助于叶片气体交换效率的提高。增温对玉米叶片上述气孔特征的改变表明增温可能会增加玉米叶片的气孔导度和蒸腾速率。然而，对于玉米叶片气体交换直接的测量结果显示，增温确实显著增加了玉米叶片的蒸腾速率（$P=0.009$），但对叶片的气孔导度并没有产生显著的影响（$P=0.263$）。另外，尽管增温并没有显著增加叶片的气孔导度，但是增温条件下高于 25℃ 叶片温度的气孔导度高于对照组。这有可能是叶片的气孔导度已经开始逐渐适应高温环境，而叶片的蒸腾却还没有对高温产生适应。因此，未来气候变暖以后，玉米叶片的碳循环过程（气孔导度）和水循环过程（蒸腾速率）对增温的响应并不是一致的。

3.5.5　气候变暖背景下农田生态系统面临风险及适应性管理对策

未来气候变暖可能会对农田生态系统的结构和功能产生深远的影响。以往的研究已经发现，气候变暖能够对农田生态系统作物昆虫的行为（Braendle and Weisser，2001；Chapperon and Seuront，2011；Ma and Ma，2012a，2012b）、种间关系（Davies et al.，2006；Barton and Schmitz，2009）、食物链及食物网的结构产生直接的影响。除了全球变暖对农田昆虫的直接影响之外，全球范围内的增暖还可能会通过改变寄主植物叶片的次生代谢物成分和种类来间接影响昆虫的生长、发育及繁殖，从而改变昆虫的种间关系和食物链的结构。

本研究的结果表明，增温会导致玉米叶片的碳氮比率升高，从而降低叶片的质量，这可能会导致昆虫采食玉米叶片时的口感发生变化，以至于原本喜好采食具有低碳氮比率玉米叶片的昆虫物种减少，取而代之的是那些喜好采食具有较高碳氮比率玉米叶片的昆虫种类，最终造成农田生态系统玉米害虫种类和数量的变化。另外，玉米叶片碳氮比率升高，叶片的质量降低，也可能会减少害虫对玉米叶片的采食，因为大多数昆虫喜好含氮量较高的叶片，这有可能是含氮量越高，叶片的口感越好。

未来气候变暖导致玉米叶片内可溶性糖含量的增加，可能会导致未来农田生态系统中玉米病虫害的增加。因为玉米叶片高的含糖量会吸引更多的害虫过来采食。因此，未来气候变暖可能导致大范围玉米病虫害发生频率的增加，造成玉米的减产。另外，增温使玉米叶片中存在大量的光合产物不能经过次生代谢途径转化为结构性物质也可能是造成玉米产量减少的原因之一。

综上所述，未来全球变暖情境下，我国华北平原地区玉米叶片将会从结构（气孔特征、解剖结构、亚显微结构）到功能（碳水化合物含量、光合作用及呼吸作用过程）方面进行统一的调整和响应。然而，即使生态系统自身能够做出这样的调整，未来我国华北平原地区的玉米作物可能仍然面临气候变暖造成的巨大风险，还是有可能造成作物的减产。因此，未来气候变暖背景下对于该地区农田生态系统进行科学有效的管理的时候，应该全面考虑上述对该系统产生影响的各个方面。

第4章 农田生态系统冬小麦关键生理过程对增温的响应与适应

在气候变化的背景下，预计 21 世纪末全球平均气温将升高 1.8～4.0℃，并且升温幅度将存在区域性的、季节性的变异（IPCC，2007）。植物光合作用和呼吸作用是植物生长和生物地球化学循环的关键过程。为了更好理解和预测未来气候变化对于物种迁移、生存以及植物生产力的变化，生态系统碳、氮循环等的影响，对于植物光合作用和呼吸作用的温度适应性的研究开始得到越来越多的关注（Medlyn *et al.*，2002；Kattge and Knorr，2007）。因此增温状况下研究物种光合作用和呼吸作用的适应性现象，分析物种对温度变化的适应能力、光合作用适应性机制十分必要。

大部分关于光合作用温度适应性的控制实验是在生长箱中进行的，在这些实验中，通常设定两个有差异的温度，在恒定温度下培养植物，测量光合作用的温度响应曲线。这些控制实验与气候变暖实际状况的差异在于：人为去掉了温度的日变化。依托于目前所开展的一些野外增温实验也展开了一些对于植物光合作用适应性的研究，但是实验数目还非常有限。多数的研究将植物光合作用和呼吸作用对温度的适应能力默认为一种线性过程，仅仅通过最适温度的变化幅度和培养温度差异的比值来表示物种适应能力的大小。但是由于植物（如冬小麦）本身就生长在季节温度波动之中，可能本身即存在对所处地区温度波动范围的适应性，这种现象对于生活在温带地区的物种尤其可能存在。如果上面提及的现象存在，从另一个角度来讲，如果这种物种（如冬小麦）在自身的温度范围内，其适应性可能更容易表现出来。预期的加热温度适应性应当与植物本身所处的温度相关，即在植物生长期最冷时和生长期中期应该对于加热效应产生相同（或者最冷时更大）的适应性，在生长期最热的时期，适应性偏小。研究结果应当为最冷时期加热所产生的适应性大于或等于生长季中等温度加热所产生的适应性，这三个时期的适应性又应当大于在最热时期加热产生的温度适应性。

4.1 冬小麦叶片光合作用与呼吸作用过程的温度敏感性及适应性

以冬小麦为研究对象，设置了红外加热实验，研究冬小麦在完整的生长季，包括出苗期（11 月）、过冬期（1 月）、返青期（4 月）和灌浆期（5 月）4 个生长时期光合作用对于增温的适应性。研究的主要内容包括：①冬小麦在 4 个主要生长时期光合作用和呼吸作用对增温的适应性，并比较在 4 个时期对增温的适应性能力是否有差异；②在增温状况下，4 个生长期，光合作用参数的温度敏感性是否有变化，在模拟气候变化影响时是否应当考虑；③在增温实验状况下，验证冬小麦光合作用温度适应性机制的 5 个假设，分析增温下光合作用的适应性机制及其在 4 个生长时期是否存在差异。

4.1.1　实验方法

本实验在中国科学院禹城农业综合试验站（详见 1.5.1）完成。在 2011 年 11 月 19～24 日、2012 年 1 月 10～14 日、2012 年 4 月 1～5 日、2012 年 5 月 12～18 日，4 个时间段测量冬小麦的光合速率和呼吸速率的温度响应曲线以及 A_n/C_i 曲线。这 4 个时期分别对应着小麦出苗期（2011 年 11 月）、过冬期（2012 年 1 月）、返青期（2012 年 4 月）、灌浆期（2012 年 5 月）。过冬期为小麦生活史最冷阶段，灌浆期为小麦光合作用功能最热阶段（灌浆完成后，叶片开始发黄，光合能力减弱）。4 个时期测量的冬小麦叶片分别为第 3 片叶、第 4 片叶、第 6 片叶、旗叶。测量具体时间是选在这 4 种叶片刚刚完全展开之时，这样保证测量的是发育过程的可塑性反应。在 2011 年 11 月、2012 年 4 月、2012 年 5 月三个时期测量了 10℃ 到 40℃，每 5℃ 一个区间的净光合速率、暗呼吸速率、A_n/C_i 曲线。测量共计得到 34 条光合作用温度响应曲线，34 条呼吸作用温度响应曲线，226 条 A_n/C_i 曲线。运用 t 检验（SPSS 16.0）分析每个生长期，增温和对照状况下光合作用的温度敏感性参数是否存在显著差异。运用 t 检验分析 10～40℃ 的 7 个温度点上增温和对照状况下 R_d/A_g 和 J_{max}/V_{cmax} 的差异。运用配对 t 检验，检验净光合速率最适温度与总光合速率的 T_{opt} 是否存在显著差异。

4.1.2　实验结果

1. 增温对光合作用响应曲线的影响

增温实验造成了光合作用温度响应曲线最适温度的显著升高。11 月、1 月、4 月、5 月净光合作用增温状况下最适温度比对照状况下最适温度分别升高 1.8℃（$P=0.006$）、1.5℃（$P=0.028$）、1.4℃（$P=0.006$）、1.3℃（$P=0.008$）（图 4.1）。11 月、1 月、4 月、5 月总光合作用最适温度在增温条件下分别升高 1.7℃（$P=0.049$）、1.1℃（$P=0.513$）、1.2℃（$P=0.021$）、1.1℃（$P=0.093$）（图 4.2）。11 月与 1 月增温条件下，净光合作用和总光合作用速率最大值有显著提高（全部 $P<0.05$）（图 4.1（a）、（b），图 4.2（a）、（b））。4 月和 5 月的净光合作用速率和总光合作用速率在增温条件下则没有显著提高（$P>0.05$）（图 4.1（c）、（d），图 4.2（c）、（d））。

2. 增温对呼吸作用温度响应曲线的影响

在 11 月、1 月、4 月、5 月 4 个生长期，表征呼吸作用温度响应的活化能（ΔH_{ar}）在增温作用下均未表现出显著差异（$P=0.089$，$P=0.457$，$P=0.459$，$P=0.098$），平均值变化幅度从 42.16 kJ·mol^{-1} 到 52.31 kJ·mol^{-1}（表 4.1）。呼吸作用 25℃ 下的参考值也没有表现出显著差异，平均值变化幅度为 1.96 mol·m^{-2}·s^{-1} 到 2.89 mol·m^{-2}·s^{-1}（表 4.1）。

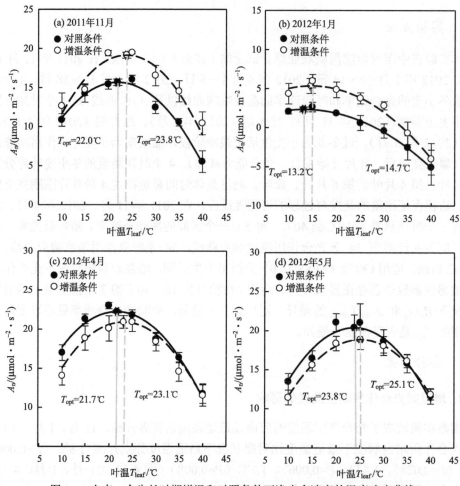

图4.1　小麦4个生长时期增温和对照条件下净光合速率的温度响应曲线

误差棒为各个温度下净光合速率的标准误。曲线是每片叶子的响应曲线用 $A(T) = A_{opt} - b(T - T_{opt})^2$ 拟合得到的参数平均值来模拟得到的。其上一个点的误差棒表明了拟合参数 T_{opt} 和 A_{opt} 的标准误。CO_2 浓度为380ppm。测量日期和生育期分别为2011年11月19~24日，出苗期（2011年11月，$n=4$）；2012年1月10~14日，过冬期（2012年1月，增温 $n=4$，未增温 $n=2$）；2012年4月1~5日，返青期（2012年4月，$n=5$）；2012年5月12~18日，灌浆期（2012年5月，$n=5$）

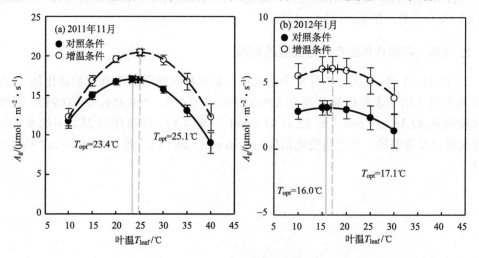

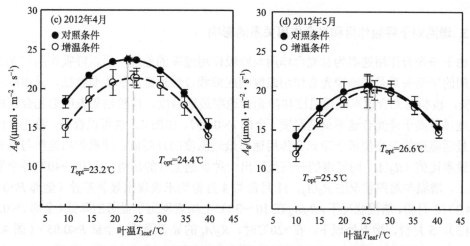

图 4.2　小麦 4 个生长时期增温和对照条件下总光合速率的温度响应曲线

误差棒表明了各个温度下总光合速率的标准误。曲线是每片叶子的响应曲线用 $A(T)=A_{opt}-b(T-T_{opt})^2$ 拟合得到的参数平均值来模拟得到的。其上一个点的误差棒表明了拟合参数 T_{opt} 和 A_{opt} 的标准误。CO_2 浓度为 380ppm。测量日期和生育期分别为 2011 年 11 月 19～24 日，出苗期（2011 年 11 月，$n=4$）；2012 年 1 月 10～14 日，过冬期（2012 年 1 月，增温 $n=4$，未增温 $n=2$）；2012 年 4 月 1～5 日，返青期（2012 年 4 月，$n=5$）；2012 年 5 月 12～18 日，灌浆期（2012 年 5 月，$n=5$）

表 4.1　4 个生长期增温与对照下冬小麦光合作用和呼吸作用的温度敏感性参数

参数	2011 年 11 月		2012 年 1 月	
	对照条件	增温条件	对照条件	增温条件
ΔH_{av}/（kJ·mol^{-1}）	61.24（1.94）	69.08（0.38）*	36.31（2.36）	32.27（1.54）
V_{cmax}（25℃）	85.25（1.67）	99.49（2.63）*	26.34（1.51）	39.24（3.62）
ΔH_{aj}/（kJ·mol^{-1}）	29.84（2.59）	37.38（1.30）*	21.50（0.21）	21.26（1.78）
c_J_{max}	17.19（1.01）	20.24（0.54）*	12.87（0.09）	13.21（0.78）
T_{opt}_J_{max}/℃	32.4（0.39）	33.5（0.16）*	22.5（0.56）	21.7（1.49）
ΔH_{ar}/（kJ·mol^{-1}）	42.16（1.25）	45.91（1.37）	42.75（7.79）	49.01（3.96）
R_d（25℃）	2.64（0.27）	2.29（0.14）	2.44（0.44）	2.32（0.12）

参数	2012 年 4 月		2012 年 5 月	
	对照条件	增温条件	对照条件	增温条件
ΔH_{av}/（kJ·mol^{-1}）	56.48（1.36）	66.64（0.35）*	62.49（1.36）	74.97（1.67）**
V_{cmax}（25℃）	117.01（2.64）	103.89（5.37）	93.67（3.70）	93.76（5.85）
ΔH_{aj}/（kJ·mol^{-1}）	26.37（1.52）	32.61（1.00）*	32.79（2.79）	37.73（1.13）
c_J_{max}	15.77（0.87）	18.43（0.34）*	18.30（1.17）	20.24（0.43）
T_{opt}_J_{max}/℃	31.9（0.28）	32.8（0.14）*	32.8（0.41）	34.3（1.05）
ΔH_{ar}/（kJ·mol^{-1}）	42.30（1.47）	44.20（1.94）	52.31（2.27）	46.53（2.10）
R_d（25℃）	2.89（0.16）	2.25（0.23）	2.53（0.19）	1.96（0.06）*

ΔH_{av}，最大羧化速率的活化能；V_{cmax}（25℃），最大羧化速率在 25℃的参考值；ΔH_{aj}，最大电子传递速率的活化能；c_J_{max}，描述最大电子传递速率的温度响应曲线的常数参数；T_{opt}_J_{max}，最大电子传递速率的最适温度；ΔH_{ar}，叶片暗呼吸的活化能；R_d（25℃），叶片暗呼吸在 25℃的值。数据表示平均值，括号里为标准误。测量日期和生育期分别为 2011 年 11 月 19～24 日，出苗期（2011 年 11 月，$n=4$）；2012 年 1 月 10～14 日，过冬期（2012 年 1 月，增温 $n=4$，未增温 $n=2$）；2012 年 4 月 1～5 日，返青期（2012 年 4 月，$n=5$）；2012 年 5 月 12～18 日，灌浆期（2012 年 5 月，$n=5$）。*代表对照条件和增温条件比较差异显著 $P<0.05$；**代表对照条件和增温条件比较差异显著 $P<0.005$

3. 增温对于呼吸作用和光合作用关系的影响

由于净光合作用速率为总光合作用与呼吸作用速率的差值，所以呼吸作用与光合作用之间的平衡关系是影响净光合作用温度响应曲线及最适温度的重要特征。采用配对的 t 检验，检验总光合速率最适温度和净光合速率最适温度，检验结果表明总光合速率最适温度显著高于净光合速率最适温度（全部 $P<0.05$）。由图 4.1 也可以看出，总光合作用速率最适温度的升高值低于净光合作用速率最适温度的升高值。呼吸作用速率与总光合作用速率比值（R_d/A_g）随温度的升高呈现出一种加速上升的趋势。在 10～40℃各个温度区间上，增温与对照状况的 R_d/A_g，11 月份与 4 月份均未表现出显著差异（全部 $P>0.05$）（图 4.3）。1 月份，增温状况下，R_d/A_g 在 10～30℃上均表现出了显著的降低（全部 $P<0.05$）（图 4.3）。5 月份，增温处理下，在>20℃时，R_d/A_g 的显著降低（全部 $P<0.05$）（图 4.3）。

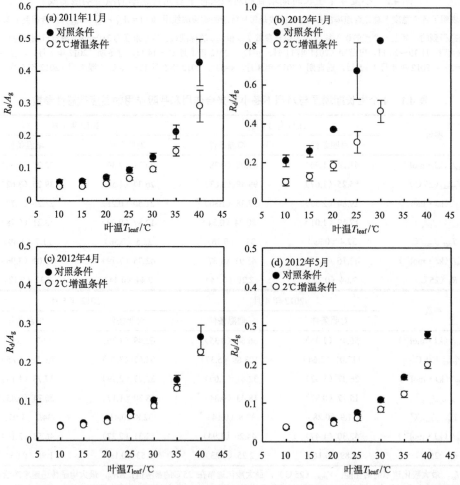

图 4.3　4 个生长期增温与对照条件下冬小麦暗呼吸速率与总光合速率比值（R_d/A_g）（平均值±标准误）

CO$_2$ 浓度为 380ppm。测量日期和生育期分别为 2011 年 11 月 19～24 日，出苗期（2011 年 11 月，$n=4$）；2012 年 1 月 10～14 日，过冬期（2012 年 1 月，增温 $n=4$，未增温 $n=2$）；2012 年 4 月 1～5 日，返青期（2012 年 4 月，$n=5$）；2012 年 5 月 12～18 日，灌浆期（2012 年 5 月，$n=5$）

4. 增温对光合作用参数温度敏感性的影响

增温在不同季节上对于光合作用参数温度敏感性的影响有所不同。V_{cmax} 的活化能（ΔH_{av}）在 11 月，4 月和 5 月均存在显著差异（$P=0.012$，0.008，<0.001）差异分别为 $7.84 kJ \cdot mol^{-1}$，$10.16 kJ \cdot mol^{-1}$ 和 $12.48 kJ \cdot mol^{-1}$，在 1 月没有显著差异（$P=0.212$）（表 4.1）。J_{max} 的活化能（ΔH_{aj}）在 11 月和 4 月存在显著差异（$P=0.041$ 和 0.009），差异分别为 $7.54 kJ \cdot mol^{-1}$ 和 $6.24 kJ \cdot mol^{-1}$，但是在 1 月和 5 月均没有产生显著差异（$P=0.533$，0.139）。J_{max} 最适温度在 4 月有显著性差异（$P=0.013$），差异为 $0.9℃$，在 11 月接近显著性差异（$P=0.057$），差异为 $1.1℃$，在 1 月和 5 月没有表现出显著差异（$P=0.738$ 和 0.240）。在 4 个生长期的 $10\sim40℃$ 的各个温度点上，增温与对照的 J_{max}/V_{cmax} 均没有显著差异（图 4.4）。将 J_{max}/V_{cmax} 在温度下进行线性拟合，拟合曲线在增温与对照之间也没有显著差异（全部 $P>0.05$）（图 4.4）。

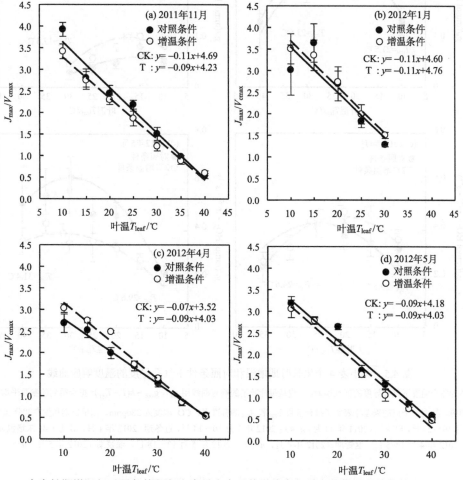

图 4.4　4 个生长期增温与对照条件下冬小麦最大电子传递速率与最大羧化速率的比值（J_{max}/V_{cmax}）

图中为平均值的线性拟合。测量日期和生育期分别为 2011 年 11 月 19～24 日，出苗期（2011 年 11 月，$n=4$）；2012 年 1 月 10～14 日，过冬期（2012 年 1 月，增温 $n=4$，未增温 $n=2$）；2012 年 4 月 1～5 日，返青期（2012 年 4 月，$n=5$）；2012 年 5 月 12～18 日，灌浆期（2012 年 5 月，$n=5$）。图中 CK 为对照条件，T 为 2℃ 增温条件

5. 增温对气孔导度的影响

冬小麦气孔导度在增温与对照之间差异不显著。11 月、1 月、4 月和 5 月 4 个时间段，气孔导度的最适温度均没有显著差异（$P=0.352$、0.133、0.108、0.571），气孔导度的最大值在 11 月、1 月和 4 月 3 个时间段均没有显著差异（$P= 0.524$、0.133、0.706），增温作用在 5 月份显著降低了气孔导度的最大值（$P= 0.043$）（图 4.5）。

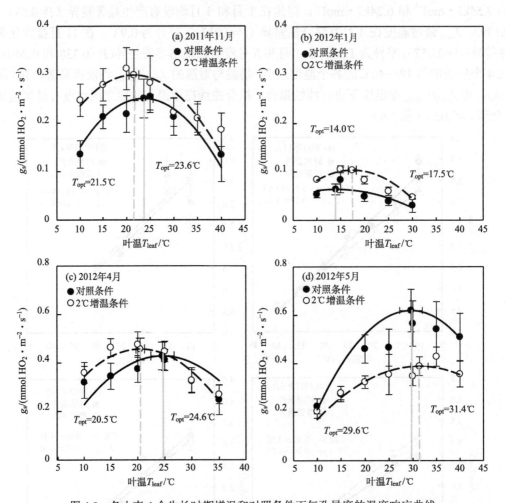

图 4.5　冬小麦 4 个生长时期增温和对照条件下气孔导度的温度响应曲线

误差棒为各个温度下气孔导度的标准误差。曲线是每片叶子的响应曲线用 $g_s = g_{opt} - b(T - T_{opt})^2$ 拟合得到的参数平均值来模拟得到的。其上一个点的误差棒表明了拟合参数 T_{opt} 和 A_{opt} 的标准误。CO_2 浓度为 380ppm。测量日期和生育期分别为 2011 年 11 月 19~24 日，出苗期（2011 年 11 月，$n=4$）；2012 年 1 月 10~14 日，过冬期（2012 年 1 月，增温 $n=4$，未增温 $n=2$）；2012 年 4 月 1~5 日，返青期（2012 年 4 月，$n=5$）；2012 年 5 月 12~18 日，灌浆期（2012 年 5 月，$n=5$）

4.1.3 讨论与分析

1. 光合作用产生适应性

光合作用在 4 个生长期对于增温均产生了明显的适应性。在增温 2℃的环境下培养，总光合作用的最适温度增加在 1.25℃左右，净光合作用最适温度的增加在 1.5℃左右。这一结果表明冬小麦的光合作用在增温环境中能产生温度适应性，但是这种适应能力并不是完全的，最适温度的升高低于增温的 2℃。这一研究结果与以往的研究结果是相符的（Slatyer and Morrow，1977；Battaglia et al.，1996；Bunce，2008）。以往的研究结果大多在一个特定生长期实施增温实验，检验植物光合作用的温度性。本研究对冬小麦 4 个主要时期进行实验，反映了冬小麦在气候变暖的背景下，光合作用在整个生长季的适应过程。针对冬小麦整个生长季的适应性，研究的初始假设是，由于冬小麦的整个生长期温度波动范围很大，所以其本身对于波动的环境即存在一种温度适应性，在其正常的生长温度之内，随着温度的升高，其对于增温的适应能力减弱，也就是说在 1 月冬季可能有最高的适应能力，在 5 月生长温度达到最高的季节，可能有最低的适应能力。如果以最适温度作为冬小麦适应能力的度量，5 月最适温度的增加是最低的。但是并不像预想的那样，最适温度的增加会在生长期温度最低的 1 月达到最大（或者 1 月应当与 11 月和 4 月相同）。这可能与 1 月低温下，植物光合作用系统启动了低温胁迫的适应性机制，从而对于增温适应性调整产生了影响有关。此外，增温在 11 月和 1 月两个生长期显著增加了光合作用速率。但是在 4 月和 5 月两个生长期则并没有显著的增加光合作用速率。这一点产生的原因可能是冬小麦温度衰老调控机制的存在，增温对于光合速率增加的效果与高温增速衰老，叶绿素分解对光合速率降低的效果相互抵消。

2. 呼吸作用没有产生适应性

研究发现在四个生长期内，增温状况下冬小麦的呼吸作用均未产生显著的适应性。呼吸作用的活化能和参考温度下的呼吸作用速率在 4 个生长期内均没有显著差异。以往的一些实验结果发现随着培养温度的升高，呼吸作用的 Q_{10} 或者活化能会降低（Atkin and Tjoelker，2003；Armstrong et al.，2006）。本节的结果表明冬小麦在增温 2℃的情况下，呼吸作用不会表现出明显的适应性。但是，不可否认的是，在更高的增温幅度下，冬小麦呼吸作用仍然存在产生适应性变化的可能。

1）增温条件下光合作用适应性产生的机制

研究结果表明在出苗期、过冬期、返青期、灌浆期 4 个生长时期，净光合作用都出现了对于增温的适应性特征，最适温度有不同程度的增加。通过分析光合作用适应性的生理机制的几个假设，可以看出，在 4 个生长时期光合作用对增温产生适应性的机制有所不同：出苗期和返青期两个生长时期，光合作用产生适应性的机制相似。V_{cmax} 的活化能和 J_{max} 的活化能在增温实验中均表现出了显著的增加，表明了光合作用的光反应和暗反应同在这两个时期都出现了对于增温的适应性现象，这两个过程直接造成了总光合作用最适温度的增加，进而影响了净光合作用最适温度的改变。由于在 10～40℃温度范围内，主要是 CO_2 羧化作用限制光合作用速率，因此 CO_2 羧化系统的影响更为明显。同时，比较总光合作用和净光合作用最适温度的增加值可以看出，净光合作用最适温度的增加值略高，这说明呼吸作用和光合作用之间的平衡关系对于最适温度的升高稍有贡献。V_{cmax} 与 J_{max} 之间的平衡关系以及气孔导度变化均未对最适温度产生影响。

在冬小麦的过冬期，V_{cmax} 和 J_{max} 的活化能均未表现出对增温的适应性特征，说明光合反应系统并未表现出明显适应性特征。这一点也可以通过总光合作用的最适温度并没有显著升高来说明。总光合作用最适温度的增加高于净光合作用最适温度的增加，并且在 1 月，呼吸作用占光合作用的比例在增温作用下显著降低，表明了呼吸作用与光合作用之间的平衡关系对于这一时期最适温度的变化有显著影响。V_{cmax} 与 J_{max} 之间的平衡关系以及气孔导度变化均未对最适温度产生影响。

在冬小麦的灌浆期，V_{cmax} 活化能有了显著提高，J_{max} 的活化能和最适温度没有体现出显著差异。因此，CO_2 羧化过程对于增温状况下光合作用最适温度的提高有更为明显的效果。同时，在灌浆期 R_d/A_g 值在大于 20℃时，在增温和对照中出现了显著差异，表明呼吸作用和光合作用的平衡被打破，二者的平衡关系对净光合作用最适温度的改变有一定贡献。此外，灌浆期增温实验显著降低了叶片的气孔导度，根据 Hikosaka 等（2006）的模拟实验可知，这一过程会降低光合作用的最适温度，因此气孔导度并不能解释光合作用最适温度的升高，反而是起到了一种弥补降低的作用。

2）气候变暖条件下光合作用温度敏感性与光合作用模拟

根据研究结果可以看出，光合作用系统的 CO_2 羧化系统和电子传递系统在增温实验（增温 2℃）中都产生了显著的变化，而呼吸作用系统无论是活化能还是 25℃下的值没有发生显著变化。因此在利用 Farqhuar 光合作用模型模拟冬小麦的光合作用或生产能力时，需要调整光合作用参数 V_{cmax}，以及 J_{max} 的温度敏感性参数（表 4.1）。当前光合作用模拟时，通常未对温度敏感性参数进行调整。尤其在气候变暖背景下进行模拟，利用调整温度敏感性参数的方式可以更准确地将植物的温度适应性机制纳入分析，使得模拟得出的光合作用更准确地能反映气候变暖的效应。

4.2 季节温度变化对冬小麦光合与呼吸过程温度敏感性及适应性影响

研究假设是植物的生活环境存在季节上的温度差异，所以植物的光合作用和呼吸作用本身对于季节的温度可能存在一种适应性，这种适应性能体现出植物的适应能力。本节旨在揭示是否存在对于季节温度的适应性现象存在。结合对于表型可塑性和适应性概念的分析可知，对于季节温度的适应性应当能反应植物自身的适应能力，从而预测植物在气候变化背景下的反应状况。植物在气候变化背景下的适应性研究大多采用增温或控温实验的方式，但是难以对于众多物种均采用增温或控温实验进行研究。因此提出一个问题，自然的温度梯度能否体现出植物本身的适应能力，一些温度梯度如海拔和季节温度变化成为探讨的重点（Gunderson et al.，2000；Llorens et al.，2004a，2004b；Han et al.，2004）。因此，本书探讨的一个问题在于季节温度梯度上植物光合作用和呼吸作用如果体现出适应性,这种适应性能否作为对气候变化适应性的一种预测。

光合作用的温度敏感性参数包括 V_{cmax}、J_{max} 和 R_d 的活化能及它们在 25℃下的标准值。这些温度参数对于模拟光合速率和呼吸速率具有非常关键的作用(Bernacchi et al.,2001,Bernacchi et al.,2003)。植被生产力和生物地球化学循环中光合作用的模拟过程中,一般采用一套固定的光合作用温度敏感性参数。通过本章对于季节上光合作用参数温度敏感性的分析,探讨在光合作用模拟是否需要根据季节调整温度敏感性参数。

以冬小麦为研究对象,研究了冬小麦在出苗期(11 月)、过冬期(1 月)、返青期(4月)和灌浆期(5 月)4 个生长期,光合作用和呼吸作用的对季节温度的适应性。研究的主要内容包括:①揭示冬小麦光合和呼吸在 4 个生长期的季节温度波动下是否产生了适应性;②通过验证冬小麦光合作用温度适应性机制的 5 个假设,分析冬小麦对于季节温度波动产生适应的机制;③在冬小麦光合作用模拟过程中,是否需要在季节上调整光合作用的温度敏感性参数。

4.2.1 实验方法

对增温数据运用单因素方差分析(one-way annova)的统计方法检验 4 个季节上的温度适应性差异,统计检验效力高。

4 个测量时期的平均气象要素状况如表 4.2 所示。从温度来看,11 月的温度与 4 月大致相同,1 月的温度比这两个时期低 11 ℃,5 月的温度比这两个时期高 11 ℃。此外,11 月与 1 月的有效光合辐射明显低,4 月的平均湿度明显低于其他三个时期。

表 4.2 冬小麦 4 个测量时期一个月内的日平均气象要素值

参数	2011 年 11 月	2012 年 1 月	2012 年 4 月	2012 年 5 月
温度/℃	13.3	1.2	12.5	23.8
光合有效辐射 PAR/(mol·m^{-2})	13.28	9.86	24.09	33.69
相对湿度 RH/%	77.15	70.26	53.19	71.57

运用单因素对应分析(one-way annova,SPSS 16.0)分析 4 个生长期光合作用的温度敏感性参数是否存在显著差异,并利用 LSD 多重比较分析 4 个生长期之间的是否存在显著差异。运用单因素对应分析分析 10~40℃研究的 7 个温度点上 4 个生长期 R_d/A_g 和 J_{max}/V_{cmax} 是否存在显著差异,并利用 LSD 多重比较分析 4 个生长期之间的是否存在显著差异。运用配对 t 检验同一片叶子的 A_n 和 A_g 的 T_{opt} 是否存在显著差异。

4.2.2 实验结果

1. 季节温度变化对光合作用响应曲线的影响

4 个季节下的光合作用响应曲线有显著的区别。针对净光合作用来说,11 月和 4 月的最适温度和光合作用最大值均没有显著差异($P=0.318$,$P=0.877$);1 月的最适温度显著低于 11月和 4 月($P<0.001$,$P<0.001$),平均低 8.8℃,1 月光合作用最大值(5.337 μmol·m^{-2}·s^{-1})

显著低于 11 月（19.120 μmol · m^{-2} · s^{-1}），4 月（20.138 μmol · m^{-2} · s^{-1}）和 5 月（18.844 μmol · m^{-2} · s^{-1}）（全部 $P<0.001$）；5 月的最适温度均显著高于 11 月和 4 月（$P=0.035$，$P<0.001$），平均高 1.6℃，5 月光合作用最大值与 11 月和 4 月并没有显著差异（$P=0.997$，$P=0.749$）（图 4.6（a））。总光合作用的温度响应曲线的差异与净光合作用相同，1 月最适温度比 11 月和 4 月平均显著低 7.6 ℃，5 月最适温度比 11 月和 4 月平均显著高 1.80℃（图 4.6（b））。

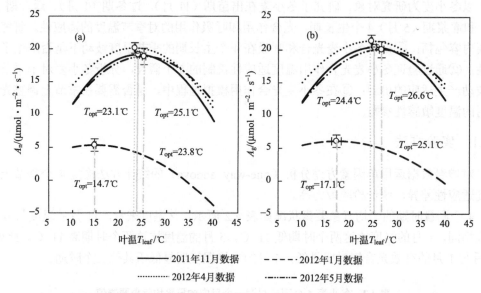

图 4.6　冬小麦 4 个生长时期净光合速率（A_n）和总光合速率（A_g）的温度响应曲线

曲线是每片叶子的响应曲线用 $A(T) = A_{opt} - b(T - T_{opt})^2$ 拟合得到的参数平均值来模拟得到的。其上一个点的误差棒表明了拟合参数 T_{opt} 和 A_{opt} 的标准误。CO_2 浓度为 380ppm

2. 季节温度变化对呼吸作用温度响应曲线的影响

在 11 月、1 月、4 月、5 月 4 个季节上，表征呼吸作用温度响应的活化能（ΔH_{ar}）均未产生显著差异（$P=0.089$、$P=0.457$、$P=0.459$、$P=0.098$），平均值变化幅度从 45.92 kJ · mol^{-1} 到 49.01 kJ · mol^{-1}（表 4.3）。呼吸作用 25℃下的参考值也没有表现出显著差异，平均值变化幅度为 1.96 mol · m^{-2} · s^{-1} 到 2.32 mol · m^{-2} · s^{-1}。

表 4.3　不同生长季节冬小麦光合作用参数的温度敏感性参数

参数	2011 年 11 月	2012 年 1 月	2012 年 4 月	2012 年 5 月
ΔH_{av}/（kJ · mol^{-1}）	69.08±0.46a	32.27±1.54b	66.64±0.35a	74.97±1.67c
V_{cmax}（25℃）	99.49±2.63a	39.24±3.62b	103.89±5.37a	93.76±5.85a
ΔH_{aj}/（kJ · mol^{-1}）	37.38±1.30a	21.26±1.78b	32.61±1.00c	37.73±1.13a

参数	2011年11月	2012年1月	2012年4月	2012年5月
c_J_{max}	20.24±0.54a	13.21±0.78b	18.43±0.34a	20.24±0.43a
$T_{opt\_J_{max}}/℃$	33.5±0.16a	21.7±1.49b	32.8±0.14c	34.3±1.05ac
$\Delta H_{ar}/(kJ\cdot mol^{-1})$	45.92±1.37a	49.01±3.96a	44.20±1.94a	46.53±2.10a
$R_d/(25℃)$	2.29±0.14ab	2.32±0.12a	2.25±0.23ab	1.96±0.06b

注：所有数据为平均值±标准偏差，不同字母表示多重比较存在显著差异，$P<0.005$（$n=4$）。

3. 季节温度变化对光合与呼吸平衡关系的影响

1月光合作用与呼吸作用的平衡关系与11月、4月和5月存在显著差异。根据呼吸速率占总光合作用速率的比值（R_d/A_g）来看，在10～30℃各个温度区间上，1月呼吸作用占总光合作用的比值都显著高于11月、4月和5月（所有$P<0.05$）（图4.7）。配对的t检验结果表明总光合速率最适温度显著高于净光合速率最适温度（全部$P<0.05$），11月、1月、4月和5月平均高出1.3℃、2.4℃、1.2℃和1.5℃。

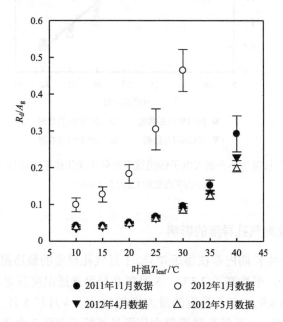

图4.7 4个生长期冬小麦暗呼吸速率与总光合速率的比值（R_d/A_g）（平均值±标准偏差）

CO_2浓度为380ppm

4. 季节温度变化对光合参数温度敏感性的影响

光合作用参数的温度敏感性在不同季节下有显著的差异（表4.3）。V_{cmax}的活化能（ΔH_{av}）在11月和4月没有显著差异（$P=0.737$），1月显著低于11月和4月（$P<0.001$，$P<0.001$），5月显著高于1月和4月（$P=0.008$，$P<0.001$）。V_{cmax}在25℃下的标准参考值在11月，4月和5月都没有显著差异，而1月的值则显著低于上面3个时间（全部

$P<0.001$)。1 月 J_{max} 的活化能（ΔH_{aj}）显著低于 11 月，4 月和 5 月（全部 $P<0.05$）。5 月 J_{max} 的活化能（ΔH_{aj}）与 11 和 4 月相比没有显著差异。1 月的 J_{max} 最适温度显著低于 11 月，4 月和 5 月（全部 $P<0.05$），平均低了 11.80℃。5 月 J_{max} 的最适温度与 11 月和 4 月相比没有显著差异。在 30 ℃时，1 月 J_{max}/V_{cmax} 显著高于 11 月，4 月和 5 月（$P=0.037$）。J_{max}/V_{cmax} 与温度的线性拟合曲线在增温与对照条件之间也没有显著差异（全部 $P>0.05$）（图 4.8）。

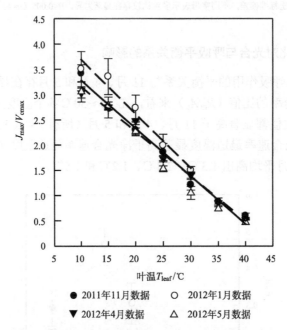

图 4.8　4 个生长期冬小麦最大电子传递速率与最大羧化速率的比值（J_{max}/V_{cmax}）

图中为平均值的线性拟合（$n=4$）

5. 季节温度变化对气孔导度的影响

气孔导度在 4 个生长期内存在显著差异。1 月气孔导度的最适温度显著低于 11 月和 4 月（全部 $P<0.001$），平均高了 3.5℃，5 月气孔导度最适温度显著高于 11 月和 4 月，平均高了 10.4℃（图 4.9）。气孔导度的最大值在 11 月、4 月和 5 月三个时间段均没有显著差异（全部 $P>0.05$），1 月气孔导度最大值则显著低于上面 3 个生长时期（图 4.9）。

4.2.3　讨论与分析

1. 光合作用产生适应性

冬小麦的光合作用随季节温度变化产生了明显的温度适应性。根据季节的温度变化可以看出，选择测量的 11 月与 4 月温度基本相同，为 10℃左右，1 月的平均温度为–0.8℃，而 5 月的平均温度为 21.8℃。最适温度的变化与气温高低一致，11 月与 4 月一致，1 月最低，5 月最高。但是冬小麦在季节温度变化上适应过程中最适温度的变化并不是均

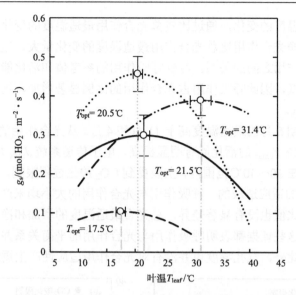

图 4.9　冬小麦 4 个生长时期气孔导度的温度响应曲线

匀的。1 月的气温比 11 月和 4 月低了 11℃，最适温度比 11 月和 4 月低了 8.8 ℃，5 月平均气温比 11 月和 4 月高了 11 ℃，最适温度比 11 月和 4 月仅高了 1.6 ℃。

2. 呼吸作用没有产生适应性

研究发现在 4 个生长期内呼吸作用的温度敏感性均没有显著差异。在增温 2℃条件下，冬小麦的呼吸作用的温度敏感性并没有产生变化，但是这一现象有可能是增温幅度比较小造成的。对于 4 个生长期上呼吸作用敏感性的比较可以看出，在 10℃温度差异上，冬小麦仍然没有表现出呼吸作用的适应性。

3. 光合作用对季节温度差异产生适应性的机制

出苗期的 11 月和返青期的 4 月温度相同，并且由此产生的光合作用最适温度也相似，以这两个时期的状况作为参考比较的标准。尽管两个时间段有相同的最适温度，但是二者在光合作用的温度敏感性上仍然存在一些差异。J_{max} 在 4 月的活化能显著低于其在 11 月的活化能，造成这一不同的原因可能与 4 月的光照强度较低有关。这一问题并没有对最适温度造成影响，因为在 4 月和 11 月，在 10～40℃的测量范围内，光合作用主要是受 CO_2 羧化过程的限制。尽管 4 月的相对湿度低于 11 月，但是气孔导度的最适温度和最大值均没有显著差异，造成这一现象的原因可能是农作物长期进行人工水分补充，水分充足，从而气孔导度对于相对湿度不是特别敏感。

冬小麦在过冬期的 1 月最适温度显著低于 11 月和 4 月，这种对低温的适应与多个过程有关。首先 V_{cmax} 的活化能、J_{max} 的活化能以及 J_{max} 的最适温度均与 11 月和 4 月相比都有显著降低。因为在 1 月冬小麦光合作用是受 CO_2 羧化和电子传递两个过程限制（图 4.10）。因此这两个方面对于最适温度的降低均有贡献。此外，气孔导度的最适温度和最大值在 1 月均有降低，这也是造成最适温度降低的一方面原因。上述三个原因直接造成了总光合作用最适温度的变化，通过比较总光合作用最适温度的变化和净光合作用最适温度的变化得知，净光合作用比总光合作用最适温度的变化量大。造成这一现象的原因是呼吸作用和光合作用之间的关系。尽管呼吸作用的参考值和活化能均未发生变化，但是光合作用显著降低，因此呼吸作用占光合作用的比例显著增加，这一过程造成了最适温度大约 1℃ 的降低。

冬小麦在灌浆期 5 月的最适温度高于 11 月和 4 月。从光合作用的两个系统来看，光合作用 CO_2 羧化系统 V_{cmax} 的活化能有明显提高，电子传递系统 J_{max} 并没有显著的提高。因为 5 月光合作用在 10~40℃ 范围内，主要受到 CO_2 羧化过程限制，所以适应的主要是由于 CO_2 羧化系统的适应造成的。呼吸作用与光合作用的大小均未产生显著差异，呼吸速率占光合速率的比值也没有显著差异，总光合最适温度的增加和净光合最适温度的增加基本相同，以上这些证据都表明呼吸作用与光合作用的平衡关系并未影响冬小麦在 5 月的温度适应性。此外，气孔导度也并没有对光合作用适应性产生贡献。

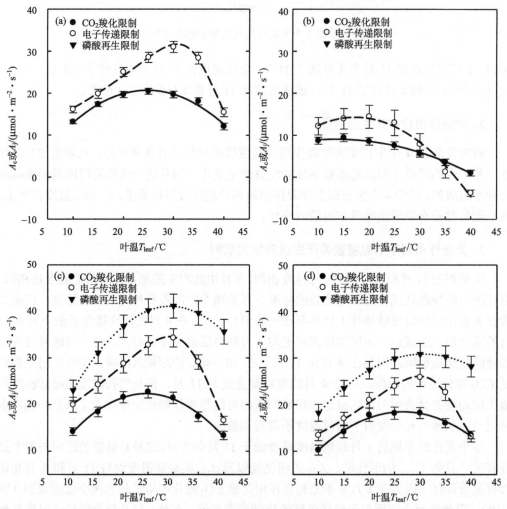

图 4.10　冬小麦在 4 个生长时期 CO_2 羧化速率限制下光合作用速率（A_c）和 RuBP 循环限制光合作用速率（A_j）的温度响应曲线

4. 季节温度梯度上光合作用温度敏感性与光合作用模拟

光合作用系统的 CO_2 羧化系统和电子传递系统随着季节温度的变化，产生了显著的变化，而呼吸作用系统无论是活化能还是 25℃下的 R_b 值没有发生显著变化（表 4.3）。因此，在利用 Farqhuar 光合作用模型模拟冬小麦的光合作用或生产能力时，需要调整光合作用参数 V_{cmax}、J_{max} 的温度敏感性参数（表 4.3）。目前光合作用模拟时，通常忽略了光合作用和呼吸作用对于季节温度适应性过程，采用统一的温度敏感性参数，这无疑会给模拟结果带来误差。

第5章 农田土壤微生物温室气体排放温度敏感性分析

目前，地球系统正经历着强烈的全球性温度升高过程，即全球气候变暖过程（Solomon *et al.*，2007；Hansen *et al.*，2010）。研究表明全球气候变暖能够对陆地生态系统的各个方面产生重要影响（Walther *et al.*，2002；Wan *et al.*，2002；Davis *et al.*，2005；Parmesan，2006；Deutsch *et al.*，2008；Shen *et al.*，2014）。但是作为地球系统的重要组成部分，陆地生态系统对气候系统的变化同样具有重要的反馈机制（Friedlingstein *et al.*，2003）。土壤微生物释放温室气体过程（包括 CO_2、CH_4 和 N_2O 等）就是陆地生态系统反馈全球变暖过程的重要途径（Kirschbaum，1995；Bardgett *et al.*，2008；Singh *et al.*，2010）。土壤微生物是陆地生态系统的分解者，进入土壤的动植物残体和根系分泌物能够被土壤微生物高效转化利用（Whitman *et al.*，1998），而温室气体正是这些转化利用过程的中间或最终产物（Conrad，1996）。因为土壤是陆地生态系统中最大的有机碳库和活性氮库（Batjes，1996；Jobbagy and Jackson，2000），所以土壤微生物每年向大气排放的温室气体总量非常巨大，并远远多于由于人类活动引起的温室气体排放（Lal，2004；Olefeldt *et al.*，2013）。因此土壤微生物排放温室气体总量的微小变化都将对未来气候变化的走向产生重要影响（Allison *et al.*，2010）。

土壤微生物排放温室气体的温度敏感性（Temperature Sensitivity，TS_{mic}）正是决定陆地生态系统对全球变暖响应的重要参数（Cao *et al.*，1998；Davidson and Janssens，2006；Kirschbaum，2006；Karhu *et al.*，2014）。它表征的是土壤微生物排放温室气体过程对温度变化的响应剧烈程度。如果土壤微生物排放温室气体的温度敏感性随着全球变暖而逐渐升高，那么未来陆地生态系统将向大气排放更多的温室气体，进而加速全球变暖进程，即全球变暖的正反馈过程（Cox *et al.*，2000；Fierer *et al.*，2005；Karhu *et al.*，2014）。反之，陆地生态系统将对全球变暖过程产生负反馈（Giardina and Ryan，2000；Kirschbaum，2000；Tang and Riley，2015）。因此准确认识 TS_{mic} 将对预测未来气候和生态系统功能的变化趋势具有重要作用（Davidson and Janssens，2006；栾军伟和刘世荣，2012；Aguilos *et al.*，2013）。然而，尽管人们对 TS_{mic} 进行了长达数十年的研究，目前的文献对 TS_{mic} 依旧莫衷一是。问题的复杂之处在于 TS_{mic} 并不是固定的（Zhou *et al.*，2009a，2009b），它受到了许多环境因子的影响（Davidson *et al.*，2000；Davidson and Janssens，2006；杨庆朋等，2011；Wagai *et al.*，2013），而诊断外界环境对 TS_{mic} 的影响则是一个系统而繁杂的过程（Davidson *et al.*，2000；Davidson and Janssens，2006；杨庆朋等，2011；Wagai *et al.*，2013）。

全球变化过程是深刻影响着 TS_{mic} 的关键因素之一（Jassal *et al.*，2008；Turan *et al.*，2010；Inglett *et al.*，2012；Coucheney *et al.*，2013）。事实上，除全球变暖外，陆地生态系统还在经历着许多全球性地发展变化过程，比如频繁的土地利用方式转变以及生态系统氮丰富等（Vitousek，1994；Walther *et al.*，2002；Cleland *et al.*，2007）。土地利用方

式转变是人类引起的重要全球变化因子（Foley *et al.*，2005），它能够造成土壤理化性质的重要转变，进而对土壤微生物排放温室气体过程产生影响（Houghton *et al.*，1983；Houghton，1999；Post and Kwon，2000；McGuire *et al.*，2001；Guo and Gifford，2002；刘慧峰等，2014）。IPCC 将土地利用方式作为制定国家温室气体清单的基本单元（Houghton *et al.*，1999；IPCC，2006）。生态系统氮丰富是另一个重要的全球变化因子，它与人类长期的化石燃料燃烧和过度施肥密切相关（Bytnerowicz and Fenn，1996；Galloway *et al.*，2004）。工农业生产中排放的活性氮随着大气循环会逐渐沉降至陆地表面，从而增加陆地生态系统的氮浓度并改变陆地生态系统的生物地球化学循环。研究表明，土地利用变化和生态系统氮丰富都可能对 TS_{mic} 产生重要影响（Zhang，*et al.* 2014；Zhang，*et al.* 2015）。它们不仅可能通过改变土壤微生物群落结构直接影响 TS_{mic}（Coucheney *et al.*，2013），也可能通过改变土壤水分、基质供应或基质质量等等间接作用于 TS_{mic}（Turan *et al.*，2010；Coucheney *et al.*，2013）。

5.1　利用不同温度梯度测定油茶田地土壤温室气体排放的温度敏感性

土壤微生物排放温室气体的温度敏感性（TS_{mic}）是气候变化模型中的重要参数，它的大小决定着陆地生态系统对全球变暖过程的反馈作用（Qi *et al.*，2002；Davidson and Janssens，2006；Liang *et al.*，2015a）。气候变化模型的敏感性分析表明 TS_{mic} 的细微变化都会引起未来气候模拟的巨大差异（Qi *et al.*，2002）。目前，主流的气候变化模型普遍采用固定的 Q_{10} 值（如 2 或 1.5）来指代 TS_{mic}。然而，众多的实验和理论分析表明，TS_{mic} 存在着明显的时空变异性（Xu and Qi，2001b；Richardson *et al.*，2009；Yvon-Durocher *et al.*，2014）。事实上 TS_{mic} 的不确定性已经成为气候变化模型模拟误差的主要来源之一。因此准确测定 TS_{mic} 将对改良现有的气候变化模型，预测未来气候变化趋势具有重要意义。

目前研究中往往利用野外观测实验或者实验室培养实验测定 TS_{mic}（Kirschbaum，2006）。人们已经意识到了它们之间的许多不同之处。首先前者不必破坏土壤，可以实现微生物温室气体排放的原位测量，而后者必须破坏土壤结构，难以获得野外微生物温室气体排放的真实值（Kirschbaum，1995；Zhang *et al.*，2005）。其次是前者往往不能排除温度以外的其他因子对微生物温室气体排放的影响，从而造成测定 TS_{mic} 时的误差，而实验室分析可以严格控制实验条件，保证微生物温室气体排放的差异均来自于培养温度的变化（Smith *et al.*，2002；Yuste *et al.*，2004）。

然而，很少有人意识到两类方法上测定温度的差异对计算 TS_{mic} 的影响。野外观测实验多利用自然温度梯度（如日温度变化梯度和季节温度梯度等等）拟合不同时期的 TS_{mic}（Chen *et al.*，2010；Jia *et al.*，2013）。然而，环境温度在实时变化，用于拟合 TS_{mic} 的温度梯度也就会出现相应变化，利用自然温度梯度拟合出的 TS_{mic} 往往会受到环境温度的强烈影响。而同一个培养实验往往利用相同温度梯度计算 TS_{mic}，这样就完全避免了环境温度对 TS_{mic} 的直接影响（Makita and Kawamura 2015）。所以利用自然温度梯度和相同温度梯度计算的 TS_{mic} 很可能表现出完全不同的时间变异规律。以往的研究中还没报道过这种由于拟合温度梯度差异对 TS_{mic} 的具体影响。

本研究利用相同温度梯度、日温度变化梯度和全年季节性温度梯度三种方法分析了油茶田 TS_{mic} 年内变异规律，阐明了 3 种方法计算结果的差异，为研究人员选择不同的方法计算 TS_{mic} 提供依据。

5.1.1 实验方法

1. 样地设计与土壤采样

本实验的土壤样品取自千烟洲站（详见 1.5.2）施肥油茶田样方，因为正常管理的油茶种植林都会施肥。从 2014 年 4 月到 2015 年 1 月，本研究共 8 次从 3 个施肥油茶田样方中采集土壤样品。取样频率是大约是每 40 天取一次样，但春夏两季的取样频率更大。具体的取样时间分别是 2014 年 4 月 12 日、2014 年 5 月 10 日、2014 年 5 月 31 日、2014 年 7 月 18 日、2014 年 8 月 21 日、2014 年 10 月 8 日、2014 年 11 月 22 日和 2015 年 1 月 7 日。本研究在斜对着的两颗油茶树之间的对角线上钻取 3 钻土壤样品，取样钻的直径为 4.5cm，取样深度为 10cm。获取的土壤样品被立即转移到实验室中。在实验室里我们将各个土壤样品充分混合，并利用 2mm 筛过滤植物根系与砾石。

2. 土壤培养与温室气体排放的测定

本研究采用室内培养方法获得各期不同温度下的土壤微生物温室气体排放通量，再选择特定的方程拟合各期各温室气体排放的温度敏感性。对于培养的土壤，不同的前处理对土壤 TS_{mic} 的影响很大。文献中大量的培养实验中采用的土壤样品都是经过长途运输并冷冻后的土壤。但是冷冻和长途运输将对土壤样品的理化性质特别是土壤微生物群落结构产生巨大的干扰。因此不同于以往的研究，本章的温室气体排放通量都是基于新鲜土壤，全部土壤都没有经过冷冻过程。土壤样品准备过程，包括筛土和静置等过程都是在野外环境温度下进行。同时还在实验中尽量缩短了培养时间。这样可以保证土壤微生物群落不会因冷冻和环境温度的变化而变化。

每一个充分混合后的土壤样品被立即分为 9 份，前 8 份分别装入 8 个 250mL 的玻璃培养瓶中，称取的土样质量分别为 100g、90g、70g、70g、70g、70g、70g 和 70g，第 9 份土壤样品扣除约 20g 需要利用烘箱测定土壤重量含水量外都储存在–20℃的冰箱中。虽然本研究取样时非常注意选择土壤较为湿润时期进行取样，但千烟洲的降水年内分配并不均匀，所以 2014 年 7 月 18 日和 2014 年 10 月 8 日两期的油茶田土壤仍旧非常干燥（图 5.1）。以往研究表明，土壤干旱能够显著影响 TS_{mic}。本研究主要是分析各个时期由于土壤微生物群落自身性质的差异造成的 TS_{mic} 差异，为避免由于水分亏缺而抑制土壤温室气体排放，本研究这两个时期对土壤样品补充了适量的蒸馏水，使其土壤含水量达到饱和含水量 60%左右（图 5.1）。具体做法是在取样前测定在样地内取 2 钻（直径 2cm、深度 0～10cm）土壤，测定土壤含水量，并根据前期测定的土壤饱和含水率（water holding capacity，WHC）计算出大概需要加入的水量；在取样并分装后，加入应加的水量，最后实验完成时利用烘干法测定实验时的准确含水量。

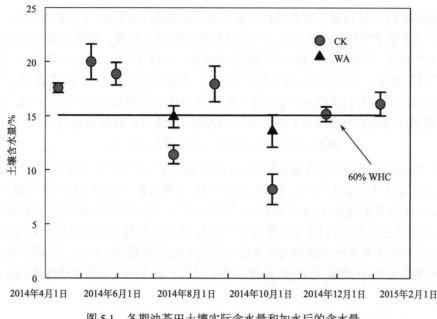

图 5.1　各期油茶田土壤实际含水量和加水后的含水量

这样实验将产生 24 个（3×8）装有土壤样品的玻璃培养瓶。为避免由于土壤扰动导致的气体排放突然增加的现象，这些玻璃培养将在室温下遮光保存过夜。我们将在第二天对它们过行培养并测定温室气体排放通量。

本研究将培养瓶分别培养于 5℃、10℃、15℃、20℃、25℃、30℃、35℃和 40℃等 8 个温度下。其中装有 100g 土壤样品的培养瓶培养于 5℃，而装有 90g 土壤样品的培养瓶培养于 10℃。将培养瓶放入土壤培养系统的 1h 后，土壤微生物温室气体排放通量的测定才会正式开始，因为此时土壤温度已经达到了稳定。实验中我们首先将培养瓶封闭，与 1 个气泵和 3 个 30mL 的气体采样瓶组成回路。打开气泵，使培养瓶中的气体与气体采样瓶中的空气充分混合。这时关停气泵，关闭气路和气体采样瓶中的阀门，从气路中取下第一个气体采样瓶。在间隔固定时间后，同样是先混合培养瓶与气体采样瓶中的空气，再取下第二个和第三个气体采样瓶。在本研究中，不同的培养温度需要不同的时间间隔。培养于 5℃和 10℃下的土壤样品需要间隔 30min 才能取下气体采样瓶。培养于 15℃和 20℃下的土壤样品需要间隔 20min 才能取下采样瓶。其余土壤样品只需培养 15min 就可以。为提高土壤培养和气体采样的效率，本研究将 8 个培养温度下的微生物温室气体通量分成 2 组进行测定，利用培养中的时间差同时测定 5～20℃以及 25～40℃下温室气体排放通量。随后，气体采样瓶中的空气样品将被转移至密闭的注射器中，再利用气象色谱仪（gas chromatography，GC）测定其 CO_2、N_2O 和 CH_4 浓度。为保证数据质量，3 个土壤样品的培养工作及气体采样瓶中的 GC 上机工作必须在同一天内完成。采样完成后，在培养瓶还没有被取出培养装置时，本研究还利用统一的传感器测定土壤温度用于后期的分析计算。

通过比较标准气体的 CO_2、N_2O 和 CH_4 浓度，我们可以计算出每个气体采样瓶中的 CO_2、N_2O 和 CH_4 浓度。由于三个取样瓶采样时气路的体积并不相同（每次相差一个气体采样瓶的体积），所以对于测定的样品温室气体浓度都需要经过气体浓度转换，将三个气体采样瓶中温室气体浓度转换成当气路体积相同时候的浓度。利用转换后的温度气体浓度和线性模型，考虑气路体积和碳与氮的物质量，可以计算出土壤样品在各个温度下的温度气体排放通量。在除以土壤的干物质质量后，本研究将土壤微生物在各温度下的 CO_2 和 CH_4 的通量表达为 µg CO_2-C · g^{-1}soil · d^{-1}，N_2O 的通量表达为 ng N_2O-N · g^{-1}soil · d^{-1}。而土壤微生物温室气体排放 CO_2 当量（CO_2eq）的通量的计算公式为

$$RCO_2eq=RCO_2+RCH_4 \times 34 + RN_2O \times 298$$

其中 RCO_2eq 表示 CO_2 当量的通量（µmol CO_2 · g^{-1}soil · d^{-1}）；RCO_2 表示 CO_2 排放通量（µmol CO_2 · g^{-1}soil · d^{-1}）；RCH_4 表示 CH_4 排放通量（µmol CH_4 · g^{-1}soil · d^{-1}）；RN_2O 表示 N_2O 排放通量（µmol N_2O · g^{-1}soil · d^{-1}）。公式中 CH_4 和 N_2O 的系数来自于 IPCC 第五次评估报告，它们指在百年尺度上 CH_4 和 N_2O 的温室效应对应于 CO_2 的倍数。

然而，利用本套系统无法测定油茶田土壤的 CH_4 吸收通量，因为三个样品瓶中 CH_4 浓度的差别完全在 GC 的误差之内，因此本章只报道了油茶田土壤微生物释放 CO_2 和 N_2O 的 TS_{mic}。

3. 数据处理

利用三类温度梯度拟合土壤微生物排放温室气体的温度敏感性。方法 1 是全年都利用统一的温度梯度计算 Q_{10}，各期数据都利用 5~40℃的温度梯度拟合；方法 2 是利用各期土壤温度日变化梯度拟合 Q_{10}。首先我们先确定各期采样当天的土壤温度日变化差异（图 5.2），从 5~40℃中选择与当期土温日变化相一致的温度梯度拟合 Q_{10}（表 5.1）；方法 3 是利用季节温度梯度计算全年土壤微生物温室气体排放的 Q_{10}。首先是分析土壤温度数据，计算出取样当天土壤的平均温度，再利用各期土壤微生物在 5~40℃的温室气体排放曲线推出各期日平均土壤温度下的温室气体排放，最后利用 8 期采样的日平均土壤温度差异拟合土壤微生物温室气体排放的 Q_{10}。由于本研究取样时的深度为 0~10cm，这里就采用 5cm 深的土壤温度代表土样在野外的温度。数据来源为样地内设置的自动气象站。各期土温的平均温度和日土温变化见表 5.1。分析中采用指数方法拟和土壤微生物 CO_2、CH_4、N_2O 和 CO_2eq 排放与温度之间的关系以及它们的 Q_{10}（即 Q_{10}_CO_2、Q_{10}_CH_4、Q_{10}_N_2O 和 Q_{10}_CO_2eq），即 R=ae^{bT}，Q_{10}=e^{10b}，其中 a 和 b 为拟合常数。根据 CO_2、CH_4 和 N_2O 三大温室气体通量，我们还计算了碳和氮排放温度敏感性的比值（Q_{10}_C/Q_{10}_N）。计算方法：首先计算各温度下碳排放量即 CO_2_C+CH_4_C；然后，利用指数方程拟合碳排放的 Q_{10}，即 Q_{10}_C；最后将 Q_{10}_C 除以 Q_{10}_N_2O 就是 Q_{10}_C/Q_{10}_N。在油茶田和水稻不淹水时期，我们没有监测到有效的 CH_4 通量，所以计算 Q_{10}_CO_2eq 和 Q_{10}_C/Q_{10}_N 时并不需要考虑 CH_4 的作用。本研究利用 one-way ANOVA 分析各期之间温室气体排放温度敏感性的差异。所有的统计分析都在 SPSS16.0 中完成。

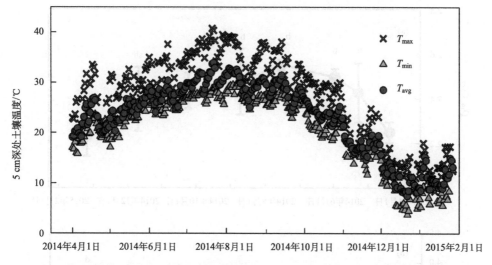

图 5.2　油茶田施肥样方内日土壤的最高温度（T_{max}）、平均温度（T_{avg}）和最低温度（T_{min}）

表 5.1　各期土壤取样时间与日温度变化范围

取样日期	土壤平均温度/℃	土温日变化/℃	方法 2 的温度梯度/℃
2014 年 4 月 12 日	24.0	21.7～28.0	20、25、30
2014 年 5 月 10 日	24.2	22.3～26.8	20、25、30
2014 年 5 月 31 日	29.1	25.5～34.2	25、30、35
2014 年 7 月 18 日	31.6	27.2～38.0	25、30、35、40
2014 年 8 月 21 日	29.6	25.7～34.5	25、30、35
2014 年 10 月 8 日	24.8	20.6～29.8	20、25、30
2014 年 11 月 22 日	19.1	16.1～23.4	15、20、25
2015 年 1 月 7 日	9.5	7.6～11.5	5、10、15

5.1.2　实验结果

1. CO_2 排放的 Q_{10}

3 种温度梯度计算的土壤微生物 CO_2 排放的温度敏感性（Q_{10}_CO_2）季节变异规律并不相同（图 5.3）。利用相同的温度梯度测得的油茶田土壤微生物 Q_{10}_CO_2 呈现夏季高而冬季低的规律（图 5.3（a））。各期土壤微生物的 Q_{10}_CO_2 介于 2.23～2.55，平均值为 2.41，最高值出现在 2014 年 7 月 18 日，最低值在 2015 年 1 月 7 日测得。从 2014 年的 4 月至 7 月 Q_{10}_CO_2 持续增加，2014 年 4 月 12 日、5 月 10 日、5 月 31 日和 7 月 18 日测得的 Q_{10}_CO_2 分别为 2.25、2.42、2.49 和 2.55。7 月份之后，土壤微生物 Q_{10}_CO_2 则依次下降。2014 年 8 月 21 日、2014 年 10 月 8 日、2014 年 11 月 22 日及 2015 年 1 月 7 日测得的平均 Q_{10}_CO_2 分别为 2.47、2.44、2.40 和 2.23。从统计上讲，只有 2014 年 4 月 12 日及 2015 年 1 月 7 日测定的 Q_{10}_CO_2 显著低于 2014 年 5 月 10 日、2014 年 5 月 31 日、2014 年 7 月 18 日、2014 年 8 月 21 日和 2014 年 10 月 8 日测得的结果（图 5.3（a））。

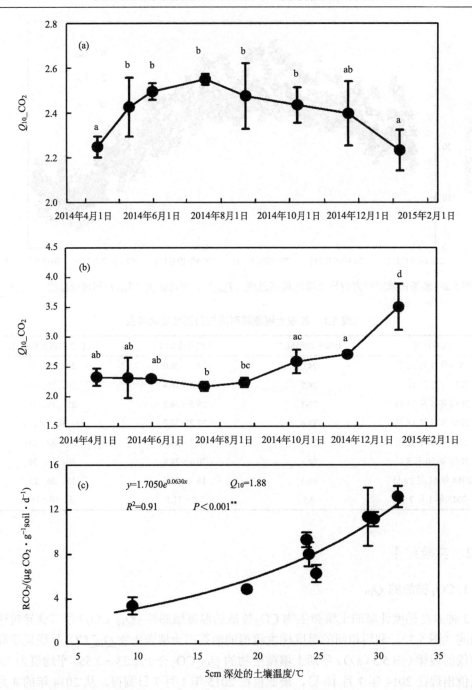

图 5.3　利用相同温度梯度（a）、日温度变化梯度（b）和季节温度梯度（c）计算的土壤微生物 CO_2 排放温度敏感性

**指在 0.01 水平差异显著

利用日变化温度梯度计算的油茶田土壤微生物 Q_{10}_CO_2 则呈现夏季低冬季高的现象。2014 年 4 月 12 日、2014 年 5 月 10 日和 2014 年 5 月 31 日的 Q_{10}_CO_2 几乎没有差

别，分别为 2.33、2.32 和 2.30。但在 2014 年 7 月 18 日 CO_2 的温度敏感性降为 2.17。随着土壤温度的降低，利用日温度变化拟合的 $Q_{10}\_CO_2$ 也迅速升高。这一趋势在 11 月之后，显得愈发明显。2014 年 8 月 23 日、2014 年 10 月 8 日、2014 年 11 月 22 日及 2015 年 1 月 7 日，我们测得的平均 $Q_{10}\_CO_2$ 分别为 2.24、2.58、2.71 和 3.50。方差分析结果表明，2015 年 1 月 7 日的 $Q_{10}\_CO_2$ 显著高于其他各期的结果（图 5.3（b））。而其他在统计上显著的差异是 2014 年 11 月 22 日的 $Q_{10}\_CO_2$ 显著高于 2014 年 7 月 18 日和 2014 年 8 月 21 日的 $Q_{10}\_CO_2$，以及 2014 年 10 月 8 日的 $Q_{10}\_CO_2$ 显著高于 2014 年 7 月 18 日的 $Q_{10}\_CO_2$（图 5.3（b））。

土壤温度的季节变化能够解释油茶田各期土壤微生物 CO_2 排放通量的差异，指数方程的决定系数达到 91%（图 5.3（c））。但利用土壤季节温度梯度计算的全年土壤微生物的 $Q_{10}\_CO_2$ 仅为 1.88。这一结果明显低于利用方法 1 或方法 2 计算的任何一期的 $Q_{10}\_CO_2$。

2. N_2O 排放的 Q_{10}

利用 3 类温度梯度计算的油茶田土壤微生物 N_2O 排放的温度敏感性（$Q_{10}\_N_2O$）的季节变化规律同样差异明显。方法 1 测定的 $Q_{10}\_N_2O$ 呈现春高夏低的基本规律（图 5.4（a））。2014 年 4 月 12 日和 5 月 10 日这两期的 $Q_{10}\_N_2O$ 是全年的最高点，分别为 2.73 和 2.75。随后油茶田土壤微生物的 $Q_{10}\_N_2O$ 迅速降低，在 5 月 31 日测得的 $Q_{10}\_N_2O$ 只有 2.46。7 月 18 日、8 月 21 日和 10 月 8 日，$Q_{10}\_N_2O$ 都保持在非常小的水平，这三期的 $Q_{10}\_N_2O$ 平均值分别为 2.03、2.10 和 2.08，所以这段时间是全年中 $Q_{10}\_N_2O$ 最低的时候。春末夏初（4 月 12 日和 5 月 10 日）的 $Q_{10}\_N_2O$ 显著高于夏秋两季（7 月 18 日、8 月 21 日和 10 月 8 日）的 $Q_{10}\_N_2O$（图 5.4（a））。10 月之后，随着深秋和冬季的到来，油茶田土壤微生物的 $Q_{10}\_N_2O$ 才开始缓慢升高，2014 年 11 月 22 日与次年 1 月 7 日的 $Q_{10}\_N_2O$ 分别达到了 2.22 和 2.40。方法 2 计算的油茶田土壤微生物 $Q_{10}\_N_2O$ 季节变异规律与方法 1 有一个明显的不同之处，那就是冬季与春季拥有相近的 $Q_{10}\_N_2O$（图 5.4（b））。利用方法 2 测得的春末夏初时期油茶田土壤微生物的 $Q_{10}\_N_2O$ 比方法 1 测得的结果还要大。2014 年 4 月 12 日、5 月 10 日和年 5 月 31 日的 $Q_{10}\_N_2O$ 分别为 2.99、2.86 和 2.83。之后土壤微生物的 $Q_{10}\_N_2O$ 迅速下降，2014 年 7 月 18 日、年 8 月 21 日和 10 月 8 日的 $Q_{10}\_N_2O$ 仅为 1.98、1.81 和 1.93。然而，2014 年 11 月 22 日和 2015 年 1 月 7 日的 $Q_{10}\_N_2O$ 又重新增长到非常高的水平，分别为 2.75 和 2.89。从统计上讲，2014 年 7 月 18 日、8 月 21 日和 2014 年 10 月 8 日的 $Q_{10}\_N_2O$ 明显低于 2014 年 4 月 12 日、2014 年 5 月 10 日、2014 年 5 月 31 日和 2015 年 1 月 7 日测定的 $Q_{10}\_N_2O$（图 5.4（b））。此外 2014 年 8 月 21 日测定的 $Q_{10}\_N_2O$ 显著低于 2014 年 11 月 22 日测定的 $Q_{10}\_N_2O$。与 CO_2 不同的是，方法 3 测定的全年季节性温度与其土壤微生物 N_2O 排放并没有显著的指数关系（P=0.561，图 5.4（c）），显然还有其他的因素干扰了温度对微生物 N_2O 的排放。而且利用本方法计算的 $Q_{10}\_N_2O$ 仅为 1.37，同样也明显低于其他两种方法计算的各期 $Q_{10}\_N_2O$。

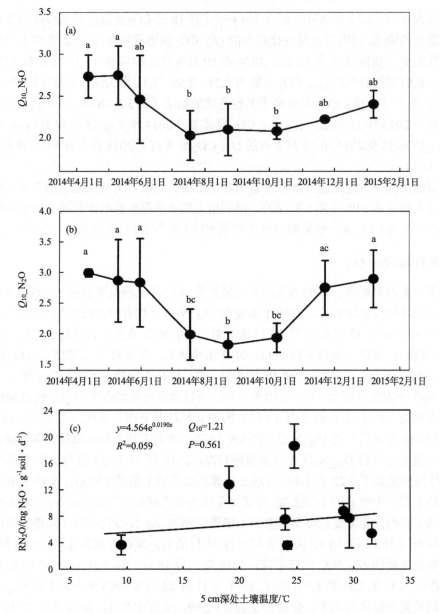

图 5.4　利用相同温度梯度（a）、日温度变化梯度（b）和季节温度梯度（c）计算的土壤微生物 N_2O 排放温度敏感性

3. CO₂ eq 的温度敏感性

利用 3 种方法计算的土壤微生物 CO_2eq 排放的温度敏感性（$Q_{10}\_CO_2eq$）也不相同（图 5.5）。CO_2eq 的温度敏感性与 CO_2 的温度敏感性具有相似的变化规律。利用相同温度梯度计算的 $Q_{10}\_CO_2eq$ 同样呈现夏高冬低的规律。与之相应的是利用日变化温度梯度计算的 $Q_{10}\_CO_2eq$ 呈现冬高夏低的变化规律，最高值出现了 1 月，最低值出现于 7 月。

利用季节变化规律梯度同样可以显著地说明季节间的 CO_2eq 的差异，方差解释量达 92.8%（$P < 0.001$）。利用本方法计算的 Q_{10} 值仅为 1.72，同样低于另两种方法。

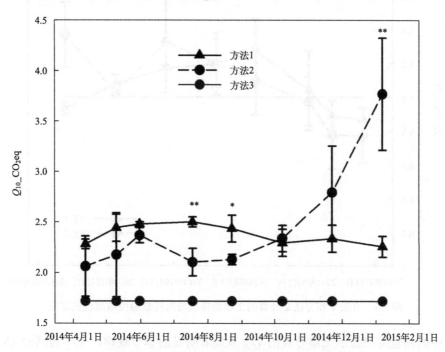

图 5.5　利用 3 类方法计算的 CO_2eq 的温度敏感性

*指在 0.05 水平差异显著；**指在 0.01 水平差异显著

4. 碳和氮排放温度敏感性比值

只有方法 1 和方法 2 能够计算碳和氮排放的温度敏感性比值（Q_{10}_C/Q_{10}_N）（图 5.6）。方法 1 与方法 2 计算的 Q_{10}_C/Q_{10}_N 并没有显著差别（1 月除外，$P=0.018$）。两种方法计算的 Q_{10}_C/Q_{10}_N 都在 1 左右（4 月和 5 月的 Q_{10}_C/Q_{10}_N 都低于 1，而其他月份的 Q_{10}_C/Q_{10}_N 都高于 1），显示油茶田碳排放的 Q_{10} 与氮排放的 Q_{10} 差别并不大。方法 1 计算的 Q_{10}_C/Q_{10}_N 介于 0.87~1.2，而方法 2 计算的 Q_{10}_C/Q_{10}_N 范围为 0.77~1.37（图 5.6）。

5.1.3　讨论与分析

本研究的结果显示利用相同温度梯度、日变化温度梯度和季节温度变化梯度计算的年土壤 TS_{mic} 明显不同。三者差异最明显体现在了 $Q_{10}\_CO_2$ 上，利用相同温度梯度得到的油茶田 $Q_{10}\_CO_2$ 存在着明显的夏高冬低的季节变化规律；利用日变化温度梯度计算的 $Q_{10}\_CO_2$ 则呈现夏低冬高的季节规律；利用季节温度梯度计算的 Q_{10} 值，全年只有一个结果，即 1.88，明显低于另两种方法计算的各期 $Q_{10}\_CO_2$。其中利用日变化温度梯度计算而得的 $Q_{10}\_CO_2$ 季节变化规律与以往野外研究的结果类似（Janssens and Pilegaard，2003；Wang *et al.*，2008；Drake *et al.*，2013）。Xu 和 Qi（2001b）在美国加利福尼亚州一个

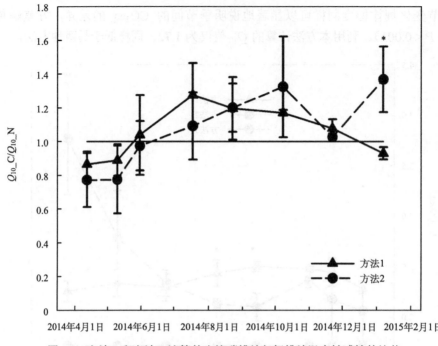

图 5.6　方法 1 和方法 2 计算的土壤碳排放与氮排放温度敏感性的比值

针叶林中的测量结果显示土壤呼吸的 Q_{10} 呈现着明显的季节规律，全年最高的 Q_{10} 值出现在冬季而最低值出于仲夏季节。这些季节变异规律很可能是由于不同季节的温度梯度不同造成的，因为土壤呼吸的温度敏感性往往与拟合的温度成反比（Kirschbaum，1995，2006）。

利用相同温度梯度计算的油茶田土壤微生物 Q_{10}_CO_2 由于消除了各期测定温度的差异，它们所表现的季节变异规律很可能是由于各季节间土壤、植被等综合因子造成的。事实上，本研究认为利用方法一得到的 Q_{10}_CO_2 夏高冬低的季节变异规律可能主要是由于季节间土壤底物供应的差异造成的（Larionova et al.，2007；Gershenson et al.，2009；Erhagen et al.，2015）。Phillips 等（2011）的结果表明处于生长季节的植物释放的根际分泌物要明显大于它们在非生长季释放的量。然而，Erhagen 等（2015）发现向土壤中增加易分解碳（葡萄糖），即增加土壤中底物的供应，可以有效增加土壤微生物 CO_2 排放的温度敏感性。因为他们发现基质供应较高时微生物吸收基质的速率会明显增加。因此，本研究中夏季油茶田根系能够向土壤中释放更多地根际分泌物，从而增加夏土壤微生物呼吸的基质供应量；而相对来讲冬季土壤微生物的底物供应就会较低。按照 Erhagen 等（2015）的研究结果夏季较高的底物供应也会相应增加土壤微生物呼吸的温度敏感性，而冬季油茶田土壤的 Q_{10}_CO_2 就会较小。本研究断根样地的结果也佐证了这一观点，因为在同样管理措施下的油茶田断根样方土壤微生物的 Q_{10}_CO_2 并不没有表现出夏高冬低的规律。

利用季节温度梯度计算得到的 Q_{10}_CO_2 为 1.88，明显低于另两种方法计算的各期 Q_{10}_CO_2。这一现象与 Kirschbaum（2010）利用模型分析结果相一致，即全年尺度上的温度敏感性往往比短时期的温度敏感性较小。以往的文献分析表明利用季节温度梯度计算的 $Q_{10}\_CO_2$ 并不完全是由土壤温度引起的，而是由土壤温度、植被作用及土壤微生物生理活性综合作用的结果（Yuste et al.，2004；Wang et al.，2010）。我们认为利用季节温度梯度计算得到的 $Q_{10}\_CO_2$ 较小可能与土壤微生物呼吸对季节的适应性或微生物量的季节变化规律有关（Luo et al.，2001；杨毅等，2011）。图 5.7 显示的各期土壤 10℃和30℃下的呼吸存在着明显的夏低冬高的现象，这一现象可能就是土壤微生物呼吸在季节上的适应或微生物量夏低冬高的季节规律造成的。然而，利用季节温度梯度计算全年的土壤微生物 CO_2 排放温度敏感性时，高温下的呼吸选择的是全年高温呼吸最低时候的数据，低温下的呼吸选择的则是全年低温呼吸最高时候的数据。因此，利用全年温度梯度计算的土壤微生物呼吸的 Q_{10} 相对较低。

利用 3 种方法计算的 $Q_{10}\_N_2O$ 也明显不同，说明慎重选择一定的温度梯度计算 $Q_{10}\_N_2O$ 同样十分必要。与此同时，我们还发现 $Q_{10}\_N_2O$ 季节变异规律与 $Q_{10}\_CO_2$ 明显不同，这一差别尤其是在春天比较明显。利用日变化温度梯度计算的 $Q_{10}\_N_2O$ 同样呈现出夏低冬高的基本规律。但其春天的 $Q_{10}\_N_2O$ 几乎与冬天一样高，即使春天的土温要远高于冬季。利用相同温度梯度计算的 $Q_{10}\_N_2O$ 则呈现春高夏低的季节变异规律。而季节温度梯度与其相应的土壤微生物 N_2O 排放并不成显著的相关关系。由于数据的限制，本研究不能判断油茶田土壤微生物 CO_2 和 N_2O 排放温度敏感性季节规律差异的原因。但我们认为油茶田的生理规律在其中很可能起到重要的作用。许多的研究表明植物的生长过程中需要与微生物竞争氮元素（Lipson and Monson，1998）。而春季正是油茶树木萌芽的季节，需要大量的氮元素合成叶绿素等成分。

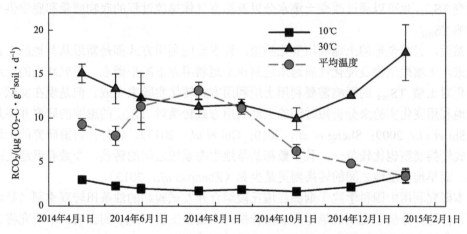

图 5.7　施肥油茶田 0～10 cm 土壤在 10℃、30℃以及各期日平均温度时的 CO_2 排放量

综上所述，本研究结果显示 3 类方法计算土壤微生物温室气体温度敏感性规律并不相同。造成这一现象的原因可能是 3 种方法体现了不同因子对土壤微生物温度敏感性的影响。在实际的运用中需要根据自己的目的选择适合的方法。本研究的目的是测定以土地利用方式转变和生态系统氮丰富为代表的全球变化过程对 TS_{mic} 的影响，并不希望温度对 TS_{mic} 的直接作用干扰其中，故本研究选择方法 1，即相同的温度梯度，分析各处理

间、各期间的 TS_{mic} 差异。

5.2　油茶田转为水稻田对 TS_{mic} 的影响

土地利用的快速转化是现代全球变化过程的重要特征之一（Foley et al.，2005）。同时土地利用转化能够使植被和土壤中储存的碳快速进入大气，所以它也是 IPCC 认定的造成全球变暖过程的主要原因之一（Solomon et al.，2007）。但土地利用转化对全球变暖过程的影响还远不止如此，因为土地利用转化还可以通过改变土壤微生物排放温室气体的温度敏感性（TS_{mic}）来影响全球变暖过程（Turan et al.，2010；Han et al.，2014）。目前国际上编制国家温室气体排放清单时都是基于土地利用方式来制订。因此，分析土地利用变化对土壤 TS_{mic} 的影响不仅具有重要的科学意义，而且对温室气体排放管理也具有现实意义。

以往学者多是采用分析比较相近地块内几种不同土地利用方式下的温度敏感性来进行研究的（仝川等，2010；朱剑兴等，2013；李杰等，2014）。它们可以说明当各土地利用达到平衡状态时土壤的差异。例如，Hu 等（2001）发现日本 Shizunai 地区一片相邻的森林、草地和玉米地土壤 CO_2 排放的温度敏感性分别为 1.92、3.29 和 4.75，三者的差异显著。Shi 等（2009）发现将次生阔叶林改为针叶种植林后土壤 CO_2 排放增加但 Q_{10} 会明显下降。Sheng 等（2010）的研究表明从自然的森林生态变为农田后土壤 CO_2 排放的温度敏感性增加。Cui 等（2013）在中国上海崇明岛上的研究表明将水稻转化为人工林后土壤呼吸的 Q_{10} 明显下降。他们认为土地利用转换可以通过改变土壤微生物的群落结构改变 TS_{mic}，也可以通过改变土壤水分以及温室气体排放过程的底物质量和底物供应间接影响 TS_{mic}。

然而，目前全球的土地利用变化频繁，许多土地利用方式都是新近从其他的方式转变过来，土壤微生物及理化性质远未达到该土地利用方下的平衡态。研究新近的土地利用转化对土壤 TS_{mic} 的影响需要利用土地利用方式转化实验来完成。但是现在文献中利用土地利用变化实验来分析短时间的土地利用方式转换对 TS_{mic} 的影响的研究并不是很多（Shi et al.，2009；Sheng et al.，2010；Cui et al.，2013）。此外，目前研究的土地利用方式转换类型也比较单一，且多数都是旱地生态系统之间的转换，少数有湿地之间的转换，而旱地与湿地之间的转换则更是少见（Zhang et al.，2013）。

本研究利用中国科学院千烟洲红壤丘陵综合开发试验站的油茶田转双季稻（旱地转水田）样地，分析了短期的旱地向水田转换对土壤微生物 TS_{mic} 的影响。本研究将加深人们对土地利转化将如何影响未来气候变暖过程的认识。

5.2.1　实验方法

1. 样地设计与土壤采样

土壤样品取自施肥油茶田和施肥水稻样方，因为正常管理的油茶种植林和水稻田都需要施肥。从 2014 年 4 月到 2015 年 1 月，本研究共 8 次从 3 个施肥油茶田样方中采集土壤样品。由于水稻管理措施的复杂性，尤其是水稻生长季节存在淹水和排水的转换，所以在水稻样方中采样达 11 次。水稻样方其中 8 次与油茶取样时间重合，就在或前或后的 2 天内完成取样。另外 3 次单独取样时间为 2014 年 5 月 1 日、2014 年 8 月 4 日、2014 年 8 月 26 日。2014 年 7 月 18 日以前的 4 期，我们在 4 个施肥水稻样方中的 3 个进行取样分析。但后来我们在水稻样方上增加了淹水处理，所以在 7 月 18 日当期和以后的 6 期中，本章只分析从排水的 2 个施肥水稻样方中测定的结果。为避开水稻根系的干扰，水稻样方的土样都取自断根样方。

2. 土壤培养与温室气体排放的测定

水稻样品处理过程大致相似，只是因为水稻管理中需要对其进行不定期地补水，所以水稻土并不会处于过度干旱状态，因此不需要对水稻土壤进行补水。而且当水稻样方处于淹水状态时，我们要十分注意让样品始终保持土壤水分过饱和状态。

3. 数据处理

本研究利用指数方程拟合采样各期 5～40℃下的温室气体通量与温度响应曲线，并根据此曲线计算土壤微生物温室气体的 Q_{10}。

为了更好地理解土地利用方式转变对 TS_{mic} 的影响，本研究还利用各期的温室气体通量与温度的响应曲线拟合获得土壤微生物在 10℃ 和 30℃ 下的温室气体排放量。其中 10℃ 和 30℃ 分别代表自然环境中的低温和高温。本研究利用 one-way ANOVA 分析方法判断土地利用转化对 TS_{mic} 及它们在 10℃ 和 30℃ 下温室气体排放量是否具有显著影响。所有的统计分析都在 SPSS16.0 中完成。

5.2.2 实验结果

1. CO_2 排放的温度敏感性

除水稻的淹水期外，两年半的土地利用转化并没有显著改变土壤微生物 CO_2 排放的温度敏感性（$Q_{10}\_CO_2$）（图 5.8（a））。油茶田和水稻田土壤微生物的 $Q_{10}\_CO_2$ 都呈现相似的夏高冬低的基本规律。油茶田土壤各期平均 $Q_{10}\_CO_2$ 介于 2.23～2.55，均值为 2.41。相应的是，排水后水稻土壤各期平均 $Q_{10}\_CO_2$ 介于 2.33～2.69，总平均值为 2.47。但在淹水时期，水稻土壤的 $Q_{10}\_CO_2$ 显著低于油茶田土壤（图 5.8（a））。在 2014 年 5 月 10 日、5 月 31 日和 8 月 21 日 3 次取样中，油茶田土壤平均 $Q_{10}\_CO_2$ 分别为 2.43、2.50 和 2.48，而水稻土壤 $Q_{10}\_CO_2$ 分别为 1.82、1.70 和 1.69。

土地利用方式转化对 10℃ 和 30℃ 下土壤微生物 CO_2 排放量（RCO_2_10 和 RCO_2_30）的影响也主要体现水稻淹水时期（图 5.8（b）和 5.8（c））。除 2014 年 4 月 5 日的 RCO_2_30 外，不淹水时期水稻土壤与油茶田土壤的 RCO_2_10 和 RCO_2_30 都没有显著差别。油茶田和水稻土壤微生物的 RCO_2_10 和 RCO_2_30 都呈现夏季低冬季高的规律。在水稻淹水时期，虽然水稻土壤的 RCO_2_10 和 RCO_2_30 只有在 2014 年 8 月 21 日显著高于油茶田，但这一规律却在各淹水期普遍存在（图 5.8（b）和 5.8（c））。而且在水稻淹水时期，土

地利用转变对 RCO_2_10 的影响大于 RCO_2_30。以 2014 年 5 月 31 的数据为例，水稻土壤的 RCO_2_10 是油茶田土壤的 3.67 倍，而其 RCO_2_30 仅为油茶田土壤的 1.69 倍。这也就造成了淹水时期油茶田土壤 $Q_{10}\_CO_2$ 显著大于水稻土壤。

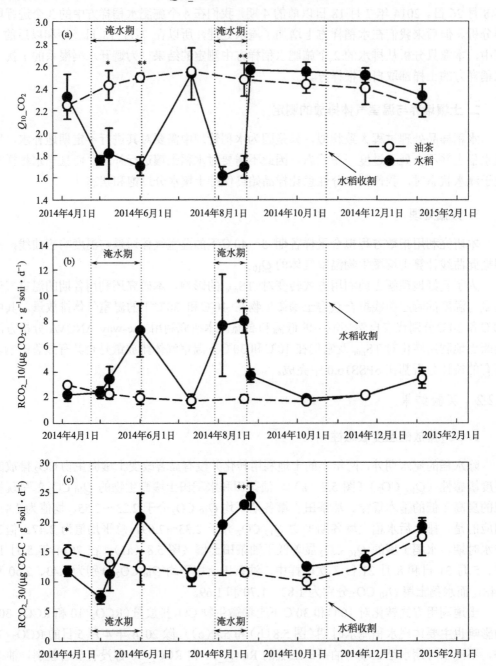

图 5.8　油茶转化为双季稻对各时期土壤微生物 CO_2 排放的 Q_{10} 值（a）以及在 10℃（b）和 30℃（c）CO_2 释放量的影响

*指在 0.05 水平差异显著；**指在 0.01 水平差异显著

2. CH₄ 排放的温度敏感性

本研究无法检测到油茶田土壤的 CH_4 的排放或吸收，也就无法比较土地利用转化对 CH_4 排放的温度敏感性（$Q_{10}\_CH_4$）的影响（图 5.9）。但旱地转化为水田的土地利用转化还会增加土壤微生物 CH_4 的排放（图 5.9）。水稻田土壤微生物的 CH_4 有效排放只有在淹水期才能检测得到。水稻土壤的 CH_4 排放同样是受温度驱动，它们的 $Q_{10}\_CH_4$ 值都在 1.5 左右。淹水时间的长短并没有显著改变 CH_4 排放的温度敏感性（$Q_{10}\_CH_4$）。但对于 CH_4 的排放量，随着淹水时间的增加，水稻土壤在 10℃和 30℃下的 CH_4 释放量（RCH_4_10 和 RCH_4_30）都有增加的趋势（图 5.9）。

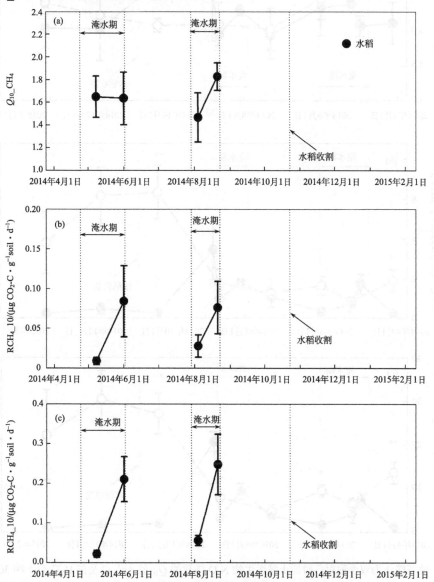

图 5.9　油茶转化为双季稻对各时期土壤微生物 CH_4 排放的 Q_{10} 值（a）以及在 10℃（b）和 30℃（c）下 CH_4 释放量的影响

3. N₂O 排放的温度敏感性

油茶田转为水稻田 2 年半后，土壤微生物排放 N₂O 的温度敏感性（$Q_{10}\_N_2O$）的差异仍非常有限（图 5.10（a））。油茶田和水稻土壤各期的 $Q_{10}\_N_2O$ 都介于 1.8~2.7。除

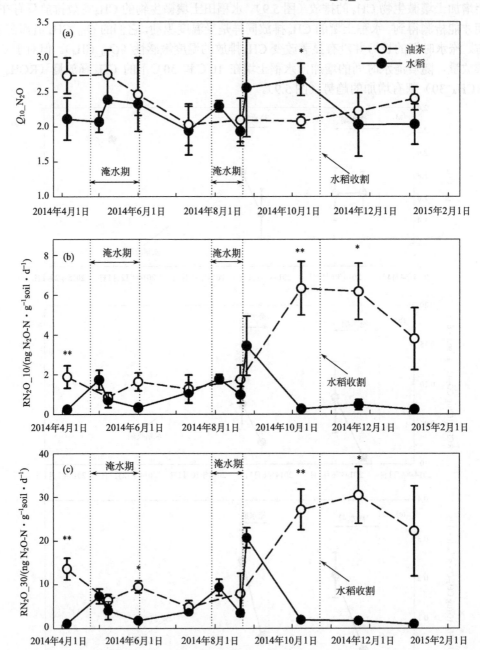

图 5.10　油茶转化为双季稻对各时期土壤微生物 N₂O 排放的 Q_{10} 值（a）以及在 10℃（b）和 30℃（c）下 N₂O 释放量的影响

*指在 0.05 水平差异显著；**指在 0.01 水平差异显著

2014 年 10 月 8 日水稻土壤的 $Q_{10}\_N_2O$ 显著大于油茶田土壤的 $Q_{10}\_N_2O$ 外，2 年半的土地利用转化处理对 $Q_{10}\_N_2O$ 都没有显著影响。与油茶田一样，水稻田土壤的 $Q_{10}\_N_2O$ 同样没有明显的季节变化。

与 $Q_{10}\_N_2O$ 不同的是，土地利用转化对土壤微生物在 10℃和 30℃下的 N_2O 排放量（RN2O_10 和 RN2O_30)产生了重要的影响（图 5.10（b）和图 5.10（c））。油茶田的 RN2O_10 和 RN2O_30 都呈现冬高夏低的规律，最高值出现在 10～12 月。而水稻土壤微生物的 N_2O 排放普遍不高，只在水分刚被排净的时期出现了较高的 N_2O 排放峰值（如 2014 年 8 月 26 日的数据）。这样油茶田转双季稻的措施显著降低了土壤微生物秋冬两季的 RN2O_10 和 RN2O_30（图 5.10）。在 2014 年 10 月 8 日、11 月 22 日与 2015 年 1 月 5 日的数据中，水稻土壤微生物的 RN2O_10 和 RN2O_30 分别为 0.27ng N_2O-N·g^{-1}soil·d^{-1}、0.47ng N_2O-N·g^{-1}soil·d^{-1}、0.24ng N_2O-N·g^{-1}soil·d^{-1} 和 1.93ng N_2O-N·g^{-1}soil·d^{-1}、1.76ng N_2O-N·g^{-1}soil·d^{-1}、1.00ng N_2O-N·g^{-1}soil·d^{-1}。而油茶田土壤的 RN2O_10 和 RN2O_30 则分别为相应时期水稻田的 23.55 倍、13.05 倍、15.73 倍和 14.06 倍、17.28 倍、22.25 倍。

4. CO_2eq 的温度敏感性

油茶田转水稻田的土地利用转化措施显著改变了土壤 $Q_{10}\_CO_2eq$（图 5.11）。实验期间油茶田土壤 $Q_{10}\_CO_2eq$ 介于 2.23～2.57。在水稻的非淹水期，水稻田与油茶田的 $Q_{10}\_CO_2eq$ 并没有显著差别，然而各期内水稻土壤的 $Q_{10}\_CO_2eq$ 都有大于油茶田土壤 $Q_{10}\_CO_2eq$ 的趋势。但是在水稻淹水时期，即 5 月和 8 月，水稻土壤的 $Q_{10}\_CO_2eq$ 只有 1.8 左右，显著低于油茶田土壤的 $Q_{10}\_CO_2eq$（图 5.11）。

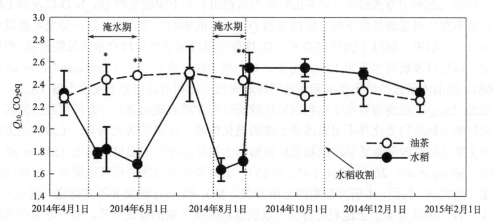

图 5.11　土地利用方式转化对土壤 CO_2eq 排放温度敏感性的影响

*指在 0.05 水平差异显著；**指在 0.01 水平差异显著

5. 碳和氮排放温度敏感性比值

两种土地利用类型下土壤微生物 Q_{10}_C/Q_{10}_N 呈现完全不同的年内变化规律（图 5.12）。油茶田的 Q_{10}_C/Q_{10}_N 呈现夏高冬低的变化规律，即在 4～5 月和 1 月 Q_{10}_C/Q_{10}_N 低于 1，而在 6～12 月 Q_{10}_C/Q_{10}_N 高于 1。而水稻田土壤的 Q_{10}_C/Q_{10}_N 年内变异规律

为淹水时期的土壤 Q_{10}_C/Q_{10}_N 在 0.8 左右（显著低于 1）。而在非淹水时期，无论是否处于水稻生长季还是冬闲田时期，水稻土壤 Q_{10}_C/Q_{10}_N 都大于或等于 1。比较两种土地利用类型，只有在 4 月、10 月和 1 月，它们的 Q_{10}_C/Q_{10}_N 才有显著差异。在 1 月和 4 月，水稻土壤的 Q_{10}_C/Q_{10}_N 明显高于油茶土壤。在 10 月，油茶土壤的 Q_{10}_C/Q_{10}_N 明显高于水稻土壤。

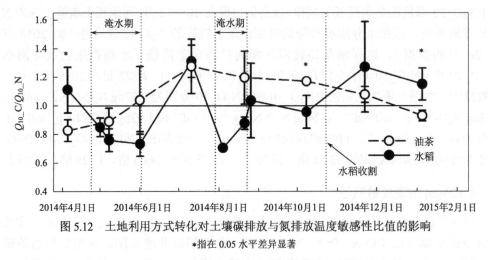

图 5.12　土地利用方式转化对土壤碳排放与氮排放温度敏感性比值的影响

*指在 0.05 水平差异显著

5.2.3　讨论与分析

短期土地利用方式转化（油茶田转化为水稻田）对土壤微生物 Q_{10}_N$_2$O 以及当土壤水环境不发生明显的条件下的土壤微生物 Q_{10}_CO$_2$ 的影响非常有限。这一结果可能说明油茶田与水稻田土壤微生物的 N$_2$O 和 CO$_2$ 排放的温度敏感性并没有很明显的差别。相似的是，以往许多研究也表明土地利用变化对土壤 TS$_{mic}$ 没有显著（Bagherzadeh et al.，2008）。然而本研究的结果也可能是说明短时间的土地利用转化并不能改土壤 TS$_{mic}$，也就是说 TS$_{mic}$ 的改变需要在土地利用转化较长时间才能表现出来。一方面可能的原因是短时间的土地利用变化并不足以改变土壤的理化性质。许多的研究表明，土地利用方式转变主要是通过改变基质供应或基质质量影响土壤异养呼吸的温度敏感性（Shi et al.，2009；Sheng et al.，2010；Cui et al.，2013）。土壤理化性质的变化可以需要一定时间的积累才能完成。然而，本研究前期的土壤 DOC、NO$_3^-$ 和 NH$_4^+$ 结果并不支持这一观点（图 5.13），我们的结果显示土地利用转化可以快速地改变土壤的理化性质。另一方面可能的原因是土壤理化性质虽然发生改变，但它们还不足以改变土壤的微生物过程。例如，Rinnan 等（2007）在亚极地的荒草地加热实验表明，虽然加热处理很快就改变了土壤的理化性质，但土壤微生物群落的改变在第 15 年才在统计学上显著。这一现象可能也存在于土地利用转变实验中。

本研究还发现当水稻土壤处于淹水状态时，水稻土壤的 Q_{10}_CO$_2$ 显著低于油茶田土壤。吴晓晨（2009）在位于江西余江的中国科学院红壤生态实验站的研究也发现水稻淹水时期的低于不淹水时期。这一现象可以用淹水对氧气扩散的限制来解释（Zhou et al.，

2014)。当土壤处于不淹水状态时，空气中的 O_2 可以自由进入土壤孔隙，快速地扩散至土壤细胞内，完成有氧呼吸过程。但土壤淹水状态时，土壤孔隙被水分全部填满，空气中的氧气很难扩散至土壤中，微生物的有氧呼吸就受到抑制，从而具有较低的温度敏感性（Jassal et al.，2008；Vicca et al.，2009b）。

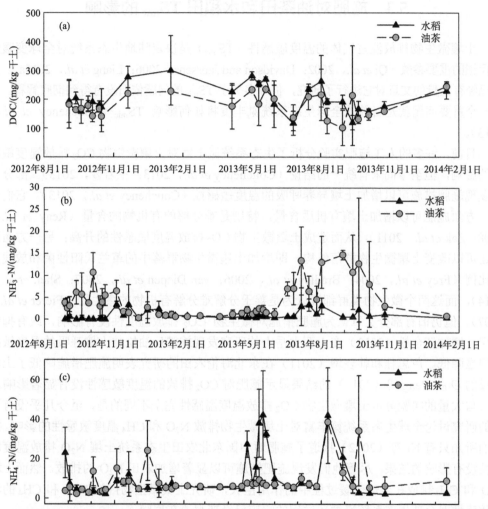

图 5.13　油茶田转化为水稻田的措施对 0～10cm 土壤 DOC（a）、NO_3^--N（b）和 NH_4^+-N（c）浓度的影响

本研究中水稻田的淹水时期 CH_4 排放的 Q_{10} 仅为 1.5 左右，与文献中报道的产 CH_4 过程和 CH_4 氧化过程的温度敏感性都不同。土壤微生物的排放 CH_4 过程的温度敏感性是微生物产 CH_4 过程和 CH_4 氧化过程温度敏感性的综合结果。文献中的结果显示土壤微生物产 CH_4 过程具有很高的温度敏感性，Q_{10} 一般在 4 左右，而 CH_4 氧化过程的敏感性则较低，Q_{10} 值一般为 2～3（Lupascu et al.，2012；Szafranek-Nakonieczna and Stepniewska，2014）。然而他们往往让土壤处于无氧环境才测定产 CH_4 过程的温度敏感性，而 CH_4 氧化过程的温度敏感性则在严格有氧条件下测定（Yvon-Durocher et al.，2014）。本研究中

为了分析 CO_2 和 N_2O 的排放过程，土壤的培养都处于有氧环境下培养，但土壤仍保持过饱和状态，因此本研究中 CH_4 排放的温度敏感性是 CH_4 产生和氧化作用的综合结果（Lofton et al.，2014）。

5.3　施肥对油茶田和水稻田 TS_{mic} 的影响

土壤微生物排放温室气体的温度敏感性（TS_{mic}）是决定陆地生态系统对全球变暖过程反馈的重要参数（Qi et al.，2002；Davidson and Janssens，2006；Liang et al.，2015a）。虽然已经有大量的文章对它进行了研究，但许多关于 TS_{mic} 的问题依旧没有得到彻底解释。其中一个重要问题就是目前的全球生态系统氮丰度将如何影响 TS_{mic}（Coucheney et al.，2013）。

目前，许多的人工施肥实验分析了生态系统氮丰富对土壤微生物 CO_2 排放温度敏感性的影响，但至今尚未有统一的结论（Coucheney et al.，2013；王若梦，2013）。部分文章发现施肥措施可以增加土壤异养呼吸的温度敏感性（Coucheney et al.，2013）。它们认为一方面施肥可以增加土壤有机质含量，特别是难分解的有机物的含量（Reay et al.，2008；Zak et al.，2011），从而造成土壤微生物 CO_2 排放温度敏感性的升高；另一方面施肥还可以改变土壤微生物群落结构，即增加土壤微生物群落中的革兰氏阳性菌和放线菌的比例（Frey et al.，2004；Bradley et al.，2006；van Diepen et al.，2007；Shen et al.，2014），而这两个微生物类群都被认为是善于分解难分解有机物的微生物（Fierer et al.，2007）。但仍旧有部分文章认为施肥措施对微生物 CO_2 排放温度性没有影响，或有抑制作用。例如汪金松（2013）在山西太岳山的研究发现施肥后油松林土壤呼吸的温度敏感性明显降低。芦思佳和韩晓增（2011）在东北海伦农田的研究表明施肥措施降低了土壤呼吸的 Q_{10}。Peng 等（2011）的结果显示施肥对 CO_2 排放的温度敏感性没有显著影响。

与大量的实验分析土壤微生物 CO_2 排放温度温感性完全不同的是，至今几乎没有专门的研究讨论全球生态系统氮丰富对土壤微生物排放 N_2O 和 CH_4 温度敏感性的影响。据我们所知只有 Ni 等（2012）报道了施肥对中国东北农田生态系统土壤 N_2O 排放温度敏感性没有影响的结果，尽管他们发现施肥措施可以显著增加农田 N_2O 的排放。然而土壤 N_2O 和 CH_4 排放在全球变暖过程中的作用巨大，研究土壤微生物排放 N_2O 和 CH_4 的温度敏感性对全球生态系统氮循环过程的响应已经变得迫在眉睫。

本研究依托中国科学院千烟洲红壤丘陵综合开发试验站的土地利用转化和施肥两因子样地，利用本研究自主设计的土壤培养装置，分析了两年的施肥措施对水稻田和油茶田土壤 TS_{mic} 的影响，为分析未来中国南方地农田生态系统对全球变暖的响应提供基础数据。

5.3.1　实验方法

本研究土壤样品取自施肥和不施肥的油茶田样方以及施肥和不施肥的水稻样方。油茶样方共取 8 次样，而水稻样方共取 11 次样。图 5.14 显示了培养时油茶田和水稻田土壤的含水量。

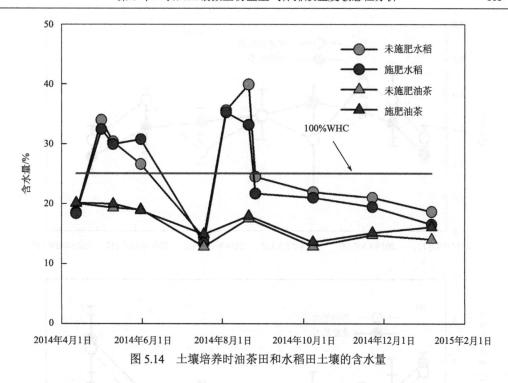

图 5.14 土壤培养时油茶田和水稻田土壤的含水量

5.3.2 实验结果

1. CO_2 排放的温度敏感性

除了 2014 年 10 月 8 日以外，施肥措施没有显著改变油茶田土壤微生物 CO_2 排放的温度敏感性（$Q_{10}\_CO_2$）（图 5.15（a））。2014 年 10 月 8 日施肥显著增加了土壤微生物的 $Q_{10}\_CO_2$，这主要是因为施肥显著降低了土壤微生物在低温下的呼吸（图 5.15（b）和图 5.15（c））。总体来讲，施肥与不施肥的油茶田土壤微生物 $Q_{10}\_CO_2$ 都呈现夏高冬低的倒立抛物线形状。但不施肥样地各月间 $Q_{10}\_CO_2$ 波动明显大于施肥。例如，7 月土壤温度达到最高，施肥样地的 $Q_{10}\_CO_2$ 也达到最高，而这个月内不施肥样地 $Q_{10}\_CO_2$ 却比 6 月和 8 月都低。同样，施肥措施并没有显著改变各期土壤微生物在 10℃和 30℃下的 CO_2 排放量（RCO_2_10 和 RCO_2_30）。两组油茶田样方的 RCO_2_10 和 RCO_2_30 都因表现为冬季高夏季低的规律而呈现为开口向上的抛物线形状（图 5.15（b）和图 5.15（c））。

施肥措施同样没有显著改变水稻田土壤微生物的 $Q_{10}\_CO_2$（全部 $P>0.05$，图 5.16（a））。两类水稻样方的 $Q_{10}\_CO_2$ 都是主要是受到淹水状态的影响。在非淹水时期，两类样地的平均 $Q_{10}\_CO_2$ 均介于 2.2~2.7，夏秋两季的 $Q_{10}\_CO_2$ 不显著地高于春冬两季。但在早晚稻的淹水时期，水稻土壤的 $Q_{10}\_CO_2$ 显著降低（图 5.16（a））。淹水时期两类样地的 $Q_{10}\_CO_2$ 都介于 1.6~1.8。与之相对应的是，施肥处理则在一定程度上影响了水稻土壤的 CO_2 排放量（图 5.16（b）和图 5.16（c））。施肥措施显著降低了 2014 年 5 月 8 日（$P=0.043$）及 2014 年 10 月 8 日（$P=0.041$）的 RCO_2_10。施肥措施还降低了 2014 年 5 月 1 日（$P=0.043$）及 2014 年 10 月 8 日（$P=0.016$）的 RCO_2_30（图 5.16（b）和图 5.16（c））。

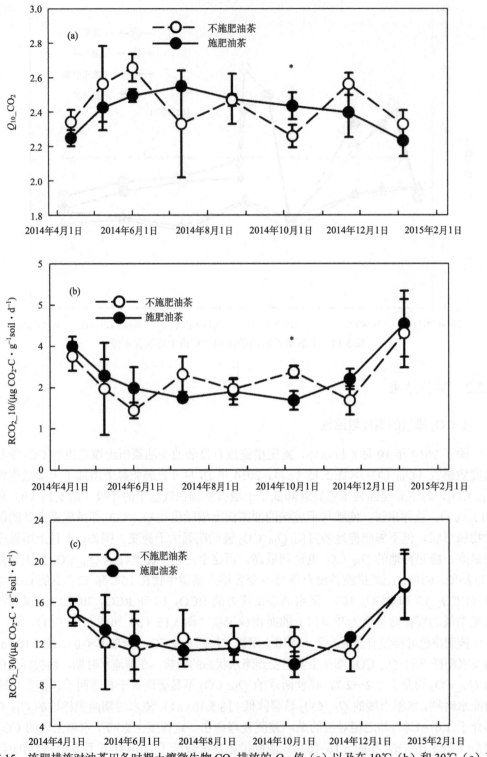

图 5.15　施肥措施对油茶田各时期土壤微生物 CO_2 排放的 Q_{10} 值（a）以及在 10℃（b）和 30℃（c）下的 CO_2 释放量的影响

*指在 0.05 水平差异显著

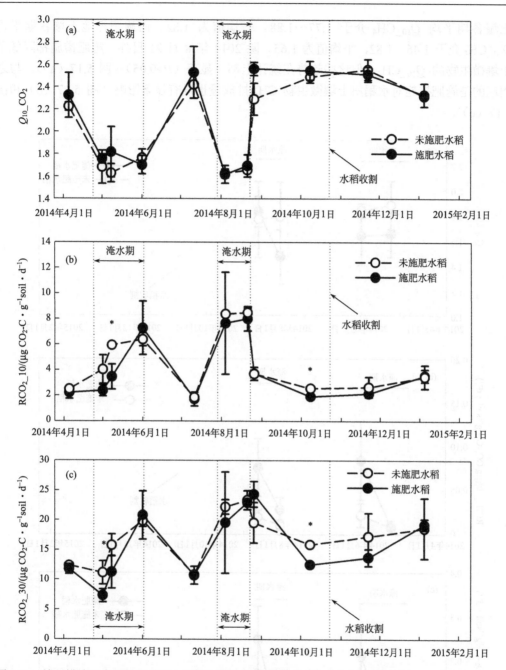

图 5.16　施肥措施对水稻田各时期土壤微生物 CO_2 排放的 Q_{10} 值（a）以及在 10℃（b）和 30℃（c）下的 CO_2 释放量的影响

*指在 0.05 水平差异显著

2. CH_4 排放的温度敏感性

施肥措施同样没有对水稻土壤微生物 CH_4 排放温度敏感性（$Q_{10}\_CH_4$）产生显著影响（图 5.17（a））。本研究只有在早晚稻淹水时期才能检测到 CH_4 的排放。不施肥样地

土壤各期平均 $Q_{10}\_CH_4$ 介于 1.77～1.88，平均值为 1.82。而施肥样地土壤各期平均 $Q_{10}\_CH_4$ 介于 1.46～1.82，平均值为 1.65。除 2014 年 8 月 21 日外，施肥措施都降低了土壤微生物的 $Q_{10}\_CH_4$，但这些趋势在统计上都不显著（$P>0.05$）（图 5.17（a））。与之相应的是施肥措施对水稻田土壤微生物 CH_4 排放量也没有显著影响（图 5.17（b）和图 5.17（c））。

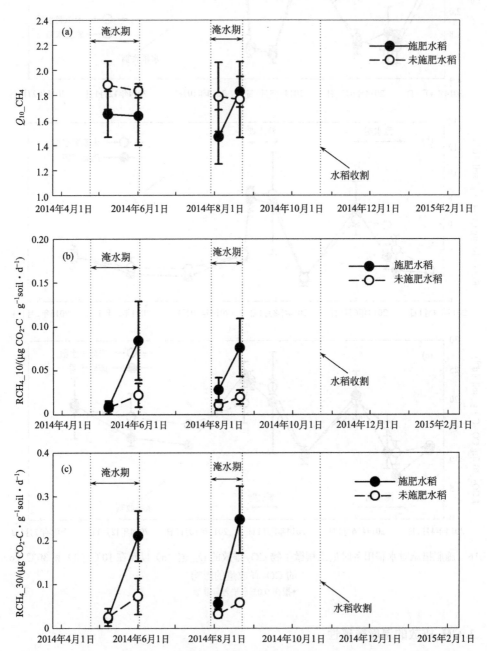

图 5.17　施肥措施对水稻田各时期土壤微生物 CH_4 排放的 Q_{10} 值（a）以及在 10℃（b）和 30℃（c）下的 CH_4 释放量的影响

3. N$_2$O 排放的温度敏感性

施肥措施显著改变了油茶田土壤微生物 N$_2$O 排放的温度敏感性（Q_{10}_N$_2$O）（图 5.18（a））。在不施肥的油茶田中，土壤微生物的 Q_{10}_N$_2$O 并没有明显的季节变化，各期 Q_{10}_N$_2$O 都位于 2.0 左右没有显著差异。施肥措施显著增加了 2014 年 4 月 5 日、2014 年 5 月 8 日和 2015 年 1 月 5 日三期的 Q_{10}_N$_2$O（图 5.18（a））。施肥样地在这三期的 Q_{10}_N$_2$O 分别为 2.73、2.75、和 2.4。与之不同的是夏秋两季的 Q_{10}_N$_2$O 并没有受到施肥措施的显著影响。施肥后的油茶田土壤微生物的 Q_{10}_N$_2$O 存在明显的春季高夏季低的变化规律（图 5.18（a））。

施肥措施主要通过促进土壤微生物高温下的 N$_2$O 排放来增加 Q_{10}_N$_2$O（图 5.18（b）和图 5.18（c））。不施肥样地土壤微生物在 10℃ 和 30℃ 下的 N$_2$O 排放量（RN$_2$O_10 和 RN$_2$O_30）基本不随季节的变化而变化，其中 RN$_2$O_10 基本保持在 1ng N$_2$O-N·g^{-1}soil·d^{-1} 左右，而 RN$_2$O_30 则为 3ng N$_2$O-N·g^{-1}soil·d^{-1} 左右（图 5.18（b））。除 2014 年 10～11 月的两期数据外，施肥措施并没有显著改变油茶田土壤微生物的 RN$_2$O_10（图 5.18（b））。而施肥措施却在 2014 年 7～8 月两期以外的六期中都显著增加了 RN$_2$O_30（图 5.18（c））。即使在 2014 年 10～11 月，施肥措施对 RN$_2$O_30 的增加程度也高于 RN$_2$O_10。2014 年 10 月 8 日施肥样地的 RN$_2$O_10 和 RN$_2$O_30 分别是不施肥样地的 4.90 倍和 6.50 倍。而 2014 年 11 月 22 日施肥样地的 RN$_2$O_10 和 RN$_2$O_30 分别是不施肥样地的 6.50 倍和 8.41 倍。

施肥措施对水稻田土壤微生物 Q_{10}_N$_2$O 的影响都十分有限（图 5.19（a））。施肥水稻样方土壤微生物的 Q_{10}_N$_2$O 介于 1.93～2.68，平均值为 2.22。而不施肥水稻样方的 Q_{10}_N$_2$O 介于 1.68～2.37，平均值为 2.00。两类样方的 Q_{10}_N$_2$O 只有在 2014 年 5 月 1 日这一期数据中存在显著差异（$P=0.013$）（图 5.19（a））。施肥措施对水稻土壤微生物 N$_2$O 排放量的影响同样很小（图 5.19（b）和图 5.19（c））。施肥措施只在 2015 年 1 月 7 日显著增加了 RN$_2$O_10（$P=0.026$），在 2014 年 5 月 1 日显著增加了 RN$_2$O_30（$P=0.017$）（图 5.19（b）和图 5.19（c））。

4. CO$_2$ eq 的温度敏感性

施肥措施并不显著影响油茶和水稻土壤微生物的 Q_{10}_CO$_2$eq（全部 $P > 0.05$）（图 5.20 和图 5.21）。无论施肥与否，油茶土壤的 Q_{10}_CO$_2$eq 都位于 2.26～2.55，最高值都位于 7～8 月，最低值出现于 10 月（图 5.20）。水稻田土壤的 Q_{10}_CO$_2$eq 主要是受水稻的生长季节影响，而不受施肥措施的影响（图 5.21）。在不淹水时期，施肥与不施肥水稻样地土壤的 Q_{10}_CO$_2$eq 都位于 2.4 左右（图 5.21）。在淹水时期，施肥与不施肥水稻样地土壤的 Q_{10}-CO$_2$eq 则位于 1.7 左右（图 5.21）。

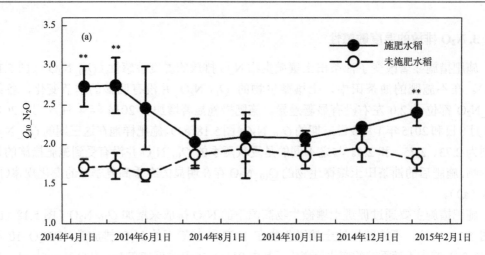

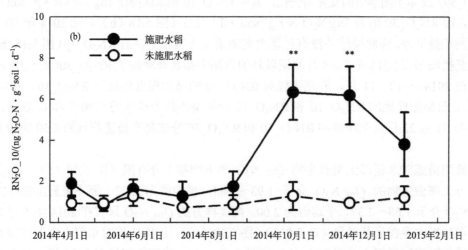

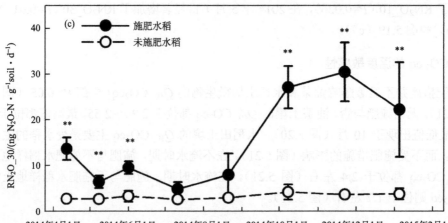

图 5.18 施肥措施对油茶田各时期土壤微生物 N_2O 排放的 Q_{10} 值（a）以及在 10℃（b）和 30℃（c）下的 N_2O 释放量的影响

**指在 0.01 水平差异显著

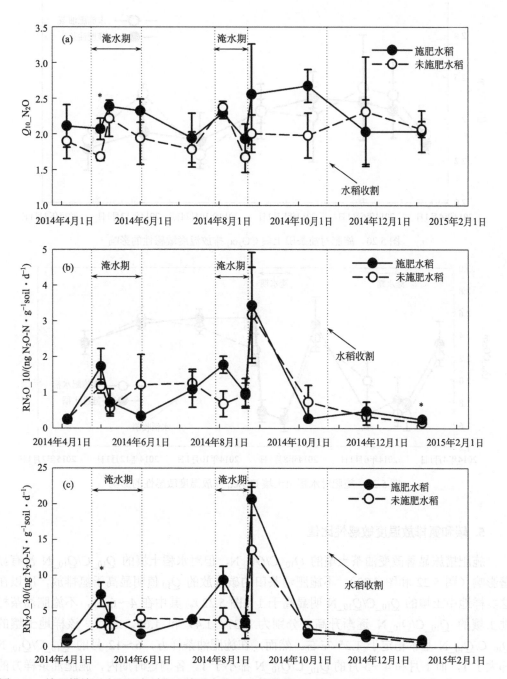

图 5.19　施肥措施对水稻田各时期土壤微生物 N_2O 排放的 Q_{10} 值（a）以及在 10℃（b）和 30℃（c）下的 N_2O 释放量的影响

*指在 0.05 水平差异显著

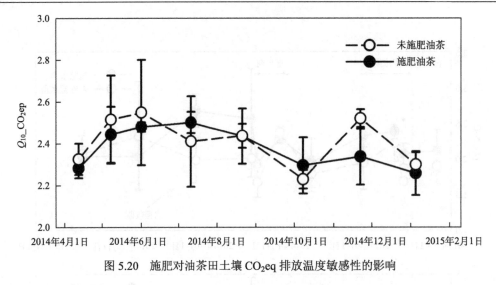

图 5.20　施肥对油茶田土壤 CO_2eq 排放温度敏感性的影响

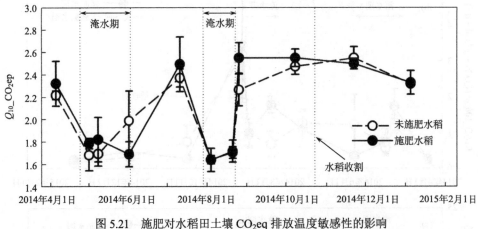

图 5.21　施肥对水稻田土壤 CO_2eq 排放温度敏感性的影响

5. 碳和氮排放温度敏感性比值

　　施肥措施显著改变油茶土壤的 Q_{10}_C/Q_{10}_N，但对水稻土壤的 Q_{10}_C/Q_{10}_N 没有显著影响（图 5.22 和图 5.23）。不施肥油茶田的碳排放的 Q_{10} 值明显高于氮排放，所以在这类样地中土壤的 Q_{10}_C/Q_{10}_N 明显高于 1（图 5.22）。其中在 4~6 月，不施肥油茶样地土壤的 Q_{10}_C/Q_{10}_N 逐渐升高，分别为 1.37、1.49 和 1.69。之后，该样地土壤的 Q_{10}_C/Q_{10}_N 基本稳定于 1.25 左右。然而，在施肥油茶样方，6~12 月的 Q_{10}_C/Q_{10}_N 都大于 1，而 1 月和 4~5 月的 Q_{10}_C/Q_{10}_N 都小于 1。各测定时期内，施肥油茶样方的 Q_{10}_C/Q_{10}_N 普遍小于不施肥油茶样方，然而只有 1 月和 4~5 月的差异在统计学上显著。施肥作用对水稻田各期土壤 Q_{10}_C/Q_{10}_N 的影响并不显著。施肥与不施的水稻样地各期土壤 Q_{10}_C/Q_{10}_N 的变化范围大致在 0.7~1.4（图 5.23）。

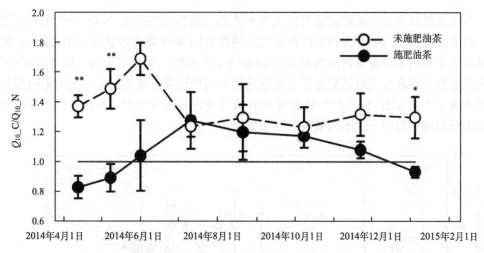

图 5.22　施肥措施对油茶土壤碳排放与氮排放温度敏感性比例的影响

*指在 0.05 水平差异显著；**指在 0.01 水平差异显著

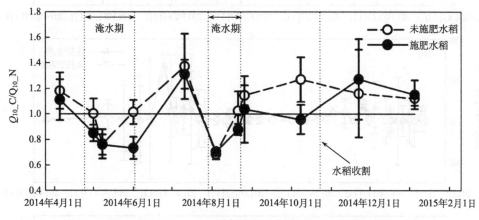

图 5.23　施肥措施对水稻田土壤碳排放与氮排放温度敏感性比值的影响

5.3.3　讨论与分析

　　施肥措施对水稻和油茶田土壤微生物 CO_2 和 CH_4 排放的温度敏感性并没有显著影响。这一结果说明生态系统氮丰富并不会影响油茶田和水稻田土壤碳矿化过程对全球变暖的响应。相似的是，Peng 等（2011）也表明施肥措施不会引起土壤 CO_2 排放温度敏感性的显著改变。以往部分文章认为施肥会增加土壤碳矿化的温度敏感性因为氮丰富会增加土壤中有机碳含量（Reay et al.，2008；Zak et al.，2011；Coucheney et al.，2013）。然而，本研究前期测定土壤 DOC 的结果显示，施肥措施对油茶田和水稻土壤表层的 DOC 并没有显著影响。然而，从另一个方面讲，没有检测出施肥措施对 CO_2 和 CH_4 排放温度敏感性的显著影响也可能是因为我们实验的年限还较短。事实上，本研究的施肥实验只进行了现在 2 年半的时间，而研究表明施肥对生态系统过程的影响可能需要长时间的积累才能表现出来（Zak et al.，2011）。

本研究的结果显示施肥措施对油茶田和水稻土壤微生物排放 N_2O 会产生不同的作用，其中施肥措施可以显著增加油茶田的土壤微生物 N_2O 温度敏感性（图 5.24），而没有显著改变水稻土壤微生物的 N_2O 温度敏感性（图 5.25）。我们对于这一结果非常奇怪，因为前期的土壤表层无机氮数据显示施肥措施对两种地类土壤无机氮浓度的影响相似，即显著增加土壤 NH_4^+-N 浓度却对土壤 NO_3^--N 浓度没有显著作用。本研究并不能确定施肥在水稻和油茶田中产生不同效果的确切原因。

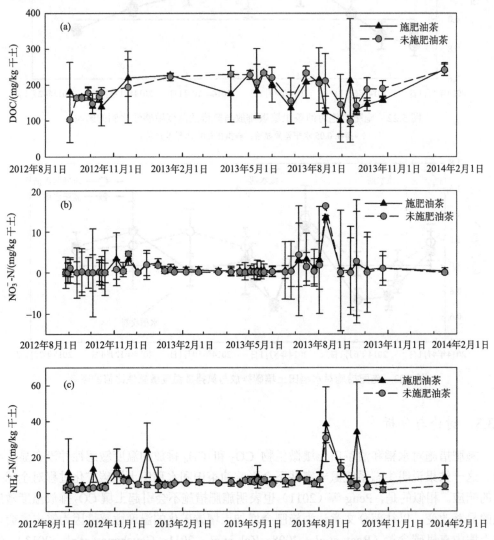

图 5.24　施肥措施对油茶田 0~10cm 土壤 DOC（a）、NO_3^-（b）和 NH_4^+（c）浓度的影响

但有一个原因可能可以解释这一现象，那就是油茶田和水稻土壤微生物产生 N_2O 的机理并不相同。Bateman and Baggs（2005）分析了土壤孔隙含水率（water filled pore space，WFPS）与土壤 N_2O 排放来源之间的关系。他们发现当土壤 WFPS 处于 35%~60%时，土壤的 N_2O 排放主要来自于硝化作用；而当土壤 WFPS 达到 70%时，其 N_2O 排放几乎

来自于反硝化作用。本研究的土样的含水量分析结果表明水稻土壤的含水量往往大于油茶森土壤,在水稻淹水时,其土壤的含水率往往大于 100%的土壤饱和含水率。因此,本研究中施肥对两类样地 N_2O 温度敏感性影响的差别可能是因为两类样地土壤微生物产生 N_2O 的过程并不相同,即油茶田土壤的 N_2O 主要来自于硝化作用,而水稻田土壤的 N_2O 主要来自于反硝化作用。由于施肥作用主要增加土壤中 NH_4^+-N 浓度而对 NO_3^--N 浓度没有影响,而 NH_4^+-N 是硝化作用的主要原料,NO_3^--N 却是反硝化作用的原料。这一假设解释了为什么施肥措施增加了油茶田土壤的 N_2O 排放量却对水稻田土壤 N_2O 排放量没有影响,从而也说明了为什么施肥措施只能增加油茶田土壤 Q_{10}_N_2O 而不能显著影响水稻田的 N_2O 排放的温度敏感性。

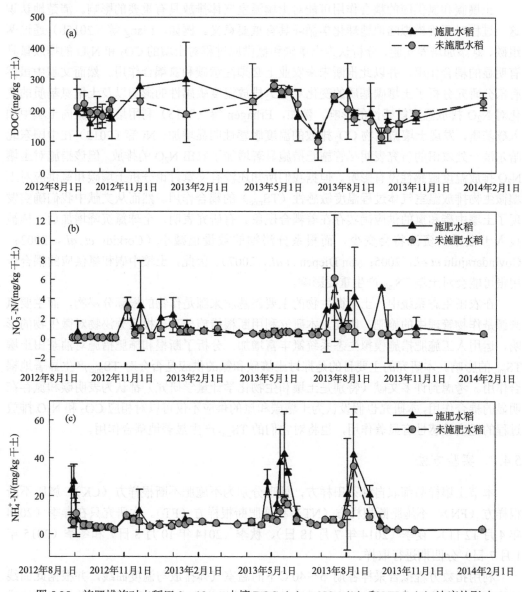

图 5.25　施肥措施对水稻田 0~10 cm 土壤 DOC(a)、NO_3^-(b)和 NH_4^+(c)浓度的影响

5.4 断根和施肥对油茶田 TS_{mic} 的影响

自然界中碳和氮循环过程存在着广泛的耦合现象，它是地球化学循环的基本特征（Gardenas *et al.*，2011）。自从 Redfield 揭示了海洋浮游生物的"Redfiled 比例"以来，人们先后发现土壤、植物和微生物中的碳和氮也都呈现良好地相关性并形成特定的比例（Redfield，1958；Cleveland and Liptzin，2007；Zhao *et al.*，2014）。现在碳和氮耦合现象已经被人们广泛接受并成为文献中解释自然界地球化学循环现象的主要规律之一（Mooshammer *et al.*，2014a，2014b）。

土壤碳和氮供应的耦合作用可能对土壤温室气体排放具有重要的影响。清楚地认识这一过程对正确模拟陆地地球化学循环具有重要意义。例如，Liang 等（2015b）通过两组碳、氮添加培养实验，分析认为土壤碳和氮供应过程对土壤的 CO_2 和 N_2O 的排放量具有明显的耦合作用，并以此推断未来农业上必须注意碳和氮耦合作用。然而文献中虽然有部分研究分析了土壤碳基质的变化对 CO_2 排放温度敏感性的影响以及土壤氮基质的变化对 N_2O 排放温度敏感性的影响。例如，Erhagen 等（2015）利用培养实验向土壤中加入碳基质，发现土壤微生物 CO_2 排放的温度敏感性明显增加。Ni 等（2012）在中国东北哈尔滨一处农田的研究表明尽管施肥措施显著增加了农田 N_2O 的排放，但该措施对土壤 N_2O 排放温度敏感性没有影响。但据我们所知还没有文章讨论分析土壤碳和氮供应对土壤微生物排放温室气体过程温度敏感性（TS_{mic}）的耦合作用。然而从文献中我们确实发现了土壤中碳和氮的供应确实存在着耦合现象。有研究表明，全球氮沉降增加后，植被投入于根系的资源将会变少，而根系分泌物的数量也减小（Corkidi *et al.*，2002；Govindarajulu *et al.*，2005；van Diepen *et al.*，2007）。因此，土壤中碳和氮供应的耦合作用很可能会对土壤 TS_{mic} 产生重要影响。

在农田生态系统中，土壤微生物的主要碳基质来源是作物的根际分泌物，而主要氮来源是作物管理中的施肥。因此，本研究利用断根措施分离出根系分泌物对微生物的影响，运用人工施肥措施模拟生态系统氮丰富增加，分析了断根和施肥措施对油茶田土壤 TS_{mic} 的影响。本研究的主要目的是探讨土壤碳和氮的供应是否会对 TS_{mic} 产生显著地耦合作用。考虑到许多文献（特别是土壤和生物化学计量学研究）都认为表明碳和氮存在明显的耦合作用，本研究也假设认为土壤碳和氮的供应不仅可以对相应 CO_2 和 N_2O 排放过程的温度敏感性有显著作用，也将对它们的 TS_{mic} 产生显著地耦合作用。

5.4.1 实验方法

本节土壤样品都取自油茶田样方，处理分别为不施肥不断根样方（CK）、施肥不断根样方（FN）、不施肥断根样方（NT）和施肥断根样方（FT）。本研究只在春季（2014年4月12日）、夏季（2014年7月18日）、秋季（2014年10月8日）和冬季（2015年1月7日）分四期进行取样。

利用指数方程拟合采样各期 5～40℃下的温室气体排放与温度曲线，并根据此曲线计算土壤微生物温室气体的温度敏感性，以及土壤微生物在 10℃和30℃下的温室气体排放量。10℃和30℃分别代表低温和高温。利用两因素方差分析（two-way ANOVA）方法分析断根、施肥及其交互作用对土壤微生物温室气体的温度敏感性及在10℃和30℃下排放量是否具有显著影响。

5.4.2　实验结果

1. CO_2排放的温度敏感性

断根和施肥措施对CO_2排放的温度敏感性（$Q_{10}\_CO_2$）的影响并不大（图5.26）。各类样地内四个季节的$Q_{10}\_CO_2$并没有很大的差异，都在2.2上下变化。在四期数据中断根措施仅在夏季显著降低$Q_{10}\_CO_2$（$P=0.030$）（图5.26），而施肥措施在四季中都没有显著改变油茶田土壤微生物的$Q_{10}\_CO_2$。断根和施肥对$Q_{10}\_CO_2$也没有显著的交互作用。

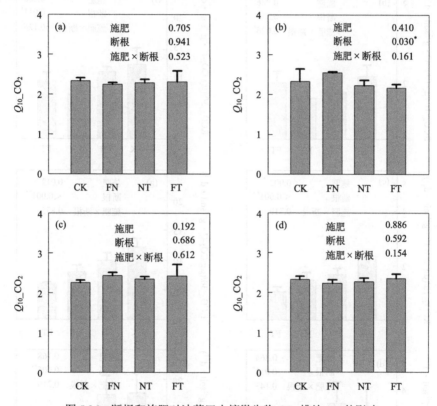

图 5.26　断根和施肥对油茶田土壤微生物 CO_2 排放 Q_{10} 的影响

（a）春季；（b）夏季；（c）秋季；（d）冬季；CK. 不施肥不断根样方；FN. 施肥不断根样方；NT. 不施肥断根样方；FT. 施肥断根样方；*指在0.05水平差异显著

与此同时，油茶田土壤微生物在10℃和30℃下的CO_2排放量（RCO_2_10和RCO_2_30）受到断根措施的显著影响，却较少地受施肥措施的影响（图5.27）。除夏季的RCO_2_10，断根措施显著降低油茶田土壤微生物RCO_2_10和RCO_2_30（图5.27）。而施肥措施只在秋季显著降低了油茶田土壤微生物的RCO_2_10（$P=0.002$）和RCO_2_30（$P=0.012$）。同样，除夏季的RCO_2_10（$P=0.026$）外，施肥和断根措施对RCO_2_10和RCO_2_30都没有显著的交互作用（全部 $P > 0.05$）。

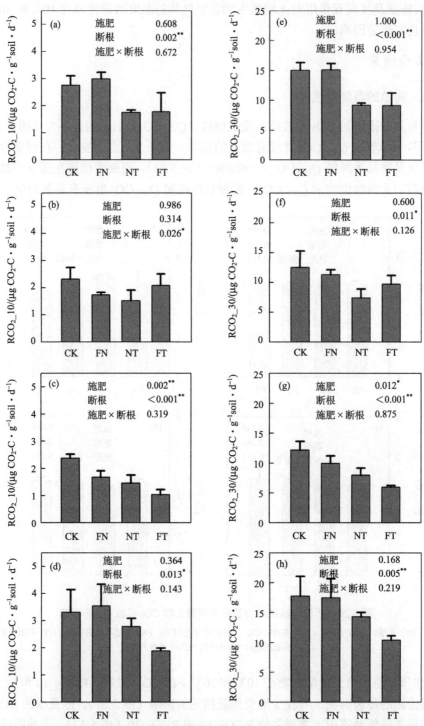

图 5.27　断根和施肥对油茶田土壤微生物在 10℃和 30℃时 CO_2 排放量的影响

（a）、（e）春季；（b）、(f)夏季；（c）、（g）秋季；（d）、（h）冬季；CK. 不施肥不断根样方；FN. 施肥不断根样方；NT.不施肥断根样方；FT. 施肥断根样方；*指在 0.05 水平差异显著；**指在 0.01 水平差异显著

2. N_2O 排放的温度敏感性

施肥作用显著增加油茶田土壤微生物 N_2O 排放的温度敏感性（Q_{10}_N_2O），而断根措施对 Q_{10}_N_2O 的影响则不显著。不施肥不断根的油茶田土壤微生物四季的 Q_{10}_N_2O 没有显著差异，它们分别为 1.71、1.87、1.85 和 1.80。断根措施对土壤四个季节的 Q_{10}_N_2O 都没有显著的影响（春季 $P=0.324$；夏季 $P=0.352$；秋季 $P=0.188$；冬季 $P=0.685$）（图 5.28）。施肥措施显著增加了春季（$P=0.001$）、秋季（$P=0.022$）和冬季（$P=0.005$）的 Q_{10}_N_2O（图 5.28）。同时施肥虽然没有显著增加夏季土壤微生物的 Q_{10}_N_2O，但仍旧有增加的趋势（图 5.28）。比较不施肥不断根和施肥不断根样地，施肥措施在春夏秋冬四季分别使 Q_{10}_N_2O 增加了 59.67%、8.58%、12.46%和 32.97%。断根和施肥措施对 Q_{10}_N_2O 的交互作用也十分有限，只是在春季才具有统计上的显著意义（$P=0.007$）（图 5.28）。

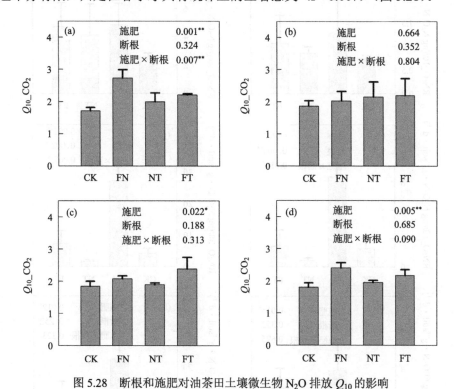

图 5.28　断根和施肥对油茶田土壤微生物 N_2O 排放 Q_{10} 的影响

（a）春季；（b）夏季；（c）秋季；（d）冬季；CK. 不施肥不断根样方；FN. 施肥不断根样方；NT. 不施肥断根样方；
FT. 施肥断根样方；*指在 0.05 水平差异显著；**指在 0.01 水平差异显著

断根和施肥措施对油茶田土壤微生物在 10℃和 30℃下的 N_2O 排放量（RN$_2$O_10 和 RN$_2$O_30）同样具有不同的作用（图 5.29）。季节的差异并没有显著改变不施肥不断根油茶田的 RN$_2$O_10 和 RN$_2$O_30，其中四季的 RN$_2$O_10 分别为 0.94 ng N_2O-N · g^{-1}soil · d^{-1}、0.74 ng N_2O-N · g^{-1}soil · d^{-1}、1.29 ng N_2O-N · g^{-1}soil · d^{-1} 和 1.20 ng N_2O-N · g^{-1}soil · d^{-1}，而四期的 RN$_2$O_30 分别为 2.72ng N_2O-N · g^{-1}soil · d^{-1}、2.57ng N_2O-N · g^{-1}soil · d^{-1}、4.17ng N_2O-N · g^{-1}soil · d^{-1} 和 3.79ng N_2O-N · g^{-1}soil · d^{-1}。断根措施显著降低了春、秋两季的 RN$_2$O_10

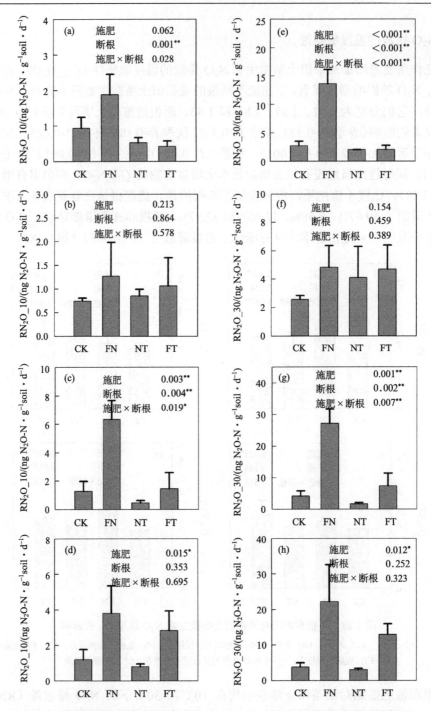

图 5.29　断根和施肥对油茶田土壤微生物在 10℃ 和 30℃ 时 N_2O 排放量的影响

（a）、（e）春季；（b）、（f）夏季；（c）、（g）秋季；（d）、（h）冬季；CK. 不施肥不断根样方；FN. 施肥不断根
样方；NT.不施肥断根样方；FT. 施肥断根样方；*指在 0.05 水平差异显著；**指在 0.01 水平差异显著

和 RN$_2$O_30（春季 RN$_2$O_10 P=0.001，RN$_2$O_30 P=0.004；秋季 RN$_2$O_10 P<0.001，RN$_2$O_30 P=0.002），但在夏、冬两季断根对 RN$_2$O_10 和 RN$_2$O_30 的影响并不显著（夏季 RN$_2$O_10 P=0.864，RN$_2$O_30 P=0.459；冬季 RN$_2$O_10 P=0.353，RN$_2$O_30 P=0.252）（图 5.29）。施肥措施则在秋季（P=0.004）和冬季（P=0.015）显著增加了 RN$_2$O_10，在春季（P<0.001）、秋季（P=0.001）和冬季（P=0.012）显著增加 RN$_2$O_30（图 5.29）。然而在其他季节，施肥措施同样有增加 RN$_2$O_10 和 RN$_2$O_30 的趋势（图 5.29）。断根和施肥在春、秋两季对 RN$_2$O_10 和 RN$_2$O_30 有显著的交互作用。具体来讲，在不断根样地中，施肥作用能够极大的增加土壤微生物的 RN$_2$O_10 和 RN$_2$O_30，而在断根样地这种增加效果则受到抵制，即施肥措施在断根样地中对 RN$_2$O_10 和 RN$_2$O_30 的影响明显小于不断根样地。

3. CO$_2$eq 的温度敏感性

断根和施肥措施并不显著影响油茶田土壤 CO$_2$eq 排放的温度敏感性（Q_{10}_CO$_2$eq）（图5.30）。在四个季节中，各类样地的 Q_{10}_CO$_2$eq 并没有较大差异，均在 2.2～2.4（除了夏季的施肥不断根样方除外）。在四期数据中断根措施仅在夏季显著降低油茶田土壤的 Q_{10}_CO$_2$eq（P=0.018），而施肥措施在四季中都没有显著改变油茶田土壤微生物的 Q_{10}_CO$_2$eq。断根和施肥对 Q_{10}_CO$_2$ 也没有显著的交互影响。

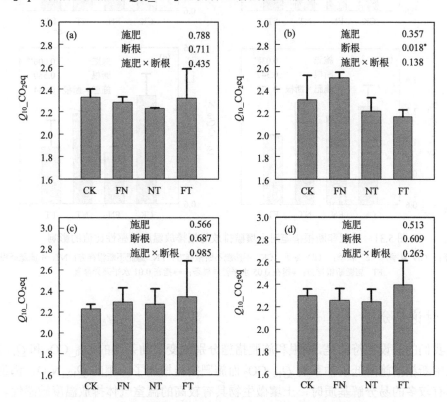

图 5.30　施肥和断根对水稻田土壤 CO$_2$eq 排放温度敏感性的影响

（a）春季；（b）夏季；（c）秋季；（d）冬季；CK. 不施肥不断根样方；FN. 施肥不断根样方；NT. 不施肥断根样方；FT. 施肥断根样方；*指在 0.05 水平差异显著

4. 碳和氮排放温度敏感性比值

施肥措施显著降低了油茶田土壤微生物碳和氮排放的温度敏感性比值 (Q_{10}_C/Q_{10}_N)。这一趋势主要发生于春、秋、冬三季（图 5.31）。比较不施肥不断根和施肥不断根样地，施肥措施在春季、秋季、冬季导致油茶田土壤的 Q_{10}_C/Q_{10}_N 分别下降 39.6%、4.7% 和 28.1%。断根措施并不显著影响油茶土壤的 Q_{10}_C/Q_{10}_N（春季 $P=0.375$；夏季 $P=0.149$；秋季 $P=0.347$；冬季 $P=0.580$）。与此同时，在四个季节中，断根和施肥措施对油茶土壤的 Q_{10}_C/Q_{10}_N 没有交互作用（图 5.31）。

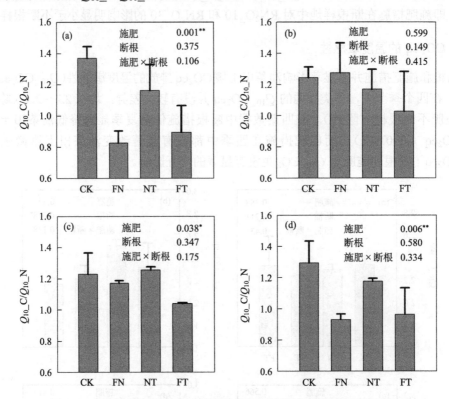

图 5.31　施肥和断根措施对土壤碳排放与氮排放温度敏感性比值的影响

（a）春季；（b）夏季；（c）秋季；（d）冬季；CK. 不施肥不断根样方；FN. 施肥不断根样方；NT. 不施肥断根样方；FT. 施肥断根样方；*指在 0.05 水平差异显著；**指在 0.01 水平差异显著

5.4.3　讨论与分析

与我们的假设相符的是，断根和施肥措施分别改变了油茶田的 $Q_{10}\_CO_2$ 和 $Q_{10}\_N_2O$。本研究中断根措施降低了油茶的 $Q_{10}\_CO_2$ 而施肥措施增加了土壤的 $Q_{10}\_N_2O$，都说明当土壤具有较多的易分解基质时，土壤微生物具有较高的温室气体排放温度敏感性。本研究的结果与 Erhagen 等（2015）的结果相似。他们也发现当向土壤中添加易分解碳时（葡萄糖），土壤微生物 CO_2 排放的温度敏感性会明显增加。他们的研究结果还表明当土壤中基质较多时，土壤微生物可以通过增加基质的吸收速率增加反应速率。

本研究还发现断根和施肥措施对油茶田土壤 CO_2 和 N_2O 排放温度敏感性的交互作用非常微弱，它说明土壤的碳和氮基质供应对土壤 TS_{mic} 并不存在明显的耦合作用，同时也证明碳和氮基质供应对 TS_{mic} 具有显著耦合作用的假设并不成立。但是这一结果也与文献中碳和氮供应将对土壤微生物温室气体排放过程具有明显地耦合作用的结果相矛盾（Cleveland and Liptzin，2007；Gardenas *et al.*，2011）。例如，Liang 等（2015b）通过两组碳、氮添加培养实验，分析认为土壤碳和氮供应过程对土壤的 CO_2 和 N_2O 的排放量具有明显的耦合作用。他们的结果显示施入易分解的碳和氮可以分别增加 CO_2 和 N_2O 的排放。他们还发现在土壤碳基质非常少时，氮添加会抑制土壤微生物 CO_2 的排放，但在土壤碳基质充足时，氮添加会促进土壤 CO_2 的排放；与此同时，在土壤氮基质非常少时，碳添加会抑制土壤 N_2O 的排放，但在土壤氮充分时，碳添加可以促进土壤 N_2O 的排放。

引起本研究结果与 Liang 等（2015b）结果相矛盾的原因可能有两个。首先，本研究反映了自然条件下农田生态系统碳和氮耦合过程对土壤微生物 CO_2 和 N_2O 排放过程的影响；但 Liang 等（2015b）采用短期培养方法分析碳和氮供应对 CO_2 和 N_2O 排放的影响可能并不能够真实反应自然条件下土壤碳和氮耦合作用对土壤微生物 CO_2 和 N_2O 排放过程的影响。

（1）Liang 等（2015b）通过比较"碳或氮饱和"与对照条件下土壤微生物温室气体排放对氮或碳添加的响应来分析碳和氮供应的耦合作用对 CO_2 和 N_2O 排放量的影响。但是文章中所谓的碳和氮饱和时葡萄糖和 NH_4NO_3 的施用量非常巨大，远远大于自然界实际值。文章中的"碳饱和"中碳添加量为 18 mg $\cdot g^{-1}$soil，氮的添加量为 700 μg $\cdot N g^{-1}$soil。假定土壤的密度是 $1.3g/cm^3$，而且所施肥料全部只进入 0~10cm 土层，那么它相当于葡萄糖和氮的施肥量是 23.4t/ha 和 910kg/ha。这样的施肥量远大于农业生态系统中所能得到的碳源和氮源量。

（2）短期内施入大量的速效碳和速效氮可以快速地改变土壤微生物群落结构，从而改变土壤微生物 CO_2 和 N_2O 排放规律。事实上，施入大量的速效碳和速效氮都可以极大地刺激土壤中富营养型微生物类群的生长，抑制贫营养型微生物类群的生长。这样"碳或氮饱和"下的土壤微生物群落可能完全不同于自然界真实的土壤微生物群落。富营养型微生物需要大量碳和氮来构建自身结构。当土壤处于"碳饱和"时，即使土壤中的氮非常有限，富营养型微生物还是需要比一般的微生物需要更多的氮来建造自身有机物，所以相对于一般的微生物群落此时的 N_2O 排放量会偏低；但是如果此时氮也足够的话，富营养型微生物具有比一般的微生物更低的元素利用效率，那么它就会释放更多的 N_2O。如此便可以解释为什么在 Liang 等（2015b）中"碳饱和"的土壤相对于一般的土壤，N_2O 排放量存在由抑制转为增加的趋势。同样"碳饱和"的土壤相对于不处理土壤中，CO_2 排放量由抑制转为增加也可以如此解释。

（3）Liang 等（2015b）中的结果只是添加碳和氮源后 7 天培养的结果，它们可能只是碳和氮源添加对土壤微生物 CO_2 和 N_2O 排放的短时间的刺激效应，而不是碳源和氮源供应的长期效应。研究表明，速效碳或氮源的对土壤微生物 CO_2 和 N_2O 等温室气体的影响都具有明显的时效性。它们对 CO_2 和 N_2O 排放的影响会在短时间内迅速消失。一次性加入大量的碳源和氮源对土壤微生物 CO_2 和 N_2O 排放过程的影响可能很巨大。但自然界农业生态系统并不长期处于碳源和氮源异常丰富的阶段。事实上，生态系统中土壤微生物大部分时期都处于碳和氮亏缺状态。而此时碳源和氮源的耦合作用可能并不像 Liang 等（2015b）认为的那么强烈。

（4）本研究的结果与 Liang 等（2015b）的结果相矛盾还可能是由于微生物排放温室气体量与排放温室气体的温度敏感性的决定机理并不完全相同。以往文献中也有许多类似的结果。Wang 等（2014）在中国东北大兴安岭森林与湿地交错区的研究表明，虽然湿地与森林土壤微生物的 CO_2 排放差异很大，但它们之间的 Q_{10} 差异并不明显。Zhou 等（2013）发现土壤呼吸量与温度敏感性的决定因子完全不同。因此，土壤碳和氮供应的耦合作用可能对土壤微生物排放微生物温室气体的数量具有很强烈的作用，但对于温室气体排放过程的温度敏感性却没有显著作用。

5.5　淹水和施肥对水稻 TS_{mic} 的影响

水稻是东亚地区种植面积最广的粮食作物，它的产品养活了世界上一半以上的人口（袁隆平，1997）。但水稻田也是本地区温室气体排放特别是 CH_4 和 N_2O 排放的主要来源之一（彭少兵等，2002；石生伟等，2010）。水稻土壤对全球变暖的响应对未来全球温度的变化趋势具有重要意义。因此，研究水稻土壤微生物温室气体排放的温度敏感性具有重要现实意义（上官行健等，1994）。

水稻生长过程中会受到许多因子的影响，而淹水措施和施肥措施可能是其中最重要的两个因子。水稻的生理特性决定其生长过程中必须有部分时间处于淹水状态（宣守丽等，2013）。但不同地区的水稻淹水管理措施并不相同。一些地区的水稻土壤在整个生长季都处于淹水状态，但另一些地区的种植模式是让水稻尽量少地处于淹水状态（邓环等，2008）。与此同时，大量地施肥几乎成为现代农业的标准配置之一，它对水稻产量的提高具有重要意义（张福锁等，2008）。以往许多研究分析了淹水措施和施肥措施对水稻产量、水稻植株形态甚至是水稻温室气体排放量的重要作用（邓环，2006，2008；吴晓晨等，2009；由焦化等，2011；石生伟等，2011）。但分析两种措施对水稻土壤微生物温室气体排放温度敏感性的文章还很少。

因此，本研究利用千烟洲站的淹水和施肥双因子样地，分析了淹水措施和施肥措施对水稻土壤温室气体排放温度敏感性的单独影响以及它们的交互作用。这对水稻田间管理措施的改良和理解水稻田对全球变暖响应的机理都具有重要作用。

5.5.1　实验方法

本节的研究对象为不施肥排水水稻样方（CK）、施肥排水水稻样方（UF）、不施肥淹水水稻样方（WU）、和施肥淹水水稻样方（WF）。每种样方的重复为 2 个。取样日期分别为 2014 年 8 月 4 日、2014 年 8 月 21 日、2014 年 8 月 26 日、2014 年 10 月 8 日、2014 年 11 月 22 日和 2015 年 1 月 7 日，共六期。晚稻秧苗于 8 月 1 日移栽，10 月 23 日收割。因此，本次取样中前四期样品是水稻生长时的土壤样品，而后两期样品是冬闲田时的土壤样品。与此同时，晚稻排水样方于 8 月 23 日排水，前两期所有样方处于淹水状态，后四期中，只有淹水样方处于淹水状态。虽然排水样方处于不淹水状态，但根据田间土壤水分条件和水稻生长期状况，排水样方还是需要进行不定期地补水。图 5.32 展示了各测定时期水稻土壤重量含水量的大小。

本研究利用指数方程拟合采样各期 5～40℃下的温室气体排放与温度曲线，并根据此曲线计算土壤微生物温室气体的温度敏感性，以及土壤微生物在 10℃和 30℃下的温室气体排放量。10℃和 30℃分别代表低温和高温。利用 two-way ANOVA 方法分析淹水、施肥及其交互作用对土壤微生物温室气体的温度敏感性及在 10℃和 30℃下排放量是否具有显著影响。

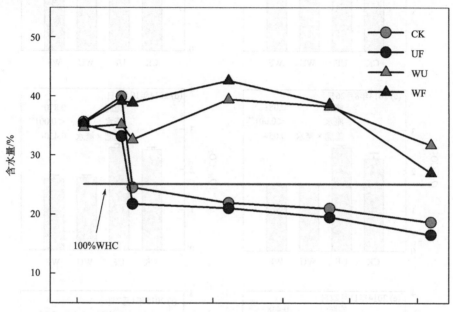

图 5.32　各测定时期水稻土壤的重量含水量

CK. 不施肥排水样方；UF. 施肥排水水稻样方；WU. 不施肥淹水水稻样方；WF. 施肥淹水水稻样方

5.5.2　实验结果

1. CO_2 排放的温度敏感性

淹水措施显著改变了水稻土壤 CO_2 排放的温度敏感性（$Q_{10}\_CO_2$），而施肥的影响则非常小（图 5.33）。水稻种植后的一个月所有样地都处于淹水期，它们的 $Q_{10}\_CO_2$ 都在 1.6 左右，没有显著差别（图 5.33（a）和图 5.33（b））。当 CK 和 UF 样方排水后，土壤的 $Q_{10}\_CO_2$ 迅速增加，并稳定在 2.5 左右。而一直淹水的样方（WU 和 WF）的 $Q_{10}\_CO_2$ 仍旧在 1.6 左右。因此这时排水措施显著增加了 $Q_{10}\_CO_2$（全部 $P<0.001$）。但这种淹水措施造成 $Q_{10}\_CO_2$ 的显著差别只持续到 2014 年 11 月 22 日。因为随着淹水时间的延长，淹水状态下土壤微生物的 $Q_{10}\_CO_2$ 在逐渐升高。2015 年 1 月 7 日测定的结果中，所有样地的 $Q_{10}\_CO_2$ 都是 2.2 左右，没有显著差别（图 5.33（f））。施肥对水稻土壤微生物的

$Q_{10}\_CO_2$ 一直都没有显著影响（图 5.33）。排水措施和施肥对水稻土壤微生物的 $Q_{10}\_CO_2$ 也没有显著的交互作用（图 5.33）。

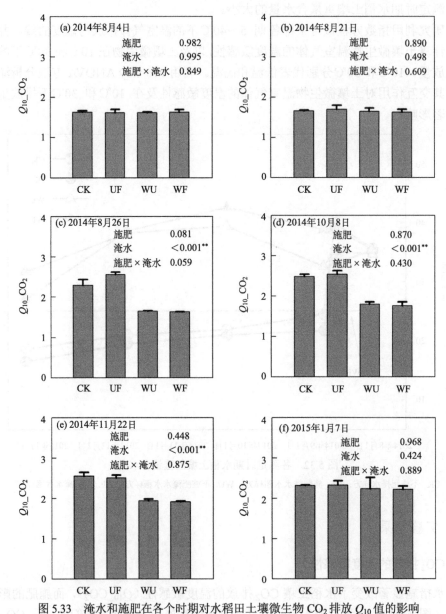

图 5.33　　淹水和施肥在各个时期对水稻田土壤微生物 CO_2 排放 Q_{10} 值的影响

CK. 不施肥排水样方；UF. 施肥排水水稻样方；WU. 不施肥淹水水稻样方；WF. 施肥淹水水稻样方；**指在 0.01 水平差异显著

　　水稻土壤微生物在 10℃和 30℃下的 CO_2 排放量（RCO_2_10 和 RCO_2_30）结果显示水稻田排水之后 $Q_{10}\_CO_2$ 的增加主要是因为低温下的 CO_2 排放量明显降低（图 5.34，图 5.35）。对 CK 和 UF 样方六期之间的结果进行方差分析可以发现排水之后的样地土壤微生物 RCO_2_10 显著下降（$P<0.001$）。这一趋势在 2014 年 10 月 8 日和 2014 年 11 月 22 日同样存在，只是淹水措施的影响在统计学上不显著（2014 年 10 月 8 日，P=0.061；2014

年 11 月 22 日，P=0.172）。然而淹水措施并没有显著改变 RCO_2_30（全部 $P>0.05$）。与此同时，施肥措施在各个时期都没有显著影响土壤微生物的 RCO_2_10 和 RCO_2_30（图 5.34、图 5.35）。淹水和施肥对土壤微生物的 RCO_2_10 和 RCO_2_30 的影响也没有显著的交互作用（图 5.34、图 5.35）。

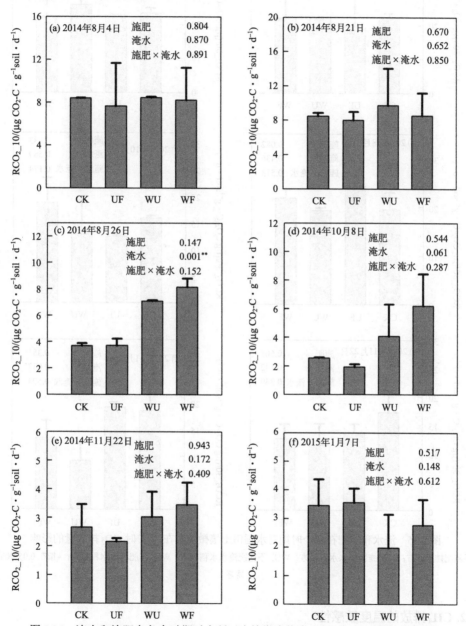

图 5.34　淹水和施肥在各个时期对水稻田土壤微生物在 10℃时 CO_2 排放量的影响

CK. 不施肥排水样方；UF. 施肥排水水稻样方；WU. 不施肥淹水水稻样方；WF. 施肥淹水水稻样方；**指在 0.01 水平差异显著

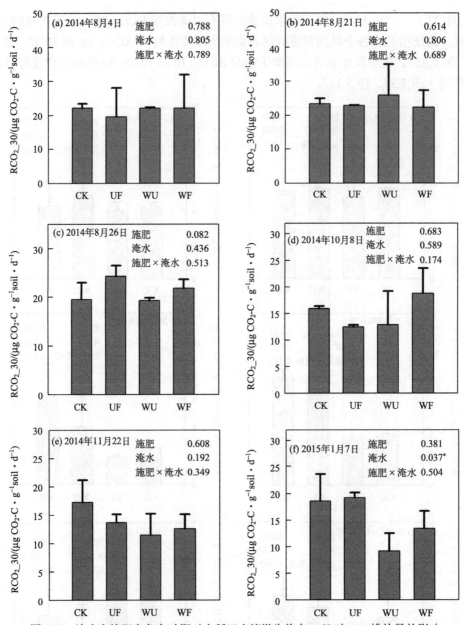

图 5.35　淹水和施肥在各个时期对水稻田土壤微生物在 30℃时 CO_2 排放量的影响

CK. 不施肥排水样方；UF. 施肥排水水稻样方；WU. 不施肥淹水水稻样方；WF. 施肥淹水水稻样方；*指在 0.05 水平差异显著

2. CH_4 排放的温度敏感性

本研究只有在 2014 年 8 月 4 日和 8 月 21 日同时在四类样方中都监测到有效的 CH_4 排放。淹水措施和施肥措施都没有显著改变它们的土壤微生物 CH_4 排放的温度敏感性（Q_{10}_CH_4）。同时两种措施也没有明显的交互作用。但在 2014 年 8 月 26 日和 10 月 8 日，我们只在淹水样地中测到有效 CH_4 通量。最后两期，在四类样地中都没有监测到有效地

CH$_4$ 通量。因此，本研究无法分析淹水措施和施肥措施在这四个时期对水稻土壤微生物 Q_{10}_CH$_4$ 的影响。

3. N$_2$O 排放的温度敏感性

六期 CK 样地中土壤微生物的 Q_{10}_N$_2$O 分别为 2.37、1.67、2.01、1.98、2.31 和 2.07，但它们在统计学上并没有显著差异（5.36）。同样，淹水和施肥两种措施对水稻土壤微生物 Q_{10}_N$_2$O 都没有显著影响（图 5.36）。

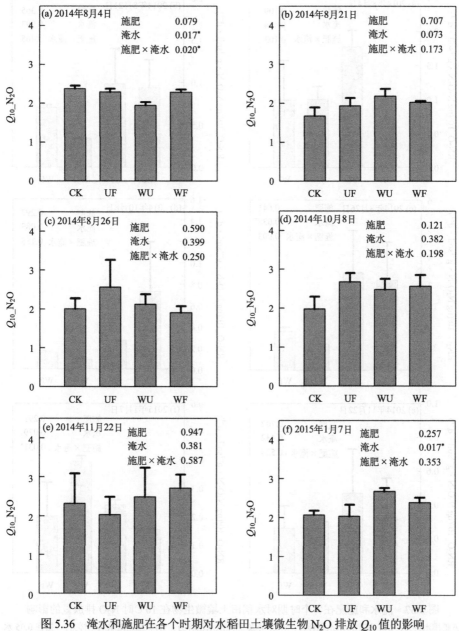

图 5.36　淹水和施肥在各个时期对水稻田土壤微生物 N$_2$O 排放 Q_{10} 值的影响

CK. 不施肥排水样方；UF. 施肥排水水稻样方；WU. 不施肥淹水水稻样方；WF. 施肥淹水水稻样方；*指在 0.05 水平差异显著

　　淹水措施对水稻土壤微生物的 N_2O 排放量的显著影响只体现在排水刚开始的时候（图 5.36）。2014 年 8 月 26 日，即排水 3 天后，排水样地土壤的 RN_2O_10 和 RN_2O_30 显著高于不排水样地（RN_2O_10，$P=0.038$；RN_2O_30，$P=0.018$）（图 5.37、图 5.38）。但淹水措施对 RN_2O_10 和 RN_2O_30 的影响并没有持续很长时间。在 2014 年 10 月 8 日排水对 N_2O 的促进作用只在 30℃时显著（RN_2O_10：$P=0.083$；RN_2O_30：$P=0.016$）（图 5.37、图 5.38）。在 2014 年 11 月 22 日，淹水措施对 RN_2O_10 和 RN_2O_30 的影响都不

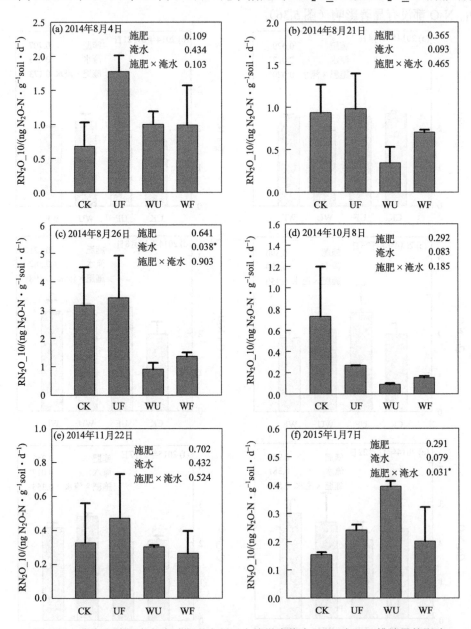

图 5.37　淹水和施肥在各个时期对水稻田土壤微生物在 10℃时 N_2O 排放量的影响

CK. 不施肥排水样方；UF. 施肥排水水稻样方；WU. 不施肥淹水水稻样方；WF. 施肥淹水水稻样方；*指在 0.05 水平差异显著

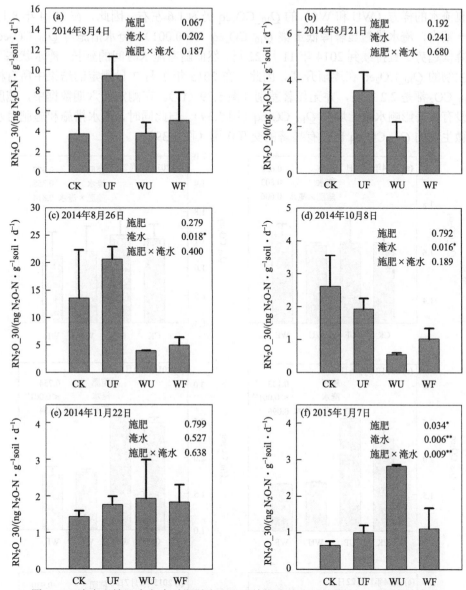

图 5.38　淹水和施肥在各个时期对水稻田土壤微生物在 30℃时 N_2O 排放量的影响

CK. 不施肥排水样方；UF. 施肥排水水稻样方；WU. 不施肥淹水水稻样方；WF. 施肥淹水水稻样方

*指在 0.05 水平差异显著；**指在 0.01 水平差异显著

显著（RN_2O_10，$P=0.432$；RN_2O_30，$P=0.527$）。施肥措施对土壤微生物的 N_2O 排放同样没有显著作用（图 5.37、图 5.38）。淹水和施肥两个处理对 RN_2O_10 和 RN_2O_30 也没有显著的交互作用（图 5.37、图 5.38）。

4. $CO_2\,eq$ 的温度敏感性

施肥和淹水措施对水稻土壤的 $Q_{10}\_CO_2eq$ 的影响也并不相同。在测定的前两期，所有土壤都处于淹水期，所有样地的 $Q_{10}\_CO_2eq$ 都介于 1.6～1.7，没有显著差异（图 5.39）。当 CK 和 UF 样方排水后，这两类样方内土壤的 $Q_{10}\_CO_2eq$ 迅速增加，并稳定在 2.4～2.5。

而一直淹水的样方（WU 和 WF）的 Q_{10}_CO$_2$eq 仍为 1.6 左右。因此，在 2014 年 8 月 26 日这一期内，淹水措施显著降低土壤 Q_{10}_CO$_2$eq（$P<0.001$）。淹水措施对 Q_{10}_CO$_2$eq 的这一降低趋势一直持续到 2014 年 11 月 22 日。然而随着淹水时间的延长，淹水状态下土壤微生物的 Q_{10}_CO$_2$eq 在逐渐升高。因此，在 2015 年 1 月 7 日测定的结果中所有样地的 Q_{10}_CO$_2$ 都是 2.2 左右，并无显著差别（图 5.39（f））。在测定的六期数据中，施肥措施都没有显著影响水稻土壤的 Q_{10}_CO$_2$eq（图 5.39）。与此同时，淹水措施和施肥对水稻土壤微生物的 Q_{10}_CO$_2$eq 也没有显著的交互作用（图 5.39）。

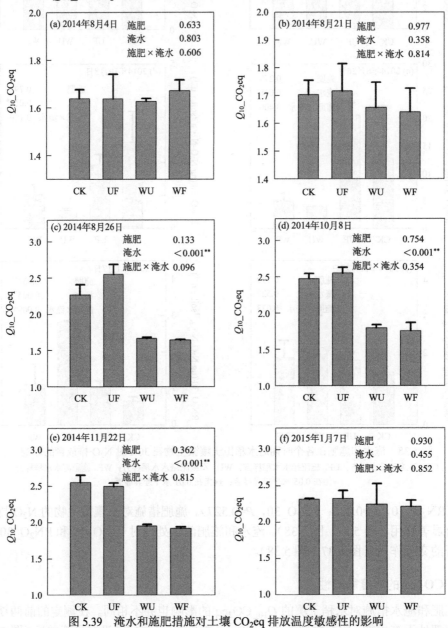

图 5.39　淹水和施肥措施对土壤 CO$_2$eq 排放温度敏感性的影响

CK. 不施肥排水样方；UF. 施肥排水水稻样方；WU. 不施肥淹水水稻样方；WF. 施肥淹水水稻样方；**指在 0.01 水平差异显著

5. 碳和氮排放温度敏感性比值

在实验期间，淹水措施能够降低土壤微生物的 Q_{10}_C/Q_{10}_N，但施肥措施对 Q_{10}_C/Q_{10}_N 没有显著作用（图 5.40）。淹水与施肥措施对 Q_{10}_C/Q_{10}_N 没有显著影响的交互作用。具体来讲，在 2014 年 10 月 8 日和 2015 年 1 月 7 日两个时期，淹水措施显著

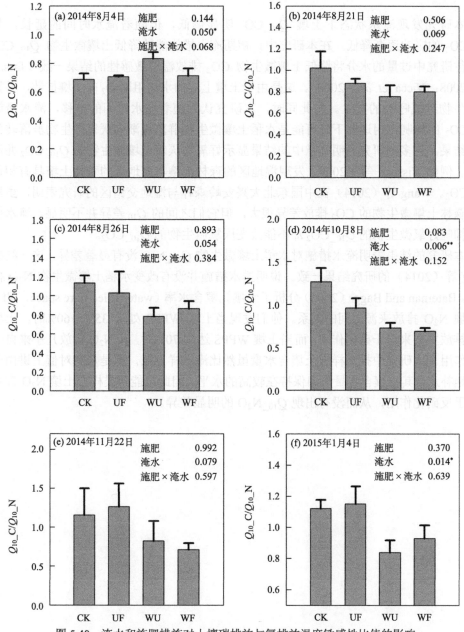

图 5.40　淹水和施肥措施对土壤碳排放与氮排放温度敏感性比值的影响

CK. 不施肥排水样方；UF. 施肥排水水稻样方；WU. 不施肥淹水水稻样方；WF. 施肥淹水水稻样方

*指在 0.05 水平差异显著；**指在 0.01 水平差异显著

降低水稻土壤微生物的 Q_{10}_C/Q_{10}_N（2014 年 10 月 8 日，P=0.006；2015 年 1 月 7 日，P=0.014）（图 5.40）。虽然在 2014 年 8 月 26 日和 2015 年 11 月 22 日两个时期内，淹水措施没有显著影响水稻土壤微生物的 Q_{10}-C/Q_{10}-N（2014 年 8 月 26 日：P=0.054；2015 年 11 月 22 日，P=0.079），但仍旧有降低的趋势。

5.5.3　讨论与分析

本研究发现淹水状态下土壤 Q_{10}_CO$_2$ 明显偏低，但随着淹水时间的延长，其对 Q_{10}_CO$_2$ 的影响逐渐降低。在本研究中，初期淹水措施能够降低土壤微生物 Q_{10}_CO$_2$，与以往研究中过量的水分将降低土壤微生物 CO$_2$ 排放温度敏感性的结果一致（Jassal et $al.$，2008；Vicca et $al.$，2009）。这是由于土壤上层的水速阻断 O$_2$ 向土壤扩散，并抑制了微生物有氧呼吸的发生。与此同时，本研究认为随着淹水时间的推移，淹水措施对 Q_{10}_CO$_2$ 的抑制作用逐渐下降可能是水稻土壤微生物群落逐渐向厌氧微生物群落转化之后的结果。许多的研究表明文献中的结果显示好氧与厌氧土壤微生物的 Q_{10}_CO$_2$ 并没有差别。例如 Fissore 等（2009）发现湿地区的森林土壤与高地上的森林土壤具有相似的 Q_{10}_CO$_2$。Wang 等（2014）在中国东北大兴安岭森林与湿地交错区的研究表明，虽然湿地与森林土壤微生物的 CO$_2$ 排放差异很大，但它们之间的 Q_{10} 差异并不明显。淹水措施能够抑制好氧微生物的 Q_{10}_CO$_2$ 却不能改变厌氧微生物的 Q_{10}_CO$_2$。

本研究的结果表明淹水措施对水稻土壤微生物 Q_{10}_N$_2$O 没有显著差异，这一结果与 Wang 等（2014）的研究结果一致。说明排水措施并没有改变水稻土壤微生物 N$_2$O 排放过程。Bateman and Baggs（2005）分析了土壤孔隙含水率（water filled pore space，WFPS）与土壤 N$_2$O 排放来源之间的关系。他们发现当土壤 WFPS 处于 35%～60%时，土壤的 N$_2$O 排放主要来自于硝化作用；而当土壤 WFPS 达到 70%时，其 N$_2$O 排放几乎来自于反硝化作用。本研究中排水样方土壤含水量虽然比淹水样方低，但是从绝对值上讲由于不定期地补水，其土壤含水量仍旧保持在较高的水平。因此可能两类样方土壤 N$_2$O 都主要来自于反硝化作用，从而没有出现 Q_{10}_N$_2$O 的明显差异。

参 考 文 献

陈槐, 周舜, 吴宁等. 2006. 湿地甲烷的产生、氧化及排放通量研究进展. 应用与环境生物学报, 12(5): 726~733

陈全胜, 李凌浩, 韩兴国等. 2004. 土壤呼吸对温度升高的适应. 生态学报, 24(11): 2649~2655

陈永瑞, 刘允芬, 刘琪璟等. 2003. 千烟洲试验区大气降雨特征及人工林树干茎流特征. 江西科学, 21(3): 175~179

邓环, 2006. 不同灌溉方式下水稻生理生态特性研究. 华中农业大学硕士学位论文

邓环, 曹凑贵, 程建平等. 2008. 不同灌溉方式对水稻生物学特性的影响. 中国生态农业学报, 16(3): 602~606

丁维新, 蔡祖聪. 2003a. 温度对土壤氧化大气 CH4 的影响. 生态学杂志, 22(3): 54~58

丁维新, 蔡祖聪. 2003b. 温度对甲烷产生和氧化的影响. 应用生态学报, 14(4): 604~608

董天英, 尹秀玲. 1992. 植物气孔在叶片上分布状况的观察. 生物学杂志, 8: 23

耿宇鹏, 张文驹, 李博等. 2004. 表型可塑性与外来植物的入侵能力. 生物多样性, 12(4): 447~455

郭晓敏, 李开平, 张文元等. 2013. 江西油茶产业发展瓶颈剖析及对策思考. 经济林研究, 31(2): 1~7

胡理乐, 刘琪璟, 廖迎春. 2005. 小流域治理 20 年后千烟洲生物量的变化. 江西科学, 23(1): 34~38

胡理乐, 刘琪璟, 闫伯前等. 2006. 生态恢复后的千烟洲植物群落种类组成及结构特征. 林业科学研究, 19(6): 807~812

黄敦元, 郝家胜, 余江帆等. 2009. 油茶研究现状与展望. 生命科学研究, 13(5): 459~465

蒋静艳, 黄耀. 2001. 农业土壤 N2O 排放的研究进展. 农业环境保护, 20(1): 51~54

李杰, 魏学红, 柴华等. 2014. 土地利用类型对千烟洲森林土壤碳矿化及其温度敏感性的影响. 应用生态学报, 25(7): 1919~1926

李杰新, 1993. 千烟洲红壤丘陵水资源合理开发利用途径. 自然资源(3): 48~54

李平, 李秀彬, 刘学军. 2001. 我国现阶段土地利用变化驱动力的宏观分析. 地理研究, 20(2): 129~138

李轩然, 刘琪璟, 陈永瑞等. 2006. 千烟洲人工林主要树种地上生物量的估算. 应用生态学报, 17(8): 1382~1388

刘慧峰, 伍星, 李雅等. 2014. 土地利用变化对土壤温室气体排放通量影响研究进展. 生态学杂志, 33(7): 1960~1968

刘纪远, 张增祥, 庄大方等. 2003. 20 世纪 90 年代中国土地利用变化时空特征及其成因分析. 地理研究, 22(1): 1~12

刘琪璟, 胡理乐, 李轩然. 2005. 小流域治理 20 年后的千烟洲植物多样性. 植物生态学报, 29(5): 766~774

刘长根. 2009. 江南丘陵立体农业开发的典范——千烟洲. 中学地理教学参考, (9): 34~35

芦思佳, 韩晓增. 2011. 施肥对土壤呼吸的影响. 农业系统科学与综合研究, 27(3): 366~370

栾军伟, 刘世荣, 2012. 土壤呼吸的温度敏感性——全球变暖正负反馈的不确定因素. 生态学报, 32(15): 4902~4913

马丽, 李潮海, 付景等. 2011. 垄作栽培对高产田夏玉米光合特性及产量的影响. 生态学报, 31(23): 7141~7150

马泽清, 刘琪璟, 王辉民等. 2011. 中亚热带湿地松人工林生长过程. 生态学报, 31(6): 1525~1537

彭少兵, 黄见良, 钟旭华等. 2002. 提高中国稻田氮肥利用率的研究策略. 中国农业科学, 35(9): 1095~

1103.

上官行健, 王明星, 沈壬兴. 1994. 温度对稻田 CH_4 排放日变化及季节变化的影响. 中国科学院研究生院学报, 11(2): 214~224

盛浩, 杨玉盛, 陈光水等. 2006. 土壤异养呼吸温度敏感性 Q_{10} 的影响因子. 亚热带资源与环境学报, 1(1): 74~83

盛浩, 杨玉盛, 陈光水. 2007. 土壤异养呼吸对气候变暖的反馈. 福建师范大学学报(自然科学版), 23(3): 104~108

石福孙, 吴宁, 吴彦等. 2009. 模拟增温对川西北高寒草甸两种典型植物生长和光合特征的影响. 应用与环境生物学报, 15(6): 750~75

石生伟, 李玉娥, 刘运通等. 2010. 中国稻田 CH_4 和 N_2O 排放及减排整合分析. 中国农业科学, 43(14): 2923~2936

石生伟, 李玉娥, 李明德等. 2011. 不同施肥处理下双季稻田 CH_4 和 N_2O 排放的全年观测研究. 大气科学, 35(4): 707~720

仝川, 王维奇, 雷波等. 2010. 闽江河口潮汐湿地甲烷排放通量温度敏感性特征. 湿地科学, 8(3): 240~248

汪金松, 2013. 模拟氮沉降对暖温带油松林土壤碳循环过程的影响. 北京林业大学博士学位论文

王碧霞, 曾永海, 王大勇等. 2010. 叶片气孔分布及生理特征对环境胁迫的响应. 干旱地区农业研究, 28(2): 122~126

王斌, 王开良, 童杰洁等. 2011. 我国油茶产业现状及发展对策. 林业科技开发, 25(2): 11~15

王辉民, 杨风亭, 李庆康等. 2010. 南方山区生态环境观测成果与展望. 自然资源学报, 25(9): 1468~1479

王若梦. 2013. 内蒙古典型草地土壤碳矿化及其温度敏感性的研究. 山西农业大学硕士学位论文

王玉辉, 周广胜. 2000. 羊草叶片气孔导度对环境因子的响应模拟. 植物生态学. 24(6): 739~743

王玉辉, 何兴元, 周广胜. 2001. 羊草叶片气孔导度特征及数值模拟. 应用生态学报, 12(4): 517~521

魏焕奇, 何洪林, 刘敏等. 2012. 基于遥感的千烟洲人工林蒸散及其组分模拟研究. 自然资源学报, 27(5): 778~789

吴晓晨, 李忠佩, 张桃林等. 2009. 长期施肥对红壤性水稻土微生物生物量与活性的影响. 土壤, 41(4): 594~599

肖华贵, 杨焕文, 饶勇等. 2013. 甘蓝型油菜黄化突变体的叶绿体超微结构、气孔特征参数及光合特性. 中国农业科学, 46(4): 715~727

徐浩杰, 杨太保, 曾彪. 2012. 杜鹃叶片气孔长度和密度对海拔变化的响应. 干旱区研究, 29(6): 1054~1058

徐小锋, 田汉勤, 万师强. 2007. 气候变暖对陆地生态系统碳循环的影响. 植物生态学报, 31(2): 175~188

许咏梅, 刘骅, 王西和. 2012. 长期不同施肥下新疆灰漠土土壤呼吸特征研究. 新疆农业科学, 49(7): 1294~1300

宣守丽, 石春林, 张建华等. 2013. 分蘖期淹水胁迫对水稻地上部物质分配及产量构成的影响. 江苏农业学报, 29(6): 1199~1204

杨庆朋, 徐明, 刘洪升等. 2011. 土壤呼吸温度敏感性的影响因素和不确定性. 生态学报, 31(8): 2301~2311

杨毅, 黄玫, 刘洪升等. 2011. 土壤呼吸的温度敏感性和适应性研究进展. 自然资源学报, 26(10): 1811~1820

叶子飘, 于强. 2009. 植物气孔导度的机理模型. 植物生态学报, 33(4): 772~782

由焦化, 夏淑红, 王保莉等. 2011. 淹水时间对水稻土中地杆菌科群落结构及丰度的影响. 微生物学报,

51(6): 796~804

袁隆平. 1997. 杂交水稻超高产育种. 杂交水稻, 12(6): 4~9

张福锁, 王激清, 张卫峰等. 2008. 中国主要粮食作物肥料利用率现状与提高途径. 土壤学报, 45(5): 915~924

张红旗, 李家永, 牛栋. 2003. 典型红壤丘陵区土地利用空间优化配置. 地理学报, 58(5): 668~676

张立荣, 牛海山, 汪诗平等. 2010. 增温与放牧对矮嵩草草甸4种植物气孔密度和气孔长度的影响. 生态学报, 30(24): 6961~6969

张前兵, 杨玲, 孙兵等. 2012. 干旱区灌溉及施肥措施下棉田土壤的呼吸特征. 农业工程学报, 28(14): 77~84

张玉铭, 胡春胜, 张佳宝等. 2011. 农田土壤主要温室气体(CO_2、CH_4、N_2O)的源/汇强度及其温室效应研究进展. 中国生态农业学报, 19(4): 966~975

朱剑兴, 王秋凤, 何念鹏等. 2013. 内蒙古不同类型草地土壤氮矿化及其温度敏感性. 生态学报, 33(19): 6320~6327

朱永官, 王晓辉, 杨小茹等. 2014. 农田土壤 N_2O 产生的关键微生物过程及减排措施. 环境科学, 35(2): 792~800

朱兆良. 2000. 农田中氮肥的损失与对策. 土壤与环境, 9(1): 1~6

左闻韵, 贺金生, 韩梅等. 2005. 植物气孔对大气 CO_2 浓度和温度升高的反应. 生态学报, 25(3): 555~574

Aasamaa K, Sõber A, Rahi M. 2001. Leaf anatomical characteristics associated with shoot hydraulic conductance, stomatal conductance and stomatal sensitivity to changes of leaf water status in temperate deciduous trees. Australian Journal of Plant Physiology, 28(8): 765~774

Aber J, McDowell W, Nadelhoffer K et al. 1998. Nitrogen saturation in temperate forest ecosystems-hypotheses revisited. Bioscience, 48(11): 921~934

Aguilos M, Takagi K, Liang N et al. 2013. Sustained large stimulation of soil heterotrophic respiration rate and its temperature sensitivity by soil warming in a cool-temperate forested peatland. Tellus Series B-Chemical and Physical Meteorology, 65

Albert K R, Ro-Poulsen H, Mikkelsen T N et al. 2011. Interactive effects of elevated CO_2, warming, and drought on photosynthesis of Deschampsia flexuosa in a temperate heath ecosystem. Journal of Experimental Botany, 62(12): 4253~4266

Allison S D. 2014. Modeling adaptation of carbon use efficiency in microbial communities. Frontiers in Microbiology, 5: 571

Allison S D, Martiny J B H. 2008. Resistance, resilience, and redundancy in microbial communities. Proceedings of the National Academy of Sciences of the United States of America, 105: 11512~11519

Allison S D, LeBauer D S, Ofrecio M R et al. 2009. Low levels of nitrogen addition stimulate decomposition by boreal forest fungi. Soil Biology and Biochemistry, 41(2): 293~302

Allison S D, Wallenstein M D, Bradford M A. 2010. Soil-carbon response to warming dependent on microbial physiology. Nature Geoscience, 3(5): 336~340

Alward R D, Detling J K, Milchunas D G. 1999. Grassland vegetation changes and nocturnal global warming. Science, 283(5399): 229~231

Amthor J S. 1997. Plant respiratory response to elevated CO_2 partial pressure. In: Allen L H Jr, Kirkham M B, Olszyk D M, Whitman C E(eds). Advances in Carbon Dioxide Effects Madison, WI . Research. American Soc Of Agron: 35~77

Anderson J T, Inouye D W, McKinney A M. 2012. Phenotypic plasticity and adaptive evolution contribute to advancing flowering phenology in response to climate change. Philosophical Transactions of the Royal

Society of London Series B-biological Sciences, 279(1743): 3843~3852

Anderson V J, Brisk D D. 1990. Stomatal distribution, density and conductance of three perennial grasses native to the southern true trairie of Texas. American Midland Naturalist, 123(1): 152~159

Apple M E, Olszyk D M, Ormrod D P et al. 2000. Morphology and stomatal function of Douglas fir needles exposed to climate change: Elevated CO_2 and temperature. International Journal of Plant Science,161(1): 127~132

Armond P A, Schreiber U, Björkman O. 1978. Photosynthetic acclimation to temperature in the desert shrub, Larrea divaricata. II. Light-harvesting efficiency and electron transport. Plant Physiology, 61: 411~415

Armstrong A F, Logan D C, Atkin O K. 2006. On the developmental dependence of leaf respiration: responses to short-and long-term changes in growth temperature. American Journal of Botany,93(11): 1633~1639

Asshoff R, Zotz G, Körner C. 2006. Growth and phenology of mature temperate forest trees in elevated CO_2. Global Change Biology, 12(5): 848~861

Atkin O K, Tjoelker M G. 2003. Thermal acclimation and the dynamic response of plant respiration to temperature. Trends in Plant Science,8(7): 343~351

Atkin O K, Bruhn D, Hurry V M et al. 2005. The hot and the cold: unraveling the variable response of plant respiration to temperature. Functional Plant Biology, 32: 87~105

Atkin O K, Scheurwater I, Pons T L. 2006. High thermal acclimation potential of both photosynthesis and respiration in two lowland Plantago species in contrast to an alpine congeneric. Global Change Biology, 12(3): 500~515

Atwell B, Kriedemann P, Turnbull C. 1999. Plants in action: adaptations in nature, performance in cultivation. South Yarra: MacMillan Education Australia Pty Ltd: 1~664

Azcon-Bieto J, Osmond C B. 1983. Relationship between photosynthesis and respiration: the effect of carbohydrate status on the rate of CO_2 production by respiration in darkened and illuminated wheat leaves. Plant Physiology, 71(3): 574~581

Badger M R, Björkman O, Armond P A. 1982. An analysis of photosynthetic response and adaptation to temperature in higher plants: temperature acclimation in the desert evergreen Neriumoleander L. Plant Cell and Environment, 5: 85~99

Bae J J, Choo Y S, Ono K et al. 2010. Photoprotective mechanisms in cold-acclimated and non-acclimated needles of Picea glehnii. Photosynthetica, 48: 110~116

Baggs E M. 2008. A review of stable isotope techniques for N_2O source partitioning in soils: recent progress, remaining challenges and future considerations. Rapid Communications in Mass Spectrometry, 22(11): 1664~1672

Bagherzadeh A, Brumme R, Beese F. 2008. Temperature dependence of carbon mineralization and nitrous oxide emission in a temperate forest ecosystem. Journal of Forestry Research (Harbin), 19(2): 107~112

Baker H G. 1965. Characteristics and modes of origin of weeds. In: Baker H G, Stebbins G L(eds). The Genetics of Colonizing Species. New York. Academic Press: 147~169

Ball J T, Woodrow I E, Berry J A. 1987. A model predicting stomatal conductance and its contribution to the control of photosynthesis under different environmental conditions. In: Biggins J(ed). Progress in Photosynthesis Research. Dordrecht, the Netherlands. Martinus-Nijhoff Publishers: 221~224

Balser T C, Wixon D L. 2009. Investigating biological control over soil carbon temperature sensitivity. Global Change Biology, 15(12): 2935~2949

Baraer M, Madramootoo C A, Mehdi B B. 2010. Evaluation of winter freezing damage risk to apple trees in global warming projections. Transactions of the ASABE, 53: 1387~1397

Bárcenas-Moreno G, Gómez-Brandón M, Rousk J et al. 2009. Adaptation of soil microbial communities to temperature: comparison of fungi and bacteria in a laboratory experiment. Global Change Biology, 15(12): 2950~2957

Bardgett R D, Freeman C, Ostle N J. 2008. Microbial contributions to climate change through carbon cycle feedbacks. Isme Journal, 2(8): 805~814

Barton B T, Schmitz O J. 2009. Experimental warming transforms multiple Experimental warming transforms multiple predator effects in a grassland food web. Ecology Letters, 12 (12) : 1317~1325

Bateman E J, Baggs E M. 2005. Contributions of nitrification and denitrification to N_2O emissions from soils at different water-filled pore space. Biology and Fertility of Soils, 41(6): 379~388

Batjes N H. 1996. Total carbon and nitrogen in the soils of the world. European Journal of Soil Science, 47(2): 151~163

Battaglia M, Beadle C, Loughhead S. 1996. Photosynthetic temperature responses of *Eucalyptus globulus* and *Eucalyptus nitens*. Tree Physiology, 16: 81~89

Beaulieu J M, Leitch I J, Patel S *et al.* 2008. Genome size is a strong predictor of cell size and stomatal density in angiosperms. New Phytologist,179: 975~986

Beerling D J, Chaloner W G. 1993. The impact of atmospheric CO_2 and temperature change on stomatal density: Observations from *Quercus robur* Lammas leaves. Annals of Botany, 71: 231~235

Beerling D J, McElwain J C, Osborne C P. 1998. Stomatal responses of the "living fossil" *Ginkgo biloba* L to changes in atmospheric CO_2 concentrations. Journal of experimental Botany, 49(326): 1603~1607

Benbi D K, Boparai A K, Brar K. 2014. Decomposition of particulate organic matter is more sensitive to temperature than the mineral associated organic matter. Soil Biology and Biochemistry, 70: 183~192

Bennett A F, Lenski E, Mittler J E. 1992. Evolutionary adaptation to temperature. I. Fitness responses of *Escherichia coli* to changes in its thermal environment. Evolution, 46(1): 16~30

Berg M P, Kiers E T, Driessen G *et al.* 2010. Adapt or disperse: understanding species persistence in a changing world. Global Change Biology, 16(2): 587~598

Berger D, Altmann T. 2000. A subtilisin-like serine protease involved in the regulation of stomatal density and distribution in *Arabidopsis thaliana*. Genes and Development, 14(9): 1119~1131

Bergmann D C. 2004. Integrating signals in stomatal development. Current Opinion in Plant Biology, 7(1): 26~32

Bergmann D C, Lukowitz W, Somerville C R. 2004. Stomatal development and pattern controlled by a MAPKK Kinase. Science, 304(5676): 1494~1497

Bernacchi C J, Singsaas E L, Pimentel C *et al.* 2001. Improved temperature response functions for models of Rubisco-limited photosynthesis. Plant Cell and Environment, 24: 253~259

Bernacchi C J, Pimentel C, Long S P. 2003. In vivo temperature response functions of parameters required to model RuBP-limited photosynthesis. Plant Cell and Environment, 26: 1419~1430

Berry J, Björkman O. 1980. Photosynthetic response and adaptation to temperature in higher plants. Annual Review of Plant Physiology, 31(1): 491~543

Biasi C, Meyer H, Rusalimova O *et al.* 2008. Initial effects of experimental warming on carbon exchange rates, plant growth and microbial dynamics of a lichen-rich dwarf shrub tundra in Siberia. Plant and Soil, 307(2): 191~205

Billings W D, Godfrey P J, Chabot B F *et al.* 1971. Metabolic acclimation to temperature in arctic and alpine ecotypes of *Oxyria digyna*. Arctic and Alpine Research, 3(4): 277~289

Birgander J, Reischke S, Jones D L *et al.* 2013. Temperature adaptation of bacterial growth and ^{14}C-glucose mineralisation in a laboratorystudy. Soil Biology and Biochemistry,65: 294~303

Blagodatskaya E, Zhen, X, Blagodatsky S *et al.* 2014. Oxygen and substrate availability interactively control the temperature sensitivity of CO_2 and N_2O emission from soil. Biology and Fertility of Soils, 50(5): 775~783

Bodelier P L E. 2011. Interactions between nitrogenous fertilizers and methane cycling in wetland and upland soils. Current Opinion in Environmental Sustainability, 3(5): 379~388

Bolstad P V, Reich P, Lee T. 2003. Rapid temperature acclimation of leaf respiration rates in *Quercus alba* and *Quercus rubra*. Tree Physiology, 23(14): 969~976

Bradford M A. 2013. Thermal adaptation of decomposer communities in warming soils. Frontiers in Microbiology, 4: 333

Bradford M A, Davies C A, Frey S D *et al*. 2008. Thermal adaptation of soil microbial respiration to elevated temperature. Ecology Letters, 11(12): 1316~1327

Bradford M A, Watts B W, Davies C A. 2010. Thermal adaptation of heterotrophic soil respiration in laboratory microcosms. Global Change Biology, 16(5): 1576~1588

Bradley K, Drijber R A, Knops J. 2006. Increased N availability in grassland soils modifies their microbial communities and decreases the abundance of arbuscular mycorrhizal fungi. Soil Biology and Biochemistry, 38(7): 1583~1595

Bradshaw A D. 1965. Evolutionary significance of phenotypic plasticity in plants. Adv Genet, 13: 115~155

Braendle C, Weisser W W. 2001. Variation in escape behavior of red and green clones of the pea aphid. Journal of Insect Behavior, 14 (4): 497~509

Bridgham S D, Cadillo-Quiroz H, Keller J K *et al*. 2013. Methane emissions from wetlands: biogeochemical, microbial, and modeling perspectives from local to global scales. Global Change Biology, 19(5): 1325~1346

Brooks A, Farquhar G D. 1985. Effect of temperature on the CO_2/O_2 specificity of ribulose-1,5-bisphosphate carboxylase and the relationship to photosynthesis. Plant Physiology, 74(3): 759~765

Brownlee C. 2001. The long and the short of stomatal density signals. TRENDS in Plant Science, 6(10): 441~442

Buckley T N, Farquhar G D, Mott K A. 1997. Qualitative effects of patchy stomatal conductance distribution features on gas-exchange calculations. Plant Cell and Environment, 20(7): 867~880

Bunce J A. 2008. Acclimation of photosynthesis to temperature in Arabidopsis thaliana and Brassica oleracea. Photosynthetica, 46(4): 517~524

Butterbach-Bahl K, Baggs E M, Dannenmann M *et al*. 2013. Nitrous oxide emissions from soils: how well do we understand the processes and their controls? Philosophical Transactions of the Royal Society B-Biological Sciences, 368(1621): 1~21

Bytnerowicz A, Fenn M E. 1996. Nitrogen deposition in California forests: A review. Environmental Pollution, 92(2): 127~146

Campbell B D, Grime J P, Mackey J M L. 1991. A trade-off between scale and precision in resource foraging. Oecologia, 87(4): 532~538

Campbell C C, Atkinson L, Zaragoza-Castells J. 2007. Acclimation of photosynthesis and respiration is asynchronous in response to changes in temperature regardless of plant functional group. New phytology, 176(2): 375~389

Cao M K, Gregson K, Marshall S. 1998. Global methane emission from wetlands and its sensitivity to climate change. Atmospheric Environment, 32(19): 3293~3299

Casson S A, Gray J E. 2008. Influence of environmental factors on stomatal development. New Phytologist, 178(1): 9~23

Casson S A, Hetherington A M. 2010. Environmental regulation of stomatal development. Current Opinion in

Plant Biology, 13(1): 90～95

Castro H F, Classen A T, Austin E E. et al. 2010.Soil microbial community responses to multiple experimental climate change drivers. Applied and Environmental Microbiology, 76: 999～1007

Cen Y, Sage R F. 2005. The regulation of Rubisco activity in response to variation in temperature and atmospheric CO_2 partial pressure in sweet potato. Plant Physiology. 139: 979～990

Ceulemans R, Praet L V, Jiang X N. 1995. Effects of CO_2 enrichment, leaf position and clone on stomatal index and epidermal cell density in polar (Populus). New Phytologist, 131(1): 99～107

Chapin F S, Shaver G R. 1996. Physiological and growth responses of arctic plants to a field experiment simulating climatic change. Ecology,77(3): 822～840

Chapperon C, Seuront L. 2011. Behavioral thermoregulation in a tropical gastropod: links to climate change scenarios. Global Change Biology, 17(4): 1740～1749

Chen B Y, Liu S R, Ge J P et al. 2010. Annual and seasonal variations of Q_{10} soil respiration in the sub-alpine forests of the Eastern Qinghai-Tibet Plateau, China. Soil Biology and Biochemistry, 42(10): 1735～1742

Chen L, Zhu W, Wang W et al. 1998. Studies on climate change in China in recent 45 years. Acta Meteorologica Sinica,12 (1): 1～17

Chen M, Zhuang Q. 2013. Modelling temperature acclimation effects on the carbon dynamics of forest ecosystems in the conterminous United States. Tellus Series B-chemical and Physical Meteorology, 65: 1～15

Chi Y G, Xu M, Shen R C et al. 2013. Acclimation of leaf dark respiration to nocturnal and diurnal warming in a semiarid temperate steppe. Functional Plant Biology,40(11): 1159～1167

Ciais P, Denning A S, Tans P P et al. 1997. A three-dimensional synthesis of vegetation feedbacks in doubled CO_2 climate experiments. Journal of Geophysical Research-Atomospheres,102: 5857～5872

Cleland E E, Chiariello N R, Loarie S R et al. 2006. Diverse responses of phenology to global changes in a grassland ecosystem. Proceedings of the National Academy of Sciences, USA,103(37): 13740～13744

Cleland E E, Chuine I, Menzel A et al. 2007. Shifting plant phenology in response to global change. Trends in Ecology and Evolution, 22(7): 357～365

Cleveland C C, Liptzin D. 2007. C : N : P stoichiometry in soil: is there a "Redfield ratio" for the microbial biomass? Biogeochemistry, 85(3): 235～252

Clifford S C, Black C R, Roberts J A et al. 1995. The effect of elevated atmospheric CO_2 and drought on stomatal frequency in groundnut (Arachis hypogaea L). Journal of Experimental Botany, 46(288): 847～852

Conant R T, Drijber R A, Haddix M L et al. 2008. Sensitivity of organic matter decomposition to warming varies with its quality. Global Change Biology, 14(4): 868～877

Conant R T, Ryan M G, Agren G I et al. 2011. Temperature and soil organic matter decomposition rates-synthesis of current knowledge and a way forward. Global Change Biology, 17(11): 3392～3404

Conrad R. 1996. Soil microorganisms as controllers of atmospheric trace gases (H_2, CO, CH_4, OCS, N_2O, and NO). Microbiological Reviews, 60(4): 609～640

Corkidi L, Rowland D L, Johnson N C et al. 2002. Nitrogen fertilization alters the functioning of arbuscular mycorrhizas at two semiarid grasslands. Plant and Soil, 240(2): 299～310

Coucheney E, Stromgren M, Lerch T Z et al. 2013. Longterm fertilization of a boreal Norway spruce forest increases the temperature sensitivity of soil organic carbon mineralization. Ecology and Evolution, 3(16): 5177～5188

Covey-Crump E M. 2002. Regulation of root respiration in two species of Plantago that differ in relative growth rate: the effect of short-and long-term changes in temperature. Plant Cell and Environment,

25(11): 1501～1513

Cox P M, Betts R A, Jones C D *et al.* 2000. Acceleration of global warming due to carbon-cycle feedbacks in a coupled climate model. Nature, 408(6809): 184～187

Crafts-Brandner S J, Law R D. 2000. Effect of heat stress on the inhibition and recovery of the ribulose-1,5-bisphosphate carboxylase/oxygenase activation state. Planta, 212(1): 67～74

Crafts-Brandner S J, Salvucci M E. 2000. Rubisco activase constrains the photosynthetic potential of leaves at high temperature and CO_2. PNAS, 97: 13430～13435

Crous K Y, Zaragoza-Castells J, Löw M. 2011. Seasonal acclimation of leaf respiration in Eucalyptus saligna trees: impacts of elevated atmospheric CO_2 conditions and summer drought. Global Change Biology, 17(4): 1560～1576

Crowther T W, Bradford M A. 2013. Thermal acclimation in widespread heterotrophic soil microbes. Ecology Letters, 16(4): 469～477

Croxdale J L. 1998. Stomatal patterning in monocotyledons: *Tradescantia* as a model system. Journal of Experimental Botany, 49(49): 279～292

Croxdale J L. 2000. Stomatal patterning in angiosperms. American Journal of Botany, 87(8): 1069～1080

Cui J, Zhang R J, Bu N S *et al.* 2013. Changes in soil carbon sequestration and soil respiration following afforestation on paddy fields in north subtropical China. Journal of Plant Ecology, 6(3): 240～252

Cunningham S C, Read J. 2002. Comparison of temperate and tropical rainforest tree species: photosynthetic responses to growth temperature. Oecologia, 133(2): 112～119

Cusack D F, Torn M S, McDowell W H, Silver W L. 2010. The response of heterotrophic activity and carbon cycling to nitrogen additions and warming in two tropical soils. Global Change Biology, 16(9): 2555～2572

Dale M R T. 1999. Spatial pattern analysis in plant ecology. Cambridge: Cambridge University Press

Darenova E, Pavelka M, Acosta M. 2014. Diurnal deviations in the relationship between CO_2 efflux and temperature: a case study. Catena, 123: 263～269

Davidson E A, Janssens I A. 2006. Temperature sensitivity of soil carbon decomposition and feedbacks to climate change. Nature, 440(7081): 165～173

Davidson E A, Verchot L V, Cattanio J H *et al.* 2000. Effects of soil water content on soil respiration in forests and cattle pastures of eastern Amazonia. Biogeochemistry, 48(1): 53～69

Davidson E A, Janssens I A, Luo Y Q. 2006. On the variability of respiration in terrestrial ecosystems: moving beyond Q_{10}. Global Change Biology, 12(2): 154～164

Davidson E A, Samanta S, Caramori S S *et al.* 2012. The Dual Arrhenius and Michaelis-Menten kinetics model for decomposition of soil organic matter at hourly to seasonal time scales. Global Change Biology, 18(1): 371～384

Davies Z G, Wilson R J, Coles S *et al.* 2006. Changing habitat associations of a thermally constrained species, the silver-spotted skipper butterfly, in response to climate warming. Journal of Animal Ecology, 75: 247～256

Davis M B, Shaw R G, Etterson J R. 2005. Evolutionary responses to changing climate. Ecology, 86(7): 1704～1714

De Valpine P, Harte J. 2001. Plant responses to experimental warming in a Montana meadow. Ecology, 82(3): 637～648

Debat, V, David P. 2001. Mapping phenotypes: canalization, plasticity and developmental stability. Trends in Ecology andEvolution, 16(10): 555～561

Debski I, Burslem D F R P, Lamb D. 2000. Ecological processes maintaining differential tree species distributions in an Australian rain forest: implications for models of species coexistence. Journal of Tropical Ecology, 16(3): 387~415

Deere J A, Chown S L. 2006. Testing the beneficial acclimation hypothesis and its alternatives for locomotor performance, Am Nat, 168(5): 630~644

Del Grosso S J, Parton W J, Mosier A R et al. 2005. Modeling soil CO_2 emissions from ecosystems. Biogeochemistry, 73(1): 71~91

Deutsch C A, Tewksbury J J, Huey R B et al. 2008. Impacts of climate warming on terrestrial ectotherms across latitude. Proceedings of the National Academy of Sciences of the United States of America, 105(18): 6668~6672

Diggle P J. 1983. Statistical analysis of spatial point patterns. Academic Press, London

Diggle P K. 1994. The expression of andromonoecy in Solanum hirtum (Solanaceae): phenotypic plasticity and ontogenetic contingency. American Journal of Botany, 81(10): 1354~1365

Dillaway D N, Kruger E L. 2010. Thermal acclimation of photosynthesis: a comparison of boreal and temperate tree species along a latitudinal transect. Plant Cell and Environment, 33(6): 888~899

Dillaway D N, Kruger E L. 2011. Leaf respiratory acclimation to climate: comparisons among boreal and temperate tree species along a latitudinal transect. Tree physiology, 31: 1114~1127

Djanaguiraman M, Prasad P V V, Boyle D L et al. 2011. High-temperature stress and soybean leaves: Leaf anatomy and photosynthesis. Crop Science,51(5): 2125~2131

Dooremalen C V, Gerg M P, Ellers J. 2013. Acclimation responses to temperature vary with vertical stratification: implications for vulnerability of soil-dwelling species to extreme temperature events. Global Change Biology, 19(3): 975~984

Drake J E, Giasson M A, Spiller K J et al. 2013. Seasonal plasticity in the temperature sensitivity of microbial activity in three temperate forest soils. Ecosphere 4(4): art 77

Dreyer E, Le Roux X. , Montpied P et al. 2001. Temperature response of leaf photosynthetic capacity in seedlings from seven temperate forest tree species. Tree Physiology, 21: 223~232

Driscoll S P, Prins A, Olmos E et al. 2006. Specification of adaxial and abaxial stomata, epidermal structure and photosynthesis to CO_2 enrichment in maize leaves. Journal of Experimental Botany, 57(2): 381~390

Dudley S A, Schmitt J. 1996. Testing the adaptive plasticity hypothesis: density-dependent selection on manipulated stem length in Impatiens capensis. Am Nat, 147(3): 445~465

Dunfiel P, Knowles R, Dumont R et al. 1993. Methane production and consumption in temperate and subarctic peat soils: Response to temperature and pH. Soil Biology and Biochemistry, 25(3): 321~326

Eamus D, Jarvis P G. 1989. The direct effect effect of increase in the global atmospheric CO_2 concentration on natural and commercial temperature trees and forests. In: Begon M, Fitter A H, Ford E D et al(eds). Advantages in Ecological Research. New Tork, Academic Press: 1~41

Einola J K M, Kettunen R H, Rintala J A. 2007. Responses of methane oxidation to temperature and water content in cover soil of a boreal landfill. Soil Biology & Biochemistry, 39(5): 1156~1164

Eisinger W, Swartz T E, Bogomolni R A et al. 2000. The ultraviolet action spectrum for stomatal opening in broad bean. Plant Physiology, 122(1): 99~105

Eliasson P E, McMurtrie R E, Pepper D A et al. 2005. The response of heterotrophic CO_2 flux to soil warming. Global Change Biology, 11(1): 167~181

Epron D. 1997. Effects of drought on photosynthesis and on the thermotolerance of photosystem II in seedlings of cedar (Cedrus atlantica and C. libani). Journal of Experimental Botany, 48(315): 18~35

Epstein H E, Calef M P, Walker M D et al. 2004. Detecting changes in arctic tundra plant communities in responses to warming over decadal time scales. Global Change Biology,10(8): 1325~1334

Erhagen B, Oquist M, Sparrman T *et al.* 2013. Temperature response of litter and soil organic matter decomposition is determined by chemical composition of organic material. Global Change Biology, 19(12): 3858~3871

Erhagen B, Ilstedt U, Nilsson M B. 2015. Temperature sensitivity of heterotrophic soil CO_2 production increases with increasing carbon substrate uptake rate. Soil Biology and Biochemistry, 80: 45~52

Escudero A, Mediavilla S. 2003. Decline in photosynthetic nitrogen use efficiency with leaf age and nitrogen resorption as determinants of leaf life span. Journal of Chemical Ecology, 91: 880~889

Ethier G J, Livingston N J, Harrison D L *et al.* 2006. Low stomatal and internal conductance to CO_2 versus Rubisco deactivation as determinants of the photosynthetic decline of aging evergreen leaves. Plant cell and Environment, 29: 2168~2184

Fang C, Moncrieff J B. 2001. The dependence of soil CO_2 efflux on temperature. Soil Biology & Biochemistry, 33(2): 155~165

Fang C M, Smith P, Moncrieff J B *et al.* 2005. Similar response of labile and resistant soil organic matter pools to changes in temperature. Nature, 433(7021): 57~59

Fang H J, Yu G R, Cheng S L *et al.* 2010. Effects of multiple environmental factors on CO_2 emission and CH_4 uptake from old-growth forest soils. Biogeosciences, 7(1): 395~407

Farage P K, McKee I F, Long S P. 1998. Does a low nitrogen supply necessarily lead to acclimation of photosynthesis to elevated CO_2. Plant Phyiology, 118(2): 573~580

Farquhar G D, von Caemmerer S. 1982. Modelling of photosynthetic response to environment. In: Lange O L, Nobel P S, Osmond C B *et al*（eds）. Encyclopedia of plant physiology, New series, Vol. 12B. Berlin, Springer-Verlag: 549~587

Farquhar G D, von Caemmerer S, Berry J A. 1980. A Biochemical model of photosynthetic CO_2 assimilation in leaves of C3 species. Planta, 149, 78~90

Feller U. 2006. Stomatal opening at elevated temperature: an underestimated regulatory mechanism?Genetic & Plant Physiology, Special issue, (3~4): 19~31

Feng X, Simpson M J. 2009. Temperature and substrate controls on microbial phospholipid fatty acid composition during incubation of grassland soils contrasting in organic matter quality. Soil Biology and Biochemistry, 41: 804~812

Fenner N, Freeman C, Reynolds B. 2005. Observations of a seasonally shifting thermal optimum in peatland carbon-cycling processes; implications for the global carbon cycle and soil enzyme methodologies. Soil Biology and Biochemistry,37(10): 1814~1821

Ferrar P J, Slatyer R O, Vranjic J A. 1989. Photosynthetic temperature acclimation in Eucalyptus species from diverse habitats and a comparison with *Nerium oleander*. Australian Journal of Plant Physiology, 16(2): 199~217

Ferris R, Nijs I, Behaeghe T *et al.* 1996. Elevated CO_2 and temperature have different effects on leaf anatomy of perennial ryegrass in spring and summer. Annals of Botany, 78(4): 489~497

Ferris R, Long L, Bunn S M *et al.* 2002. Leaf stomatal and epidermal cell development: identification of putative quantitative trait loci in relation to elevated carbon dioxide concentration in polar. Tree Physiology, 22(9): 633~640

Fierer N, Lennon J T. 2011. The Generation and Maintenance of Diversity in Microbial Communities. American Journal of Botany, 98(3): 439~448

Fierer N, Craine J M, McLauchlan K *et al.* 2005. Litter quality and the temperature sensitivity of decomposition. Ecology, 86(2): 320~326

Fierer N, Bradford M A, Jackson R B. 2007. Toward an ecological classification of soil bacteria. Ecology,

88(6): 1354~1364

Fischer K, Eenhoorn E, Bot A N. 2003. Cooler butterflies lay larger eggs: developmental plasticity versus acclimation. Philosophical Transactions of the Royal Society of London Series B-biological sciences, 270(1528): 2051~2056

Fissore C, Giardina C P, Kolka R K et al. 2009. Soil organic carbon quality in forested mineral wetlands at different mean annual temperature. Soil Biology and Biochemistry, 41(3): 458~466

Foley J A, DeFries R, Asner G P et al. 2005. Global consequences of land use. Science, 309(5734): 570~574

Forseth I N, Ehleringer J R. 1982. Ecophysiology of Two Solar-tracking desert Winter Annuals. I. Photosynthetic acclimation to growth temperature. Australian Journal of Plant Physiology, 9: 321~332

Franco A M A, Hill J K, Kitschke C et al. 2006. Impacts of climate warming and habitat loss on extinctions at species' low-latitude range boundaries. Global Change Biology, 12(8): 1545~1553

Franks P J, Beerling D J. 2009. Maximum leaf conductance driven by CO_2 effects on stomatal size and density over geologic time. Proceedings of the National Academy of Sciences, 106(25): 10343~10347

Franks P J, Drake P L, Beerling D J. 2009. Plasticity in maximum stomatal conductance constrained by negative correlation between stomatal size and density: an analysis using *Eucalyptus globulus*. Plant Cell and Environment, 32(12): 1737~1748

Fraser L H, Greenall A, Carlyle C et al. 2009. Adaptive phenotypic plasticity of *Pseudoroegneria spicata*: response of stomatal density, leaf area and biomass to changes in water supply and increased temperature. Annals of Botany, 103(5): 769~775

Frey S D, Knorr M, Parrent J L et al. 2004. Chronic nitrogen enrichment affects the structure and function of the soil microbial community in temperate hardwood and pine forests. Forest Ecology and Management, 196(1): 159~171

Frey S D, Drijber R, Smith H et al. 2008. Microbial biomass, functional capacity, and community structure after 12 years of soil warming. Soil Biology and Biochemistry, 40: 2904~2907

Frey S D, Lee J, Melillo J M et al. 2013. The temperature response of soil microbial efficiency and its feedback to climate. Nature Climate Change, 3(4): 395~398

Friedlingstein P, Dufresne J L, Cox P M et al. 2003. How positive is the feedback between climate change and the carbon cycle? Tellus Series B-Chemical and Physical Meteorology, 55(2): 692~700

Funk J L, Jones C G, Lerdau M T. 2007. Leaf-and shoot-level plasticity in response to different nutrient and water availabilities. Tree physiology, 27(12): 1731~1739

Galloway J N, Dentener F J, Capone D G et al. 2004. Nitrogen cycles: past, present, and future. Biogeochemistry, 70(2): 153~226

Galloway L F. 1996. Response to natural environmental heterogeneity: maternal effects and selection on life-history characters and plasticities in *Mimulus guttatus*. Evolution, 49(6): 1095~1107

Gans J, Wolinsky M, Dunbar J. 2005. Computational improvements reveal great bacterial diversity and high metal toxicity in soil. Science, 309(5739): 1387~1390

Gardenas A I, Agren G I, Bird J A et al. 2011. Knowledge gaps in soil carbon and nitrogen interactions—From molecular to global scale. Soil Biology and Biochemistry, 43(4): 702~717

Gedroc J J, McConnaughay K D M, Coleman J S. 1996. Plasticity in root/shoot partitioning: optimal, ontogenetic, or both? Function Ecology, 10(1): 44~50

German D P, Chacon S S, Allison S D. 2011. Substrate concentration and enzyme allocation can affect rates of microbial decomposition. Ecology, 92(7): 1471~1480

German D P, Marcelo K R B, Stone M M et al. 2012. The Michaelis-Menten kinetics of soil extracellular enzymes in response to temperature: a cross-latitudinal study. Global Change Biology, 18(4): 1468~

1479

Gershenson A, Bader N E, Cheng W X. 2009. Effects of substrate availability on the temperature sensitivity of soil organic matter decomposition. Global Change Biology, 15(1): 176~183

Ghalambor C K, McKay J K, Carroll S P. 2007. Adaptive versus non-adaptive phenotypic plasticity and the potential for contemporary adaptation in new environments. Functional Ecology, 21(3): 394~407

Ghosh A K, Ichii M, Asanuma K et al. 1996. Optimum and sub-optimal temperature effects on stomata and photosynthesis rate of determinate soybeans. Acta Horticulturae,440(440): 81~86

Giardina C P, Ryan M G. 2000. Evidence that decomposition rates of organic carbon in mineral soil do not vary with temperature. Nature, 404(6780): 858~861

Gimeno T E, Pías B, Lemos-Filho J P et al. 2009. Plasticity and stress tolerance override local adaptation in the responses of Mediterranean holm oak seedlings to drought and cold. Tree Physiology, 29: 87~98

Givnish T J. 2002. Ecological constraints on the evolution of plasticity in plants. Ecology and Evolution, 16(3): 213~242

Gomulkiewicz R, Kirkpatrick M. 1992. Quantitative genetics and the evolution of reaction norms. Evolution, 46(2): 390~411

Gorsuch P A, Pandey S, Atkin O K. 2010a. Thermal de-acclimation: how permanent are leaf phenotypes when cold-acclimated plants experience warming? Plant Cell and Environment, 33(7): 1124~1137

Gorsuch P A, Pandey S, Atkin O K. 2010b. Temporal heterogeneity of cold acclimation phenotypes in Arabidopsis leaves. PlantCell andEnvironment,33(2): 244~258

Gotthard K, Nylin S. 1995. Adaptive plasticity and plasticity as an adaption: a selective review of plasticity in animal morphology and life history. Oikos, 74(1): 3~17

Gourdji S M, Hirsch A I, Mueller K L et al. 2010. Regional–scale geostatistical inverse modeling of North American CO_2 fluxes: a synthetic data study. Atmospheric Chemistry & Physics, 10(5): 6151~6167

Govindarajulu M, Pfeffer P E, Jin H R et al. 2005. Nitrogen transfer in the arbuscular mycorrhizal symbiosis. Nature, 435(7043): 819~823

Griffith T, Sultan S E. 2005. Shade tolerance plasticity in response to neutral versus green shade v cues in Polygonum species of contrasting ecological breadth. New Phytology, 166(1): 141~148

Grime J P, Mackey J M L. 2002. The role of plasticity in resource capture by plants. Ecology and Evolution, 16(3): 299~307

Gunderson C A, Norby R J, Wullschleger S D. 2000. Acclimation of photosynthesis and respiration to stimulated climatic warming in northern and southern populations of Acer saccharum: laboratory and field evidence. Tree Physiology, 20(2): 87~96

Gunderson C A, O'Hara K H, Campion C M. 2010. Thermal plasticity of photosynthesis: the role of acclimation in forest responses to a warming climate. Global Change Biology, 16(8): 2272~2286

Guo F, Young J, Crawford N M. 2003. The nitrate transporter AtNRT1. 1 (CHL1) functions in stomatal opening and contributes to drought susceptibility in Arabidopsis. The Plant Cell, 15(1): 107~117

Guo L B, Gifford R M. 2002. Soil carbon stocks and land use change: a meta analysis. Global Change Biology, 8(4): 345~360

Guo R P, Lin Z H, Mo X G et al. 2010. Responses of crop yield and water use efficiency to climate change in the North China Plain. Agricultural Water Management, 97(8): 1185~1194

Gutiérrez-Girón A, Díaz-Pinés E, Rubio A et al. 2015. Both altitude and vegetation affect temperature sensitivity of soil organic matter decomposition in Mediterranean high mountain soils. Geoderma, 237: 1~8

Gutteridge S, Gatenby A A. 1995. Rubisco synthesis, assembly, mechanism, and regulation. The Plant Cell,

7(7): 809～819

Haase P. 1995. Spatial pattern analysis in ecology based on Ripley's K-function: introduction and methods of edge correction. Journal of Vegetation Science, 6(4): 575～582

Hahn M A, van Kleunen M, Müller-Schärer H. 2012. Increased phenotypic plasticity to climate may have boosted the invasion success of polyploid *Centaurea stoebe*. PLoS One, 7(11): 1～8

Haldimann P, Feller U. 2005.Growth at moderately elevated temperature alters the physiological response of the photosynthetic apparatus to heat stress in pea (*Pisum sativum* L) leaves. Plant Cell and Environment, 28: 302～317

Hall E K, Singer G A, Kainz M J et al. 2010. Evidence for a temperature acclimation mechanism in bacteria: an empirical test of a membrane-mediated trade-off. Functional Ecology, 24(4): 898～908

Hamdi S, Moyano F, Sall S et al. 2013. Synthesis analysis of the temperature sensitivity of soil respiration from laboratory studies in relation to incubation methods and soil conditions. Soil Biology & Biochemistry, 58: 115～126

Han C, Liu Q, Yang Y. 2009. Short-term effects of experimental warming and enhanced ultraviolet-B radiation on photosynthesis and antioxidant defense of *Picea asperata* seedlings. Plant growth and Regulation,58(2): 153～162

Han G X, Xing Q H, Yu J B et al. 2014. Agricultural reclamation effects on ecosystem CO_2 exchange of a coastal wetland in the Yellow River Delta. Agriculture Ecosystems & Environment, 196: 187～198

Han Q, Kawasaki T, Nakano T et al. 2004. Spatial and seasonal variability of temperature responses of biochemical photosynthesis parameters and leaf nitrogen content within a Pinus densiflora crown. Tree Physiology, 24, 737～744

Hänninen H. 2006. Climate warming and the risk of frost damage to boreal forest trees: identification of critical ecophysiological traits. Tree Physiology, 26: 889～898

Hansen J, Ruedy R, Sato M, Lo K. 2010. Global surface temperature change. Reviews of Geophysics, 48(4)

Hara K, Kajita R, Torii K U et al. 2007. The secretory peptide gene EPF1 enforces the stomatal one-cell-spacing rules. Genes and Development, 21(14): 1720～1725

Harley P C, Thomas R B, Reynolds J F et al. 1992. Modelling photosynthesis of cotton grown in elevated CO_2. Plant Cell and Environment, 15, 271～282

Hartikainen K, Nerg A M, Kivimaenpaa M et al. 2009. Emissions of volatile organic compounds and leaf structural characteristics of European aspen (*Populus tremula*) grown under elevated ozone and temperature. Tree Physiology,29(9): 1163–1173

Hartley I P, Heinemeyer A, Ineson P. 2007. Effects of three years of soil warming and shading on the rate of soil respiration: substrate availability and not thermal acclimation mediates observed response. Global Change Biology, 13(8): 1761～1770

Hartley I P, Hopkins D W, Garnett M H et al. 2008. Soil microbial respiration in arctic soil does not acclimate to temperature. Ecology Letters, 11(10): 1092～1100

Haworth M, Heath J, McElwain J C. 2010. Differences in the response sensitivity of stomatal index to atmospheric CO_2 among four genera of Cupressaceae conifers. Annals of Botany, 105(3): 411～418

Hazel J R. 1995. Thermal adaptation in biological membranes: is homeoviscous adaptation the txplanation? Annual Review of Physiology, 57: 19～42

He Y J, Yang J Y, Zhuang Q L et al. 2014. Uncertainty in the fate of soil organic carbon: a comparison of three conceptually different decomposition models at a larch plantation. Journal of Geophysical Research-Biogeosciences, 119(9): 1892～1905

Heinemeyer A, Ineson P, Ostle N et al. 2006. Respiration of the external mycelium in the arbuscular mycorrhizal symbiosis shows strong dependence on recent photosynthates and acclimation to temperature. New Phytologist, 171(1): 159～170

Hendrickson L, Ball M C, Wood J T et al. 2004. Low temperature effects on photosynthesis and growth of grapevine. Plant Cell and Environment, 27(7): 795～809

Herčík F. 1964. Effect of ultraviolet light on stomatal movement. Biologia Plantarum, 6(1): 70～72

Hetherington A M, Woodward F I. 2003. The role of stomata in sensing and driving environmental change. Nature, 424(6951): 901～908

Higuchi H, Sakuratani T, Utsunomiya N. 1999. Photosynthesis, leaf morphology, and shoot growth as affected by temperatures in cherimoya (Annona cherimola Mill) trees. Scientia Horticulturae,80(1): 91～104

Hikosaka K. 1996. Effects of leaf age, nitrogen nutrition and photon flux density on the organization of the photosynthetic apparatus in leaves of a vine (Ipomoea tricolor Cav) grown horizontally to avoid mutual shading of leaves. Planta, 198: 144～150

Hikosaka K. 1997. Modelling optimal temperature acclimation of the photosynthetic apparatus in C3 plants with respect to nitrogen use. Annals of botany, 80(6): 721～730

Hikosaka K, Murakamia A, Hirose T. 1999. Balancing carboxylation and regeneration of ribulose-1, 5-bisphosphate in leaf photosynthesis: temperature acclimation of an evergreen tree, Quercus myrsinaefolia. Plant Cell and Environment, 22(7): 841～849

Hikosaka K, Ishikawa K, Borjigidai A et al. 2006. Temperature acclimation of photosynthesis: mechanisms involved in the changes in temperature dependence of photosynthetic rate. Journal of Experimental Botany, 57: 291～302

Hjelm U, Ügren E. 2003. Is photosynthetic acclimation to low temperature controlled by capacities for storage and growth at low temperature? Results from comparative studies of grasses and trees. Physiologia plantarum, 119: 113～120

Hobbie S, Chapin F S. 1998. The response of tundra plant biomass, aboveground production, nitrogen, and CO_2 flux to experimental warming. Ecology, 79(5): 1526～1544

Hoch G, Richter A, Körner C. 2003. Non-structural carbon compounds in temperate forest trees. Plant Cell and Environment, 26(7): 1067～1081

Hochachka P W, Somero G N. 2002. Biochemical Adaptation: Mechanism and Process in Physiological Evolution. Oxford: Oxford University Press

Hoffmann A A, Parsons P A. 1991. Evolutionary Genetics and Environmental Stress. New York, NY: Oxford University Press, 1～296

Hofmann G E, Todgham A E. 2010. Living in the now: physiological mechanisms to tolerate a rapidly changing environment. Annual Review of Physiology, 72: 127～145

Holsten A, Vetter T, Vohland K et al. 2009. Impact of climate change on soil moisture dynamics in Brandenburg with a focus on nature conservation areas. Ecological Modeling, 220(17): 2076～2087

Honour S J, Webb A A R, Mansfield T A. 1995. The responses of stomata to abscisic acid and temperature are interrelated. Proceedings of the Royal Society B: Biological Sciences, 259(259): 301～306

Hou R X, Ouyang Z, Li Y S et al. 2011. Effects of tillage and residue management on soil organic carbon and total nitrogen in the North China Plain. Soil Science Society of America Journal, 76(1): 230～240

Hou R X, Ouyang Z, Li Y S et al. 2012. Is the change of winter wheat yield under warming caused by shortened reproductive period? Ecology and Evolution, 2(12): 2999～3008

Hou Y, Qu J, Luo Z et al. 2011. Morphological mechanism of growth response in treeline species Minjiang fir to elevated CO_2 and temperature. Silva Fennica,45(2): 181～195

Houghton R A. 1999. The annual net flux of carbon to the atmosphere from changes in land use 1850—1990.

Tellus Series B-Chemical and Physical Meteorology, 51(2): 298~313

Houghton R A, Hobbie J E, Melillo J M et al. 1983. Changes in the carbon content of terrestrial biota and soils between 1860 and 1980: a net release of CO_2 to the atmosphere. Ecological Monographs, 53(3): 235~262

Houghton R A, Hackler J L, Lawrence K T. 1999. The US carbon budget: contributions from land-use change. Science, 285(5427): 574~578

Hovenden M J. 2001. The influence of temperature and genotype on the growth and stomatal morphology of southern beech, Nothofagus cunninghamii (Nothofagaceae). Australian Journal of Botany, 49(49): 427~434

Hu R G, Kusa K, Hatano R. 2001. Soil respiration and methane flux in adjacent forest, grassland, and cornfield soils in Hokkaido, Japan. Soil Science and Plant Nutrition, 47(3): 621~627

Huey R B, Berrigan D, Gilchrist G W. 1999. Testing the adaptive significance of acclimation: a strong inference approach. American Zoologist, 39(2): 323~336

Humble G D, Hsiao T C. 1970. Light-dependent influx and efflux of potassium of guard cells during stomatal opening and closing. Plant Physiology, 46(3): 483~487

Huner N P A, Öquist G, Hurry V M. 1993. Photosynthesis, photoinhibition and low temperature acclimation in cold tolerant plants. Photosynthesis Research, 37(1): 19~39

Hunt L, Gray J E. 2009. The signaling peptide EPF2 controls asymmetric cell divisions during stomatal development. Current Biology, 19(10): 864~869

Hunt L, Bailey K J, Gray J E. 2010. The signalling peptide EPFL9 is a positive regulator of stomatal development. New Phytologist, 186(3): 609~614

Inglett K S, Inglett P W, Reddy K R et al. 2012. Temperature sensitivity of greenhouse gas production in wetland soils of different vegetation. Biogeochemistry, 108(1~3): 77~90

Insam H. 2001. Developments in soil microbiology since the mid 1960s. Geoderma, 100(3~4): 389~402

IPCC. 2006. Guidelines for national greenhouse gas inventories. Institute for Global Environmental Strategies (IGES), Hayama, Japan

IPCC. 2007. Technical summary. In: Solomon S, Qin D, Manning M et al (eds). Climate change 2007: The Physical Science Basis. Contribution of Working Group I to the Fourth Assessment Report of the Intergovernmental Panel on Climate Change. Cambridge UK, Cambridge University Press

IPCC. 2013. Summary for policymakers. In: Stocker T F, Qin D, Plattner G K et al(eds). Climate Change 2013: The Physical Science Basis. Contribution of Working Group I to the Fifth Assessment Report of the Intergovernmental Panel on Climate Change. Cambridge, UK and New York, USA: Cambridge University Press

Ishii H, Azuma W, Nabeshima E. 2013. The need for a canopy perspective to understand the importance of phenotypic plasticity for promoting species coexistence and light-use complementarity in forest ecosystems. Ecological Research, 28(2): 191~198

Jägerbrand A K, Alatalo J M, Chrimes D et al. 2009. Plant community responses to 5 years of simulated climate change in meadow and heath ecosystems at a subarctic-alpine site. Oecologia, 161(3): 601~610

Janssens I A, Pilegaard K. 2003. Large seasonal changes in Q_{10} of soil respiration in a beech forest. Global Change Biology, 9(6): 911~918

Jassal R S, Black T A, Novak M D et al. 2008. Effect of soil water stress on soil respiration and its temperature sensitivity in an 18-year-old temperate Douglas fir stand. Global Change Biology, 14(6): 1305~1318

Jia X, Zha T S, Wu B et al. 2013. Temperature Response of Soil Respiration in a Chinese Pine Plantation:

Hysteresis and Seasonal vs. Diel Q_{10}. Plos One, 8(2): e57858

Jin B, Wang L, Wang J et al. 2011. The effect of experimental warming on leaf functional traits, leaf structure and leaf biochemistry in Arabidopsis thaliana. BMC Plant Biology, 11(1): 35

Jing X, Wang Y H, Chung H G et al. 2014. No temperature acclimation of soil extracellular enzymes to experimental warming in an alpine grassland ecosystem on the Tibetan Plateau. Biogeochemistry, 117(1): 39～54

Jobbagy E G, Jackson R B. 2000. The vertical distribution of soil organic carbon and its relation to climate and vegetation. Ecological Applications, 10(2): 423～436

Johns G C, Somero G N. 2004. Evolutionary convergence in adaptation of proteins to temperature: A 4-Lactate dehydrogenases of pacific damselfishes (Chromis spp.). Molecular Biology and Evolution, 21(2): 314～320

Johnson I R, Thornley J H M, Frantz J M. 2010. A model of canopy photosynthesis incorporating protein distribution through the canopy and its acclimation to light, temperature and CO_2. Annals of Botany, 106(5): 735～749

Jump A S, Hunt J M, Martínez-Izquierdo J A et al. 2006. Natural selection and climate change: temperature-linked spatial and temporal trends in gene frequency in Fagus sylvatica. Molecular Ecology, 15(11): 3469～3480

Karban R, Myers J H. 1989. Induced plant responses to herbivory. Annual Review of Ecology and Systematics, 20: 331～348

Kardol P, Campany C E, Souza L et al. 2010. Climate change effects on plant biomass alter dominance patterns and community evenness in an experimental old-field ecosystem. Global Change Biology, 16(10): 2676～2687

Karhu K, Auffret M D, Dungait J A J et al. 2014. Temperature sensitivity of soil respiration rates enhanced by microbial community response. Nature, 513(7516): 81～84

Katny M A C, Hoffmann-Thoma G, Schrier A A et al. 2005. Increase of photosynthesis and starch in potato under elevated CO_2 is dependent on leaf age. Journal of Plant Physiology, 162: 429～438

Kattge J, Knorr W. 2007. Temperature acclimation in a biochemical model of photosynthesis: reanalysis of 36 species. Plant Cell and Environment, 30(9): 1176～1190

Kaufman S R, Smouse P E. 2001. Comparing indigenous and introduced populations of Melaleuca quinquenervia (Cav.) Blake: response of seedlings to water and pH levels. Oecologia, 127(4): 487～494

Kenkel N C. 1988. Pattern of self-thinning in jack pine: testing the random mortality hypothesis. Ecology, 69(4): 1017～1024

Kirschbaum M U F. 1995. The temperature dependence of soil organic matter decomposition, and the effect of global warming on soil organic C Storage. Soil Biology & Biochemistry,27(6): 753～760

Kirschbaum M U F. 2000. Will changes in soil organic carbon act as a positive or negative feedback on global warming? Biogeochemistry, 48(1): 21～51

Kirschbaum M U F. 2004. Soil respiration under prolonged soil warming: are rate reductions caused by acclimation or substrate loss? Global Change Biology, 10(11): 1870～1877

Kirschbaum M U F. 2006. The temperature dependence of organic matter decomposition still a topic of debate. Soil Biology and Biochemistry, 38(9): 2510～2518

Kirschbaum M U F. 2010. The temperature dependence of organic matter decomposition: seasonal temperature variations turn a sharp short-term temperature response into a more moderate annually averaged response. Global Change Biology, 16(7): 2117～2129

Kirschbaum M U F, Farquhar G D. 1984. Temperature dependence of whole-leaf photosynthesis in

Eucalyptus pauciflora Sieb. ex Spreng. Australian Journal of Plant Physiology, 11(6): 519～538

Kitajima K, Mulkey S S, Wright S J. 1997. Decline of photosynthetic capacity with leaf age in relation to leaf longevities for five tropical canopy tree species. American Journal of Botany, 84: 702～708

Kleber M. 2010. What is recalcitrant soil organic matter? Environmental Chemistry, 7(4): 320～332

Klein J A, Harte J, Zhao X. 2004. Experimental warming causes large and rapid species loss, dampened by simulated grazing, on the Tibetan Plateau. Ecology Letters, 7(12): 1170～1179

Klein M, Geisler M, Suh S J *et al.* 2004. Disruption of AtMRP4, a guard cell plasma membrane ABCC-type ABC transporter, leads to deregulation of stomatal opening and increased drought susceptibility. The Plant Journal, 39(2): 219～236

Kleunen M, Fischer M. 2005. Constraints on the evolution of adaptive phenotypic plasticity in plants. New Phytology, 166(1): 49～60

Klich M G. 2000. Leaf variations in *Elaegnus angustifolia* related to environmental heterogeneity. Environmental and Experimental Botany,44: 171～183

Knorr W, Prentice I C, House J I *et al.* 2005. Long-term sensitivity of soil carbon turnover to warming. Nature, 433(7023): 298～301

Kondo T, Kajita R, Miyazaki A *et al.* 2010. Stomatal density is controlled by a mesophyll-derived signaling molecule. Plant Cell Physiology, 51(1): 1～8

Körner C. 2003. Carbon limitation in trees. Journal of Ecology,91(1): 4～17

Körner C, Pelaen-Riedl S, Van Bel A J E. 1995. CO$_2$ responsiveness of plants: a positive link to phloem loading. Plant Cell and Environment, 18(5): 595～600

Körner C, Asshoff R, Bignucolo O *et al.* 2005. Carbon flux and growth in mature deciduous forest trees exposed to elevated CO$_2$. Science, 309(5739): 1360～1362

Kositsup B, Kasemsap P, Thanisawanyangkura S *et al.* 2010. Effect of leaf age and position on light saturated CO$_2$ assimilation rate,photosynthetic capacity, and stomatal conductance in rubber trees. Photosynthetica, 48: 67～78

Kostina E, Wulff A, Julkunen-Tiitto R. 2001. Growth, structure, stomatal responses and secondary metabolites of birch seedlings (*Betula pendula*) under elevated UV-B radiation in the field. Trees, 15(8): 483～491

Kouwenberg L L R, Kürschner W M, McElwain J C. 2007. Stomatal frequency change over altitudinal gradients: Prospects for paleoaltimetry. Reviews in Mineralogy and Geochemistry, 66(12): 215～241

Kudo G, Suzuki S. 2003. Warming effects on growth, production, and vegetation structure of alpine shrubs: a five-year experiment in northern Japan. Oecologia,135(2): 280～287

Kwak J M, Murata Y, Baizabal-Aguirre V M *et al.* 2001. Dominant negative guard cell K$^+$ channel mutants reduce inward-rectifying K$^+$ currents and light-induced stomatal opening in *Arabidopsis*. Plant Physiology, 127(2): 473～485

Labate C A, Leegood R C. 1988. Limitation of photosynthesis by changes in temperature. Planta, 173: 519～527

Laitinen K, Luomala E M, Kellomaki S. 2000. Carbon assimilation and nitrogen in needles of fertilized and unfertilized field-grown Scots pine at natural and elevated concentrations of CO$_2$. Tree Physiology, 20(13): 881～892

Lake J A, Woodward F I. 2008. Response of stomatal numbers to CO$_2$ and humidity: control by transpiration rate and abscisic acid. New Phytologist, 179(2): 397～404

Lake J A, Quick W P, Beerling D J *et al.* 2001. Signals from mature to new leaves. Nature,411, 154

Lake J A, Woodward F I, Quick W P. 2002. Long-distance CO$_2$ signalling in plants. Journal of Experimental Botany, 53(367): 183～193

Lal R. 2004. Soil carbon sequestration impacts on global climate change and food security. Science, 304(5677): 1623~1627

Lammertsma E I, Boer H J, Dekker S C et al. 2011. Global CO$_2$ rise leads to reduced maximum stomatal conductance in Florida vegetation. Proceedings of National Academy of Sciences, 108(40): 4035~4040

Lampard G R, MacAlister C A, Bergmann D C. 2008. Arabidopsis stomatal initiation is controlled by MAPK-mediated regulation of the bHLH SPEECHLESS. Science,322(5904): 1113~1116

Lange O L, Green T G A. 2005. Lichens show that fungi can acclimate their respiration to seasonal changes in temperature. Oecologia,142(1): 11~19

Lange O L, Lösch R, Schulze E D et al. 1971. Responses of stomata to changes in humidity. Planta, 100(1): 76~86

Larionova A A, Yevdokimov I V, Bykhovets S S. 2007. Temperature response of soil respiration is dependent on concentration of readily decomposable C. Biogeosciences, 4(6): 1073~1081

Law R D, Crafts-Brandner S J. 1999. Inhibition and acclimation of photosynthesis to heat stress is closely correlated with activation of ribulose-1,5-biphosphate carboxylase/oxygenase. Plant Physiology, 120(1): 173~181

Law R D, Crafts-Brandner S J, Salvucci M E. 2001. Heat stress induces the synthesis of a new form of ribulose-1,5-bisphosphate carboxylase/oxygenase activase in cotton leaves. Planta, 214(1): 117~125

Lawson T, Craigon J, Black C R et al. 2002. Impact of elevated CO$_2$ and O$_3$ on gas exchange parameters and epidermal characteristics in potato (Solanum tuberosum L). Journal of Experimental Botany, 53(369): 737~746

LeBauer D S, Treseder K K. 2008. Nitrogen limitation of net primary productivity in terrestrial ecosystems is globally distributed. Ecology, 89(2): 371~379

Lee T D, Reich P B, Bolstad P V. 2005. Acclimation of leaf respiration to temperature is rapid and related to specific leaf area, soluble sugars and leaf nitrogen across three temperature deciduous tree species. Function Ecology, 19(4): 640~647

Lefevre R, Barre P, Moyano F E et al. 2014. Higher temperature sensitivity for stable than for labile soil organic carbon-evidence from incubations of long-term bare fallow soils. Global Change Biology, 20(2): 633~640

Lemmens C M H M, Boeck H J D, Gielen B et al. 2006. End-of-season effects of elevated temperature on ecophysiological processes of grassland species at different species richness levels. Environmental & Experimental Botany, 56(3): 245~254

Leroi A M, Bennett A F, Lenski R E. 1994. Temperature acclimation and competitive fitness: an experimental test of the beneficial acclimation assumption. Proceedings of the National Academy of sciences of the United States of America, 91(5): 1917~1921

Leuning R. 1995. A critical appraisal of a coupled stomatal-photosynthesis model for C3 plants. Plant Cell and Environment, 18: 339~357

Li C Y, Wu C C, Duan B L et al. 2009. Age-related nutrient content and carbon isotope composition in the leaves and branches of Quercus aquifolioides along an altitudinal gradient. Trees-structure and Function, 23: 1109~1121

Li L J, Han X Z, You M Y et al. 2013. Nitrous oxide emissions from Mollisols as affected by long-term applications of organic amendments and chemical fertilizers. Science of the Total Environment, 452: 302~308

Li M C, Kong G Q, Zhu J J. 2009. Vertical and leaf-age-related variations of nonstructural carbohydrates in two alpine timberline species, southeastern Tibetan Plateau. Journal of Forest Research, 14: 229~235

Li Y J, Chen X, Shamsi I H et al. 2012. Effects of irrigation patterns and nitrogen fertilization on rice yield and microbial community structure in paddy Soil. Pedosphere, 22(5): 661~672

Liang J Y, Li D J, Shi Z et al. 2015a. Methods for estimating temperature sensitivity of soil organic matter based on incubation data: A comparative evaluation. Soil Biology and Biochemistry, 80: 127~135

Liang L L, Eberwein J R, Allsman L A et al. 2015b. Regulation of CO_2 and N_2O fluxes by coupled carbon and nitrogen availability. Environmental Research Letters, 034008(3)

Liang Y K, Dubos C, Dodd I C et al. 2005. AtMYB61, an R2R3-MYB transcription factor controlling stomatal aperture in Arabidopsis thaliana. Current Biology, 15(13): 1201~1206

Lin D, Xia J, Wan S. 2010. Climate warming and biomass accumulation of terrestrial plants: a meta-analysis. New Phytologist,188: 187~198

Lin E. 1996. Agricultural vulnerability and adaptation to global warming in China. Water, Air & Soil Pollution,92(1~2): 63~73

Lin Y S, Medlyn B E, Ellsworth D S. 2012. Temperature responses of leaf net photosynthesis: the role of component processes. Tree Physiology,32(2): 219~231

Lipson D A, Monson R K. 1998. Plant-microbe competition for soil amino acids in the alpine tundra: effects of freeze-haw and dry-rewet events. Oecologia, 113(3): 406~414

Liu L L, Greaver T L. 2010. A global perspective on belowground carbon dynamics under nitrogen enrichment. Ecology Letters, 13(7): 819~828

Liu S X, Mo X G, Lin Z H et al. 2010. Crop yield responses to climate change in the Huang-Huai-Hai Plain of China. Agricultural Water Management, 97(8): 1195~1209

Llorens L, Peñuelas J, Estiarte M et al. 2004a. Contrastinggrowth changes in two dominant species of a Mediterranean shrubland submitted to experimental drought and warming. Annals of Botany,94(6): 843~853

Llorens L, Peñuelas J, Beier C et al. 2004b. Effects of an experimental increase of temperature and drought on the photosynthetic performance of two ericaceous shrub species along a North-South European gradient. Ecosystems, 7(6): 613~624

Lloyd J, Taylor J A. 1994. On the temperaature dependence of soil respiration. Functional Ecology, 8(3): 315~323

Lobell D B, Field C B. 2007. Global scale climate–crop yield relationships and the impacts of recent warming. Environmental Research Letters, 2(2007): 1~7

Lofton D D, Whalen S C, Hershey A E. 2014. Effect of temperature on methane dynamics and evaluation of methane oxidation kinetics in shallow Arctic Alaskan lakes. Hydrobiologia, 721(1): 209~222

Lomax B H, Woodward F I, Leitch I J et al. 2009. Genome size as a predictor of guard cell length in Arabidopsis thaliana is independent of environmental conditions. New Phytologist, 181(2): 311~314

Long S P, Bernacchi C J. 2003. Gas exchange measurements, what can they tell us about the underlying limitations to photosynthesis? Procedures and sources of error. Journal of Experimental Botany, 54: 2393~2401

Loveys B R, Atkinson L J, Sherlock D J et al. 2003. Thermal acclimation of leaf and root respiration: an investigation comparing inherently fast-and slow-growing plant species. Global Change Biology, 9: 895~910

Luo Y, Melillo J, Niu S. 2011. Coordinated approaches to quantify long-term ecosystem dynamics in response to global change. Global Change Biology, 17(2): 843~854

Luo Y. 2007. Terrestrial carbon-cycle feedback to climate warming. Annual Review of Ecology and Systematics, 38(1): 683~712

Luo Y Q, Wan S Q, Hui D F et al. 2001. Acclimatization of soil respiration to warming in a tall grass prairie. Nature, 413(6856): 622～625

Luomala E M, Laitinen K, Kellomaki S et al. 2003. Variable photosynthetic acclimation in consecutive cohorts of Scots pine needles during 3 years of growth at elevate CO_2 and elevated temperature. Plant Cell and Environment, 26: 645～660

Luomala E M, Laitinen K, Sutinen S et al. 2005. Stomatal density, anatomy and nutrient concentrations of Scots pine needles are affected by elevated CO_2 and temperature. Plant Cell and Environment, 28(6): 733～749

Lupascu M, Wadham J L, Hornibrook E R C et al. 2012. Temperature sensitivity of methane production in the permafrost active layer at Sordalen, Sweden: a comparison with non-permafrost northern wetlands. Arctic Antarctic and Alpine Research, 44(4): 469～482

Ma G, Ma C S. 2012a. Effect of acclimation on heat-escape temperatures of two aphid species: Implications for estimating behavioral response of insects to climate warming. Journal of Insect Physiology, 58(3): 303～309

Ma G, Ma C S. 2012b. Climate warming may increase aphids' dropping probabilities in response to high temperatures. Journal of Insect Physiology, 58(11): 1456～1462

Makita N, Kawamura A. 2015. Temperature Sensitivity of Microbial Respiration of Fine Root Litter in a Temperate Broad-Leaved Forest. Plos One, 10(2): e0117694

Malcolm G M, López-Gutiérrez J C, Koide R T et al. 2008. Acclimation to temperature and temperature sensitivity of metabolism by ectomycorrhizal fungi. Global Change Biology, 14(5): 1169～1180.

Malcolm G M, López-Gutiérrez J C, Koide R T. 2009. Little evidence for respiratory acclimation by microbial communities to short-term shifts in temperature in red pine (Pinus resinosa) litter. Global Change Biology, 15(10): 2485～2492

Malcolm J R, Liu C, Neilson R P et al. 2006. Global warming and extinctions of endemic species from biodiversity hotspots. Conservation Biology, 20(2): 538～548

Mangelsdorf K, Finsel E, Liebner S et al. 2009. Temperature adaptation of microbial communities in different horizons of Siberian permafrost～affected soils from the Lena Delta. Chemie Der Erde-Geochemistry, 69(2): 169～182

Manzoni S, Taylor P, Richter A et al. 2012. Environmental and stoichiometric controls on microbial carbon-use efficiency in soils. New Phytologist, 196(1): 79～91

Markino A, Mae T, Ohira K. 1983. Photosynthesis and ribulose 1,5-bisphosphate carboxylase in rice leaves. Plant Physiology, 73: 1002～1007

Marshall D R, Jain S K. 1968. Phenotypic plasticity in Avena fatua and A barbata. Am Nat, 102(927): 457～467

Maseyk K, Grünzweig J M, Rotenberg E et al. 2008. Respiration acclimation contributes to high carbon use efficiency in a seasonally dry pine forest. Global Change Biology, 14: 1553～1567

Mawson B T, Svoboda J, Cummins R W. 1986. Thermal acclimation of photosynthesis by the arctic plant Saxifraga cernua. Canadian Journal of Botany. 64(1): 71～76

Mawson B T, Cummins R W. 1989. Thermal acclimation of photosynthetic electron transport activity by thylakoid of Saxifraga cernua. Plant Physiology, 89(1): 325～332

McGuire A D, Sitch S, Clein J S et al. 2001. Carbon balance of the terrestrial biosphere in the twentieth century: Analyses of CO_2, climate and land use effects with four process-based ecosystem models. Global Biogeochemical Cycles, 15(1): 183～206

Medlyn B E, Loustau D, Delzon S. 2002. Temperature response of parameters of a biochemically based model of photosynthesis I Seasonal changes in mature maritime pine (*Pinus pinaster Ait*). Plant Cell and Environment, 25(9): 1155~1165

Medlyn B E, Duursma R A, David D E. 2011. Reconciling the optimal and empirical approaches to modeling stomatal conductance. Global Change Biology, 17(6): 2134~2144

Melillo J M, Steudler P A, Aber J D et al. 2002. Soil warming and carbon-cycle feedbacks to the climate system. Science, 298(5601): 2173~2176

Menge D N, Ballantyne I V F, Weitz J S. 2011. Dynamics of nutrient uptake strategies: lessons from the tortoise and the hare. Theor Ecology, 4(2): 163~177

Menzel A, Fabian P. 1999. Growing season extended in Europe. Nature. 397 (6721): 659

Mitchell R A C, Barber J. 1986. Adaptation of photosynthetic electron-transport rate to growth temperature in pea. Planta. 169(3): 429~436

Mo X G, Liu S X, Lin Z H. 2006. Spatial-temporal evolution and driving forces of winter wheat productivity in the Huang-Huai-Hai region. Journal of Natural Resources, 21(3): 449~457

Mo X G, Lin Z H, Liu S X. 2007. Climate change impacts on the ecohydrological processes in the Wuding River basin. Acta Ecologica Sinica, 27(12): 4999~5007

Mo X G, Liu S X, Lin Z H et al. 2009. Regional crop yield, water consumption and water use efficiency and their responses to climate change in the North China Plain. Agriculture, Ecosystems & Environment, 134(1): 67~78

Mooshammer M, Wanek W, Hammerle I et al. 2014a. Adjustment of microbial nitrogen use efficiency to carbon: nitrogen imbalances regulates soil nitrogen cycling. Nature Communications, 5: 3694

Mooshammer M, Wanek W, Zechmeister-Boltenstern S et al. 2014b. Stoichiometric imbalances between terrestrial decomposer communities and their resources: mechanisms and implications of microbial adaptations to their resources. Frontiers in Microbiology, 5

Moran N. 1992. The evolutionary maintenance of alternative phenotypes. Am Nat, 139(5): 971~989

Nadeau J A, Sack F D. 2002. Control of stomatal distribution on the *Arabidopsis* leaf surface. Science, 296(5573): 1697~1700

Ni K, Ding W X, Zaman M et al. 2012. Nitrous oxide emissions from a rainfed-cultivated black soil in Northeast China: effect of fertilization and maize crop. Biology and Fertility of Soils, 48(8): 973~979

Niinemets Ü, Tenhunen J D, Beyschlag W. 2004. Spatial and age-dependent modifications of photosynthetic capacity in four Mediterranean oak species. Functional Plant Biology, 31: 1179~1193

Niinemets Ü, Cescatti A, Rodeghiero M et al. 2005. Leaf internal diffusion conductance limits photosynthesis more strongly in older leaves of Mediterranean evergreen broadleaved species. Plant Cell and Environment, 28: 1552~1566

Niinemets Ü, Cescatti A, Rodeghiero M et al. 2006. Complex adjustments of photosynthetic potentials and internal diffusion conductance to current and previous light availabilities and leaf age in Mediterranean evergreen species *Quercus ilex*. Plant Cell and Environment, 29: 1159~1178

Niinemets Ü, Díaz-Espejo A, Flexas J et al. 2009. Role of mesophyll diffusion conductance in constraining potential photosynthetic productivity in the field. Journal of Experimental Botany,60(8): 2249~2270

Niu L A, Hao J M, Zhang B Z et al. 2011. Influences of long-term fertilizer and tillage management on soil fertility of the north China Plain. Pedosphere, 21(6): 813~820

Niu S, Luo Y, Fei S. 2012. Thermal optimality of net ecosystem exchange of carbon dioxide and underlying mechanisms. New Phytology, 194(3): 775~783

Niu S L, Wan S Q. 2008. Warming changes plant competitive hierarchy in a temperate steppe in northern China. Journal of Plant Ecology,1, 103~110

Niu S L, Han X G, Ma K P *et al*. 2007. Field facilities in global warming and terrestrial ecosystem research. Chinese Journal of Plant Ecology, 31(2): 262~271

Niu S L, Li Z, Xia J Y *et al*. 2008. Climate warming changes plant photosynthesis and its temperature dependence in a temperate steppe of northern China. Environmental and Experimental Botany, 63(1): 91~101

Nottingham A T, Turner B L, Whitaker J *et al*. 2016. Temperature sensitivity of soil enzymes along an elevation gradient in the Peruvian Andes. Biogeochemistry, 127(2~3): 217~230

Nussey D H, Wilson A J, Brommer J E. 2007. The evolutionary ecology of individual phenotypic plasticity in wild population. Journal of Evolutionary Biology, 20(3): 831~844

O'Connell A M. 1990. Microbial decomposition (respiration) of litter in eucalypt forests of southwestern Australla—an empirical model based on laboratory incubations. Soil Biology and Biochemistry, 22(2): 153~160

Oechel W C, Vourlitis G L, Hastings S J *et al*. 2000. Acclimation of ecosystem CO_2 exchange in the Alaskan Arctic in response to decadal climate warming. Nature, 406(6799): 978~981

Ogawa T. 1979. Stomatal responses to light and CO_2 in greening wheat leaves. Plant Cell & Physiology, 20(2): 445~452

Ogaya R, Llorens L, Peñuelas J. 2011. Density and length of stomatal and epidermal cells in "living fossil" trees grown under elevated CO_2 and a polar light regime. Acta Oecologia, 37(4): 381~385

Olefeldt D, Turetsky M R, Crill P M *et al*. 2013. Environmental and physical controls on northern terrestrial methane emissions across permafrost zones. Global Change Biology, 19(2): 589~603

Olszyk D M, Johnson M G, Tingey D T *et al*. 2003. Whole-seedling biomass allocation, leaf area, and tissue chemistry for Douglas-fir exposed to elevated CO_2 and temperature for 4 years. Canadian Journal of Forest Research, 33(2): 269~278

Onoda Y, Hikosaka K, Hirose T. 2005a. Seasonal change in the balance between capacities of RuBP carboxylation and RuBP regeneration affects CO_2 response of photosynthesis in *Polygonum cuspidatum*. Journal of Experimental Botany, 56(412): 755~763

Onoda Y, Hikosaka K, Hirose T. 2005b. The balance between RuBP carboxylation and RuBP regeneration: a mechanism underlying the interspecific variation in acclimation of photosynthesis to seasonal change in temperature. Functional Plant Biology, 32: 903~910

Ow L F, Griffin K L, Whitehead D *et al*. 2008. Thermal acclimation of leaf respiration but not photosynthesis in Populus deltoides × nigra. New Phytology, 178: 123~134

Ow L F, Whitehead D, Walcroft A S. 2010. Seasonal variation in foliar carbon exchange in *Pinus radiata* and *Populus deltoides*: respiration acclimates fully to changes in temperature, but photosynthesis does not. Global Change Biology, 16(1): 288~302

Pan D D, Wu X W, Tian G M *et al*. 2012. CO_2 and CH_4 fluxes from a plant-soil ecosystem after organic compost and inorganic fertilizer applications to Brassica chinensis. Journal of Food Agriculture &Environment, 10(3-4): 1240~1245

Panek J A. 2004. Ozone uptake, water loss and carbon exchange dynamics in annually drought-stressed Pinus ponderosa forests: measured trends and parameters for uptake modeling. Tree Physiology, 24: 277~290

Parker I M, Rodriguez J, Loik M E. 2003. An evolutionary approach to understanding the biology of invasions: local adaptation and general-purpose genotypes in the weed *Verbascum thapsus*. Biology Conservations, 17(1): 59~72

Parmesan C, Yohe G. 2003. A globally coherent fingerprint of climate change impacts across natural systems. Nature, 421(6918): 37~42

Parmesan C. 2006. Ecological and evolutionary responses to recent climate change, Annual Review of Ecology Evolution and Systematics. Annual Reviews, Palo Alto, pp. 637～669

Parolo G, Rossi G. 2008. Upward migration of vascular plants following a climate warming trend in the Alps. Basic and Applied Ecology,9(2): 100～107

Peng Q, Dong Y, Qi Y et al. 2011. Effects of nitrogen fertilization on soil respiration in temperate grassland in Inner Mongolia, China. Environmental Earth Sciences, 62(6): 1163～1171

Peng S, Cassman K G, Kropff M J. 1995. Relationship between leaf photosynthesis and nitrogen content of field-grown rice in tropics. Crop Science, 35: 1627～1630

Pengelly J J L, Sirault X R R, Tazoe Y et al. 2010. Growth of the C_4 dicot Flaveria bidentis: photosynthetic acclimation to low light through shifts in leaf anatomy and biochemistry. Journal of Experimental Botany,61(14): 4109～4122

Peñuelas J, Gordon C, Llorens L et al. 2004. Nonintrusive field experiments show different plant responses to warming and drought among sites, seasons, and species in a north-south European gradient. Ecosystems, 7(6): 598～612

Peñuelas J, Prieto P, Beier C. 2007. Response of plant species richness and primary productivity in shrublands along a north–south gradient in Europe to seven years of experimental warming and drought. Reductions in primary productivity in the heat and drought year of 2003. Global Change Biology,13(12): 2563～2581

Peter H, Pugnaire F I, Clark S C et al. 1997. Spatial pattern in Anthyllis cytioides shrubland on abandoned land in southeastern Spain. Journal of Vegetation Science, 8(5): 627～634

Phillips R P, Finzi A C, Bernhardt E. 2011. Enhanced root exudation induces microbial feebacks to N cycling in apine forest under long-term CO_2 fumigation. Ecology Letters, 14: 187～194

Piersma T, Drent J. 2003. Phenotypic flexibility and the evolution of organismal design. Trends in Ecology andEvolution, 18(5): 228～233

Pigliucci M, Murren C J, Schlichting C D. 2006. Phenotypic plasticity and evolution by genetic assimilation. Journal of Experimental Botany, 209(12): 2362～2367

Pigliucci M. 2001. Phenotypic Plasticity. Baltimore, MD: John Hopkins University Press

Pigliucci M. 2005. Evolution of phenotypic plasticity: where are we going now? Trends in Ecology andEvolution, 20(9): 481～486

Plante A F, Six J, Paul E A et al. 2009. Does physical protection of soil organic matter attenuate temperature sensitivity? Soil Science Society of America Journal, 73(4): 1168～1172

Poirier M, Lacointe A, Ameglio T A. 2010. Semi-physiological model of cold hardening and dehardening in walnut stem. Tree Physiology, 30: 1555～1569

Post W M, Kwon K C. 2000. Soil carbon sequestration and land-use change: processes and potential. Global Change Biology, 6(3): 317～327

Prieto J A, Louarn G, Peña J P. 2012. A leaf gas exchange model that accounts for intra-canopy variability by considering leaf nitrogen content and local acclimation to radiation in grapevine (Vitis vinifera L.). Plant, Cell and Environment, 35(7): 1313～1328

Prieto P, Peñuelas J, Llusià J et al. 2009a. Effects of experimental warming and drought on biomass accumulation in a Mediterranean shrubland. Plant Ecology,205(2): 179～191

Prieto P, Peñuelas J, Llusià J et al. 2009b. Effects of long-term experimental night-time warming and drought on photosynthesis, Fv/Fm and stomatal conductance in the dominant species of a Mediterranean shrubland. Acta Physiologia Plantarum,31(4): 729～739

Prosser J I, Bohannan B J M, Curtis T P et al. 2007. The role of ecological theory in microbial ecology. Nature

Reviews Microbiology, 5(5): 384～392

Prosser C L. 1991. Environmental and Metabolic Animal Physiology: Comparative Animal Physiology. 4th edn. Hoboken, NJ: Wiley–Liss, 1～12

Qi Y, Xu M, Wu J G. 2002. Temperature sensitivity of soil respiration and its effects on ecosystem carbon budget: nonlinearity begets surprises. Ecological Modelling, 153(1～2): 131～142

Raich J W, Schlesinger W H. 1992. The global carbon-dioxide flux in soil respiration and its relationship to vegetation and climate. Tellus Series B～Chemical and Physical Meteorology, 44(2): 81～99

Ranneklev S B, Bääth E.2001. Temperature-driven adaptation of the bacterial community in peat measured by using thymidine and leucine incorporation. Applied and environmental microbiology, 67 (3): 1116～1122

Ravishankara A R, Daniel J S, Portmann R W. 2009. Nitrous Oxide (N_2O): The dominant Ozone-depleting substance emitted in the 21st Century. Science, 326(5949): 123～125

Razavi B S, Blagodatskaya E, Kuzyakov Y. 2015. Nonlinear temperature sensitivity of enzyme kinetics explains canceling effect—a case study on loamy haplic Luvisol. Frontiers in Microbiology, 6: 1126

Reay D S, Dentener F, Smith P et al. 2008. Global nitrogen deposition and carbon sinks. Nature Geoscience, 1(7): 430～437

Reddy K R, Robana R R, Hodges H F et al. 1998. Interactions of CO_2 enrichment and temperature on cotton growth and leaf characteristics. Environmental and Experimental Botany, 39(2): 117～129

Redfield A C. 1958. The biological control of chemical factors in the environment. American Scientist, 46(3): 205～221

Reich P B, Falster D S, Ellsworth D S et al. 2009. Controls on declining carbon balance with leaf age among 10 woody species in Australian woodland: do leaves have zero daily net carbon balances when they die? New Phytology, 183: 153～166

Relyea R A. 2002. Costs of phenotypic plasticity. Am Nat, 159(3): 272～282

Reynolds-Henne C E, Langenegger A, Mani J et al. 2010. Interactions between temperature, drought and stomatal opening in legumes. Environmental and Experimental Botany, 68(1): 37～43

Richards C L, Pennings S C. Donovan L A. 2005. Habitat range and phenotypic variation in salt marsh plants. Plant Ecology, 176(2): 263～273

Richards C L, Bossdorf O, Muth N Z. 2006. Jack of all trades, master of some? On the role of phenotypic plasticity in plant invasions. Ecology Letters, 9(8): 981～993

Richardson D, Felgate H, Watmough N et al. 2009. Mitigating release of the potent greenhouse gas N_2O from the nitrogen cycle—could enzymic regulation hold the key? Trends in Biotechnology, 27(7): 388～397

Richter S, Kipfer T, Wohlgemuth T. 2012. Phenotypic plasticity facilitates resistance to climate change in a highly variable environment. Oecologia, 169(1): 269～279

Rinke C, Schwientek P, Sczyrba A et al. 2013. Insights intothe phylogeny and coding potential of microbial dark matter. Nature, 499(7459): 431～437

Rinnan R, Michelsen A, Bååth E et al. 2007. Fifteen years of climate change manipulations alter soil microbial communities in a subarctic heath ecosystem. Global Change Biology, 13(1): 28～39

Rinnan R, Michelsen A, Bååth E.2011. Long-term warming of a subarctic heath decreases soil bacterial community growth but has no effects on its temperature adaptation. Applied Soil Ecology, 47: 217～220

Ripley B D. 1976. The second-order analysis of stationary processes. Journal of Applied Probability, 13(2): 255～266

Robinson B W, Dukas R. 1999. The influence of phenotypic modifications on evolution: the Baldwin effect and modern perspective. Oikos, 85(3): 582～589

Rodrígues-Calcerrada J, Limousin J, Martin-StPaul N K et al. 2012. Gas exchange and leaf aging in an evergreen oak: causes and consequences for leaf carbon balance and canopy respiration. Tree Physiology, 32: 464~477

Rossiter M C. 1996. Incidence and consequences of inherited environmental effects. Annual Review of Ecology and Systematics, 27(1): 451~476

Rousk J, Frey S D, Bååth E. 2012. Temperature adaptation of bacterial communities in experimentally warmed forest soils. Global Change Biology, 18(10): 3252~3258

Royer D L. 2001. Stomatal density and stomatal index as indicators of paleoatmospheric CO_2 concentration. Review of Palaeobotany and Palynology, 114(1): 1~28

Rustad L, Campbell J, Marion G et al. 2001. A meta-analysis of the response of soil respiration, net nitrogen mineralization, and aboveground plant growth to experimental ecosystem warming. Oecologia,126: 543~562

Ryser P, Eek L. 2000. Consequences of phenotypic plasticity vs. interspecific differences in leaf and root traits for acquisition of aboveground and belowground resources. American Journal of Botany, 87(3): 402~411

Sage R F, Kubien D S. 2008. The temperature response of C3 and C4 photosynthesis. Plant Cell and Environment, 30: 1086~1106

Sage T L, Williams E G.1995. Structure, ultrastructure, and histochemistry of the pollen tube pathway in the milkweed Asclepiasexaltata L. Sex Plant Reproduction,8: 257~265

Salvucci M E, Crafts-Brandner S J. 2004. Relationship between the heat tolerance of photosynthesis and the thermal stability of Rubisco Activase in plants from contrasting thermal environment. Plant physiology, 134(4): 1460~1470

Sardans J, Peñuelas J, Prieto P et al. 2008a. Drought and warming induced changes in P and K concentration and accumulation in plant biomass and soil in a Mediterranean shrubland. Plant and Soil,306(1-2): 261~271

Sardans J, Peñuelas J, Estiarte M et al. 2008b. Warming and drought alter C and N concentration, allocation and accumulation in a Mediterranean shrubland. Global Change Biology,14(11): 2304~2316

Savitch L V, Gray G R, Humer P A. 1997. Feedback-limited photosynthesis and regulation of sucrose-starch accumulation during cold acclimation and low-temperature stress in a spring and winter wheat. Planta, 201: 18~26

Savitch L V, Harney T, Huner N P A. 2000. Sucrose metabolism in spring and winter wheat in response to high irradiance, cold stress and cold acclimation. Physiologia plantarum, 108: 270~278

Scheiner S M. 1993. Genetics and evolution of phenotypic plasticity. Annual Review of Ecology and Systematics, 24: 35~68

Schindlbacher A, Schnecker J, Takriti M et al. 2015. Microbial physiology and soil CO_2 efflux after 9 years of soil warming in a temperate forest—no indications for thermal adaptations. Global Change Biology, 21(11): 4265~4277

Schipper L A, Hobbs J K, Rutledge S et al. 2014. Thermodynamic theory explains the temperature optima of soil microbial processes and high Q_{10} values at low temperatures. Global Change Biology, 20(11): 3578~3586

Schlichting C D. 1986. The evolution of phenotypic plasticity in plants. Annual Review of Ecology and Systematics, 17: 667~693

Schlüter U, Muschak M, Berger D et al. 2003. Potosynthetic performance of an Arabidopsis mutant with elevated stomatal density (sdd1-1) under different light regimes. Journal of Experimental Botany,

54(383): 867~874

Schmitt J, McCormac A C, Smith H. 1995. A test of the adaptive plasticity hypothesis using transgenic and mutant plants disabled in phytochrome-mediated elongation response to neighbors. Am nat, 146(6): 937~957

Schmitt J, Dudley S A, Pigliucci M. 1999. Manipulative approaches to testing adaptive plasticity: phytochrome-mediated shade avoidance responses in plants. Am Nat, 154(1): S43~S54

Schulze E D, Lange O L, Evenari M et al. 1974. The role of air humidity and leaf temperature in controlling stomatal resistance of Prunus armeniaca L. under desert conditions. Oecologia, 17(2): 159~170

Seebacher F, White C R, Franklin C E. 2015. Physiological plasticity increases resilience of ectothermic animals to climate change. Nature Climate Change, 5(1): 61~66

Seemann J R, Downton W J S, Berry J A. 1986. Temperature and leaf osmotic potential as factors in the acclimation of photosynthesis to high temperature in desert plants. Plant physiology, 80: 926~930

Shang Z, Laohavisit A, Davies J M. 2009. Extracellular ATP activates an Arabidopsis plasma membrane Ca^{2+}-permeable conductance. Plant Signaling and Behavior, 4(10): 989~991

Sharkey T D. 1985. Photosynthesis in intact leaves of C3 plants: physics, physiology and rate limitations. Botanical Review, 51: 53~105

Sharkey T D, Raschke K. 1981. Effect of light quality on stomatal opening in leaves of Xanthium strumarium L. Plant Physiology, 68: 1170~1174

Sharkey T D, Bernacchi C J, Farquhar G D et al. 2007. Fitting photosynthetic carbon dioxide response curves for C3 leaves. Plant, Cell &Environment, 30: 1035~1040

Shelley F, Abdullahi F, Grey J et al. 2015. Microbial methane cycling in the bed of a chalk river: oxidation has the potential to match methanogenesis enhanced by warming. Freshwater Biology, 60(1): 150~160

Shen R C, Xu M, Chi Y G et al. 2014. Soil microbial responses to experimental warming and nitrogen addition in a temperate steppe of Northern China. Pedosphere, 24(4): 427~436

Sheng H, Yang Y S, Yang Z J et al. 2010. The dynamic response of soil respiration to land-use changes in subtropical China. Global Change Biology, 16(3): 1107~1121

Shi F S, Wu Y, Wu N, Luo P. 2010. Different growth and physiological responses to experimental warming of two dominant plant species Elymus nutans and Potentilla anserine in an alpine meadow of the eastern Tibetan Plateau. Photosynthetica, 48(3): 437~445

Shi P L, Körner C, Hoch G. 2008. A test of the growth-limitation theory for alpine tree line formation in evergreen and deciduous taxa of the eastern Himalayas. Functional Ecology, 22: 213~220

Shi Z, Li Y Q, Wang S J et al. 2009. Accelerated soil CO_2 efflux after conversion from secondary oak forest to pine plantation in southeastern China. Ecological Research, 24(6): 1257~1265

Shimazaki K, Doi M, Assmann S M et al. 2007. Light regulation of stomatal movement. Annual Review of Plant Biology, 58: 219~247

Shpak E D, McAbee J M, Pillitteri L J et al. 2005. Stomatal patterning and differentiation bysynergistic interactions of receptor kinases. Science, 309(5732): 290~293

Siciliano S D, Ma W K, Ferguson S et al. 2009. Nitrifier dominance of Arctic soil nitrous oxide emissions arises due to fungal competition with denitrifiers for nitrate. Soil Biology & Biochemistry, 41(6): 1104~1110

Sierra C A. 2012. Temperature sensitivity of organic matter decomposition in the Arrhenius equation: some theoretical considerations. Biogeochemistry, 108(1~3): 1~15

Sierra J, Brisson N, Ripoche D et al. 2010. Modelling the impact of thermal adaptation of soil microorganisms and crop system on the dynamics of organic matter in a tropical soil under a climate change scenario.

Ecological Modelling,221(23): 2850~2858

Sinensky M. 1974. Homeoviscous adaptation-a homeostatic process that regulates the viscosity of membrane lipids in *Escherichia coli*. Proceedings of the National Academy of Sciences of the United States of America, 71(2): 522~525

Singh B K, Bardgett R D, Smith P *et al*. 2010. Microorganisms and climate change: terrestrial feedbacks and mitigation options. Nature Reviews Microbiology, 8(11): 779~790

Sinha P G, Kapoor R, Uprety D C *et al*. 2009. Impact of elevated CO_2 concentration on ultrastructure of pericarp and composition of grain in three *Triticum* species of different ploidy levels. Environmental and Experimental Botany, 66(3): 451~456

Sinsabaugh R L, Manzoni S, Moorhead D L *et al*. 2013. Carbon use efficiency of microbial communities: stoichiometry, methodology and modelling. Ecology Letters, 16(7): 930~939

Skarpe C. 1991. Spatial patterns and dynamics of woody vegetation in an arid savanna. Journal of Vegetation Science, 2(4): 565~572

Slatyer R O, Morrow P A. 1977. Altitudinal variation in photosynthetic characteristics of snow gum, Eucalyptus pauciflora Sieb. ex Spreng. I. Seasonal changes under field conditions in the Snowy Mountains area of south~eastern Australia. Australian Journal of Botany, 25: 1~20

Smit B, Cai Y. 1996. Climate change and agriculture in China. Global Environment Change,6(3): 205~214

Smith E M, Hadley E B. 1974. Photosynthetic and respiratory acclimation to temperature in *Ledum groenlandicum* populations. Arctic & Alpine Research, 6(1): 13~27

Smith J L, Halvorson J J, Bolton H. 2002. Soil properties and microbial activity across a 500m elevation gradient in a semi-arid environment. Soil Biology and Biochemistry, 34(11): 1749~1757

Smith N G, Dukes J S. 2013. Plant respiration and photosynthesis in global-scale models: incorporating acclimation to temperature and CO_2. Global Change Biology, 19(1): 45~63

Smith R A, Lewis J D, Ghannoum O *et al*. 2012. Leaf structural responses to pre-industrial, current and elevated atmospheric [CO_2] and temperature affect leaf function in *Eucalyptus sideroxylon*. Functional Plant Biology, 39(4): 285~296

Solomon S, IPCC. 2007. Climate change 2007 : the physical science basis : contribution of Working Group I to the Fourth Assessment Report of the Intergovernmental Panel on Climate Change. , New York: Cambridge University Press

Somero G N. 2004. Adaptation of enzymes to temperature: searching for basic "strategies". Comparative Biochemistry and Physiology B: Biochemistry and Molecular Biology, 139(3): 321~333

Song L, Chow W S, Sun L *et al* 2010. Acclimation of photosynstem II to high temperature in two Wedelia species from different geographical origins: implication for biological invasions upon global warming. Journal of experimental botany, 61(14), 4087~4096

Spahni R, Wania R, Neef L *et al*. 2011. Constraining global methane emissions and uptake by ecosystems. Biogeosciences 8(6): 1643~1665.

Spooner P G, Lunt I D, Okabe A *et al*. 2004. Spatial analysis of roadside Acacia populations on a road network using the network K-function. Landscape Ecology 19(5): 491~499

Stark S, Männistö M K, Ganzert L *et al*. 2015. Grazing intensity in subarctic tundra affects the temperature adaptation of soil microbial communities. Soil Biology and Biochemistry, 84: 147~157

Stearns S C. 1989. The evolutionary significance of phenotypic plasticity. Bioscience, 39(7): 436~445

Sugano S S, Shimada T, Imai Y *et al*. 2010. Stomagen positively regulates stomatal density in *Arabidopsis*. Nature, 463(7278): 241~246

Sultan S E. 1995. Phenotypic plasticity and plant adaptation. Acta Botanica Neerlandica,44: 363~383

Sultan S E. 2000. Phenotypic plasticity for plant development, function and life history. trends in ecology & evolution, 5(12): 537~542

Sultan S E. 2001. Phenotypic plasticity for fitness components in *Polygonum* species of contrasting ecological breadth. Ecology, 82(2): 328~343

Svanbäck R, Schluter D. 2013. Niche specialization influences adaptive phenotypic plasticity in the threespine stickleback. Current Biology, 23(2): 139~142

Szafranek-Nakonieczna A, Stepniewska Z. 2014. Aerobic and anaerobic respiration in profiles of Polesie Lubelskie peatlands. International Agrophysics, 28(2): 219~229

Takemiya A, Kinoshita T, Asanuma M *et al.* 2006. Protein phosphatase 1 positively regulates stomatal opening in response to blue light in *Vicia faba*. Proceedings of The National Academy of Sciences, 103(36): 13549~13554

Tamura Y, Moriyama M. 2001. Nonstructural carbohydrate reserves in roots and the ability of temperate perennial grasses to overwinter in early growth stages. Plant Production Science, 4(1): 56~61

Tang J Y, Riley W J. 2015. Weaker soil carbon-climate feedbacks resulting from microbial and abiotic interactions. Nature Climate Change, 5(1): 56~60

Tao F, Yokozawa M, Xu Y *et al.* 2006. Climate changes and trends in phenology and yields of field crops in China, 1981–2000. Agricultural & Forest Meteorology, 138(1~4): 82~92

Tao F L, Zhang Z. 2010. Adaptation of maize production to climate change in North China Plain: Quantify the relative contributions of adaptation options. European Journal of Agronomy, 33(2): 103~116

Tao F L, Hayashi Y, Yokozawa M *et al.* 2008. Global warming, rice production and water use in China: developing a probabilistic assessment. Agricultural and Forest Meteorology, 148(1): 94~110

Tao F L, Zhang S, Zhang Z. 2012. Spatiotemporal changes of wheat phenology in China under the effects of temperature, day length and cultivar thermal characteristics. European Journal of Agronomy, 43(43): 201~212.

Taylor S H, Franks P J, Hulme S P *et al.* 2012. Photosynthetic pathway and ecological adaptation explain stomatal trait diversity amongst grasses. New Phytologist, 193(2): 387~396

Tenaillon O, Rodríguez-Verdugo A, Gaut R L *et al.* 2012. The molecular diversity of adaptive convergence. Science, 335(6067): 457~461

Teng N J, Wang J, Chen T *et al.* 2006. Elevated CO_2 induces physiological, biochemical and structural changes in leaves of *Arabidopsis thaliana*. New Phytologist, 172(1): 92~103

Thauer R K, Kaster A K, Seedorf H *et al.* 2008. Methanogenic archaea: ecologically relevant differences in energy conservation. Nature Reviews Microbiology, 6(8): 579~591

Thomas A. 2008. Agriculture irrigation demand under present and future climate scenarios in China. Global and Planetary Change, 60(3~4): 306~326

Thomas S C, Bazzaz F A. 1996. Elevated CO_2 and leaf shape: are dandelions getting toothier? American Journal of Botany, 83(1): 106~111

Tiedje J M, Asuming-Brempong S, Nusslein K *et al.* 1999. Opening the black box of soil microbial diversity. Applied Soil Ecology, 13(2): 109~122

Tingey D T, Mckane R B, Olszyk D M *et al.* 2003. Elevated CO_2 and temperature alter nitrogen allocation in Douglass-fir. Global Change Biology, 9(7): 1038~1050

Tjoelker M G, Reich P B, Oleksyn J. 1999. Changes in leaf nitrogen and carbohydrates underlie temperature and CO_2 acclimation of dark respiration in five boreal tree species. Plant Cell andEnvironment, 22(7): 767~778

Tjoelker M G, Oleksyn J, Reich P B. 2001. Modelling respiration of vegetation: evidence for a general temperature-dependent Q_{10}. Global Change Biology, 7(2): 223~230

Tjoelker M G, Oleksyn J, Reich P B et al. 2008. Coupling of respiration, nitrogen, and sugars underlies convergent temperature acclimation in Pinus banksiana across wide-ranging sites and populations. Global Change Biology, 14: 782~797

Tolvanen A, Henry G H R. 2001. Responses of carbon and nitrogen concentrations in high arctic plants to experimental warming. Canadian Journal of Botany, 79(6): 711~718

Torsvik V, Ovreas L. 2002. Microbial diversity and function in soil: from genes to ecosystems. Current Opinion in Microbiology, 5(3): 240~245

Treseder K K. 2004. A meta-analysis of mycorrhizal responses to nitrogen, phosphorus, and atmospheric CO_2 in field studies. New Phytologist, 164(2): 347~355

Treseder K K. 2008. Nitrogen additions and microbial biomass: a meta-analysis of ecosystem studies. Ecology Letters, 11(10): 1111~1120

Tucker C L, Bell J, Pendall E et al. 2013. Does declining carbon-use efficiency explain thermal acclimation of soil respiration with warming? Global Change Biology, 19(1): 252~263

Tuomi M, Vanhala P, Karhu K et al. 2008. Heterotrophic soil respiration-Comparison of different models describing its temperature dependence. Ecological Modelling, 211(1~2): 182~190

Turan M, Ketterings Q M, GunesA et al. 2010. Temperature sensitivity of soil respiration is affected by nitrogen fertilization and land use. Acta Agriculturae Scandinavica Section B~Soil and Plant Science, 60(5): 427~436

Urban O, Hrstka M, Zitová M. 2012. Effect of season, needle age and elevated CO_2 concentration on photosynthesis and Rubisco acclimation in Picea abies. Plant Physiology and Biochemisty, 58: 135~141

Valladares F, Gianoli E, Gomez J M. 2007. Ecological limits to plant phenotypic plasticity. New Phytol, 176(4): 749~763

van Diepen L T A, Lilleskov E A, Pregitzer K S et al. 2007. Decline of arbuscular mycorrhizal fungi in northern hardwood forests exposed to chronic nitrogen additions. New Phytologist, 176(1): 175~183

Via S, Gomulkiewicz R, De Jong G. 1995. Adaptive phenotypic plasticity: consensus and controversy. trends in ecology and evolution, 10(5): 212~217

Vicca S, Fivez L, Kockelbergh F et al. 2009a. No signs of thermal acclimation of heterotrophic respiration from peat soils exposed to different water levels. Soil Biology and Biochemistry, 41(9): 2014~2016

Vicca S, Janssens I A, Flessa H et al. 2009b. Temperature dependence of greenhouse gas emissions from three hydromorphic soils at different groundwater levels. Geobiology, 7(4): 465~476

Vitousek P M, Howarth R W. 1991. Nitrogen limitation on land and in the sea—how can it occur. Biogeochemistry, 13(2): 87~115

Vitousek P M. 1994. Beyond global warming-ecology and global change. Ecology, 75(7): 1861~1876

Vitousek P M, Aber J D, Howarth R W et al. 1997. Human alteration of the global nitrogen cycle: sources and consequences. Ecological Applications, 7(3): 737~750

Vogler D W, Das C, Stephenson A G. 1998. Phenotypic plasticity in the expression of self-incompatibility in Campanula rapunculoides. Heredity, 81(5): 546~555

von Lötzow M, Kögel-Knabner I. 2009. Temperature sensitivity of soil organic matter decomposition—what do we know? Biology and Fertility of Soils, 46(1): 1~15

Wagai R, Kishimoto-Mo A W, Yonemura S et al. 2013. Linking temperature sensitivity of soil organic matter decomposition to its molecular structure, accessibility, and microbial physiology. Global Change Biology, 19(4): 1114~1125

Waldrop M P, Firestone M K. 2004. Altered utilization patterns of young and old soil C by microorganisms caused by temperature shifts and N additions. Biogeochemistry, 67(2): 235～248

Walker M D, Wahren C H, Hollister R D. 2006. Plant community responses to experimental warming across the tundra biome. Proceedings of the National Academy of Sciences, USA,103(5): 1342～1346

Wallenstein M, Allison S D, Ernakovich J et al. 2011. Controls on the temperature sensitivity of soil enzymes: A key driver of in situ enzyme activity rates. In: Shukla G, Varma A(eds). Soil Enzymology. Berlin Heidelberg, Springer: 245～258

Walther G R, Post E, Convey P et al. 2002. Ecological responses to recent climate change. Nature, 416(6879): 389～395

Wan S, Hui D, Wallace L et al. 2005. Direct and indirect effects of experimental warming on ecosystem carbon processes in a tallgrass prairie. Global Biogeochemical Cycles,19(2), GB2014

Wan S Q, Yuan T, Bowdish S et al. 2002. Response of an allergenic species Ambrosia psilostachya (Asteraceae), to experimental warming and clipping: Implications for public health. American Journal of Botany, 89(11): 1843～1846

Wang G B, Zhou Y, Xu X et al. 2013. Temperature sensitivity of soil organic carbon mineralization along an elevation gradient in the Wuyi Mountains, China. Plos One, 8(1): e53914

Wang H, Ngwenyama N, Liu Y et al. 2007. Stomatal development and patterning are regulated by environmentally responsive mitogen-actived protein kinases in Arabidopsis. The Plant Cell,19(1): 63～73

Wang J, Duan B, Zhang Y. 2012. Effects of experimental warming on growth, biomass allocation, and needle chemistry of Abies faxoniana in even-aged monospecific stands. Plant Ecology,213(1): 47～55

Wang J Y, Song C C, Zhang J et al. 2014. Temperature sensitivity of soil carbon mineralization and nitrous oxide emission in different ecosystems along a mountain wetland-forest ecotone in the continuous permafrost of Northeast China. Catena, 121: 110～118

Wang X G, Zhua B, Gao M R et al. 2008. Seasonal variations in soil respiration and temperature sensitivity under three land-use types in hilly areas of the Sichuan Basin. Australian Journal of Soil Research, 46(8): 727～734

Wang X H, Piao S L, Ciais P et al. 2010. Are ecological gradients in seasonal Q₁₀ of soil respiration explained by climate or by vegetation seasonality? Soil Biology and Biochemistry, 42(10): 1728～1734

Warren C R. 2006. Why does photosynthesis decrease with needle age in Pinus pinaster? Trees-Struct. Funct, 20: 157～164

Way D A, Sage R F. 2007. Thermal acclimation of photosynthesis in black spruce [Picea mariana (Mill) B S P]. Plant cell environment, 31: 1250～1262

Wei H, Guenet B, Vicca S et al. 2014. Thermal acclimation of organic matter decomposition in an artificial forest soil is related to shifts in microbial community structure. Soil Biology and Biochemistry, 71: 1～12

West P W. 1984. Inter-tree competition and small-scale pattern in monoculture of Eucalyptus obliqua (L'Herit). Australian Journal of Ecology, 9: 405～411

Weston D J, Bauerle W L, Swire-Clark G A et al. 2007. Characterization of Rubisco activase from thermally contrasting genotypes of Acer Rubrum (Aceraceae). American Journal of Botany, 94(6): 926～934

Wetterstedt J A M, Persson T, Agren G I. 2010. Temperature sensitivity and substrate quality in soil organic matter decomposition: results of an incubation study with three substrates. Global Change Biology, 16(6): 1806～1819

Whalen S C, Reeburgh W S. 1996. Moisture and temperature sensitivity of CH₄ oxidation in boreal soils. Soil Biology & Biochemistry, 28(10～11): 1271～1281

Whitehead D, Barbour M M, Griffin K L *et al.* 2011. Effects of leaf age and tree size on stomatal and mesophyll limitations to photosynthesis in mountain beech (*Nothofagus solandrii* var. *cliffortiodes*). Tree Physiology, 31: 985~996

Whitman W B, Coleman D C, Wiebe W J. 1998. Prokaryotes: The unseen majority. Proceedings of the National Academy of Sciences of the United States of America, 95(12): 6578~6583

Wiedenbeck J, Cohan F M. 2011. Origins of bacterial diversity through horizontal genetic transfer and adaptation to new ecological niches. FEMS Microbiology Reviews, 35(5): 957~976

Wieder W R, Bonan G B, Allison S D. 2013. Global soil carbon projections are improved by modelling microbial processes. Nature Climate Change, 3(10): 909~912

Wigley T M L, Raper S C B. 2001. Interpretation of high projections for global-mean warming. Science, 293(5529): 451~454

Williams D G, Black R A. 1993. Phenotypic variation in contrasting temperature environments: growth and photosynthesis in *Pennisetum setaceum* from different altitudes on Hawaii. Functional Ecology, 7(5): 623~633

Williams D G, Mack R N, Black R A. 1995. Ecophysiology of introduced *Pennisetum setaceum* on Hawaii: the role of phenotypic plasticity. Ecology, 76(5): 1569~1580

Wilson B K, Baldocchi D D, Hanson P J. 2000. Quantifying stomatal and non-stomatal limitations to carbon assimilation resulting from leaf aging and drought in mature deciduous tree species. Tree Physiology, 20: 787~797

Wilson D S. 1998. Costs and limits of phenotypic plasticity. Trends in Ecology and Evolution, 13(2): 7~81.

Wilson R S, Franklin C E. 2002. Testing the beneficial acclimation hypothesis. Trends in Ecology and Evolution, 17(2): 66~70

Woese C R, Fox G E. 1977. Phylogentic structure of prokaryotic domin-primary kingdoms. Proceedings of the National Academy of Sciences of the United States of America, 74(11): 5088~5090

Wong S C. 1990. Elevated atmospheric partial-pressure of CO_2 and plant-growth. 2-nonstructural carbohydrate content in cotton plants and its effect on growth-parameters. Photosynthesis Research, 23(2): 171~180

Wood H A, Harrison J F. 2002. Interpreting rejections of the beneficial acclimation hypothesis: when is physiological plasticity adaptive. Evolution, 56(9): 1863~1866

Woodward F I. 1987. Stomatal numbers are sensitive to increases in CO_2 from preindustrial levels. Nature, 327(6123): 617~618

Wullschleger S D. 1993. Biochemical limitations to carbon assimilation in C3 plants: a retrospective analysis of the A/C_i curves from 109 species. Journal of Experimental Botany, 44(262): 907~920

Xu C Y, Salih A, Ghannoum O, Tissue D T. 2012. Leaf structural characteristics are less important than leaf chemical properties in determining the response of leaf mass per area and photosynthesis of Eucalyptus saligna to industrial-age changes in $[CO_2]$ and temperature. Journal of Experimental Botany, 63(16): 5829~5841

Xu M, Qi Y. 2001a. Soil-surface CO_2 efflux and its spatial and temporal variations in a young ponderosa pine plantation in northern California. Global Change Biology, 7(6): 667~677

Xu M, Qi Y. 2001b. Spatial and seasonal variations of Q_{10} determined by soil respiration measurements at a Sierra Nevadan forest. Global Biogeochemical Cycles, 15(3): 687~696

Xu X, Inubushi K. 2009. Responses of ethylene and methane consumption to temperature and pH in temperate volcanic forest soils. European Journal of Soil Science, 60(4): 489~498

Xu Z F, Hu T X, Wang K Y *et al.* 2009. Short-term responses of phenology, shoot growth and leaf traits of four alpine shrubs in a timberline ecotone to simulated global warming, Eastern Tibetan Plateau, China. Plant Species Biology, 24(1): 27~34

Xu Z Z, Zhou G S. 2005. Effects of water stress and high nocturnal temperature on photosynthesis and nitrogen level of a perennial grass *Leymus chinensis*. Plant and Soil, 269(2): 131~139

Xu Z Z, Zhou G S. 2008. Responses of leaf stomatal density to water status and its relationship with photosynthesis in a grass. Journal of Experimental Botany, 59(12): 3317~3325

Xu Z Z, Zhou G S, Shimizu H. 2009. Effects of soil drought with nocturnal warming on leaf stomatal traits and mesophyll cell ultrastructure of a perennial grass. Crop Science, 49, 1843~1851

Yamasaki T, Yamakawa T, Yamane Y et al. 2002. Temperature acclimation of photosynthesis and related changes in photosystem II electron transport in winter wheat. Plant Physiology, 128(3): 1087~1097

Yamori W, Noguchi K. Terashima I. 2005. Temperature acclimation of photosynthesis in spinach leaves: analyses of photosynthetic components and temperature dependencies of photosynthetic partial reactions. Plant Cell and Environment, 28(4): 536~547

Yamori W, Noguchi K, Hanba Y T et al. 2006. Effects of internal conductance on the temperature dependence of the photosynthetic rate in spinach leaves from contrasting growth temperatures. Plant Cell Physiology. 47: 1069~1080

Yamori W, Noguchi K, Hikosaka K. 2010. Phenotypic plasticity in photosynthetic temperature acclimation among crop species with different cold tolerances. Plant Physioligy, 152(1): 388~399

Yan J H, Zhang W, Wang K Y et al. 2014. Responses of CO_2, N_2O and CH_4 fluxes between atmosphere and forest soil to changes in multiple environmental conditions. Global Change Biology, 20(1): 300~312

Yang Y, Wang G, Klanderud K et al. 2011. Responses in leaf functional traits and resource allocation of adominant alpine sedge (*Kobresia pygmaea*) to climate warming in the Qinghai-Tibetan Plateau permafrost region. Plant & Soil, 349(1~2): 377~387

Yin H, Liu Q, Lai T. 2008. Warming effects on growth and physiology in the seedlings of the two conifers *Picea asperata* and *Abies faxoniana* under two contrasting light conditions. Ecological Research, 23(2): 459~469

Young I M, Crawford J W. 2004. Interactions and self-organization in the soil-microbe complex. Science, 304(5677): 1634~1637

Young J J, Mehta S, Israelsson M et al. 2006. CO_2 signaling in guard cells: Calcium sensitivity response modulation, a Ca^{2+}-independent phase, and CO_2 insensitivity of the gca2 mutant. Proceedings of National Academy of Sciences, 103(19): 7506~7511

Yuste J C, Janssens I A, Carrara A et al. 2004. Annual Q_{10} of soil respiration reflects plant phenological patterns as well as temperature sensitivity. Global Change Biology, 10(2): 161~169

Yvon-Durocher G, Allen A P, Bastviken D et al. 2014. Methane fluxes show consistent temperature dependence across microbial to ecosystem scales. Nature, 507(7493): 488~491

Zak D R, Pregitzer K S, Burton A J et al. 2011. Microbial responses to a changing environment: implications for the future functioning of terrestrial ecosystems. Fungal Ecology, 4(6): 386~395

Závodszky P, Kardos J, Svingor A et al. 1998. Adjustment of conformational flexibility is a key event in the thermal adaptation of proteins. Proceedings of the National Academy of Sciences of the United States of America, 95(13): 7406~7411

Zha T, Ryyppö A, Wang K et al. 2001. Effects of elevated carbon dioxide concentration and temperature on needle growth, respiration and carbohydrate status in field-grown Scots pine during the needle expansion period. Tree Physiology, 21(17): 1279~1287

Zhang J, Loynachan T E, Raich J W. 2011. Artificial soils to assess temperature sensitivity of the decomposition of model organic compounds: effects of chemical recalcitrance and clay-mineral composition. European Journal of Soil Science 62(6): 863~873

Zhang L R, Niu H S, Wang S P *et al*. 2010. Effects of temperature increase and grazing on stomatal density and length of four alpine Kobresia meadow species, Qinghai-Tibetan Plateau. Acta Ecologica Sinica, 30(24): 6961~6969

Zhang T, Li Y F, Chang S X *et al*. 2013. Responses of seasonal and diurnal soil CO_2 effluxes to land-use change from paddy fields to Lei bamboo (*Phyllostachys praecox*) stands. Atmospheric Environment, 77: 856~864

Zhang W, Parker K M, Luo Y *et al*. 2005. Soil microbial responses to experimental warming and clipping in a tallgrass prairie. Global Change Biology, 11(2): 266~277

Zhang X X, Yin S, Li Y S *et al*. 2014. Comparison of greenhouse gas emissions from rice paddy fields under different nitrogen fertilization loads in Chongming Island, Eastern China. Science of the Total Environment, 472: 381~388

Zhang Y J, Guo S L, Liu Q F *et al*. 2015. Responses of soil respiration to land use conversions in degraded ecosystem of the semi-arid Loess Plateau. Ecological Engineering, 74: 196~205

Zhao C, Liu Q. 2009. Growth and physiological responses of *Picea asperata* seedlings to elevated temperature and to nitrogen fertilization. Acta Physiologia Plantarum,31(1): 163~173

Zhao N, He N, Wang Q *et al*. 2014. The Altitudinal Patterns of Leaf C: N: P Stoichiometry Are Regulated by Plant Growth Form, Climate and Soil on Changbai Mountain, China. Plos One, 9(4): e95196

Zhou T, Shi P J, Hui D F *et al*. 2009a. Global pattern of temperature sensitivity of soil heterotrophic respiration (Q_{10}) and its implications for carbo-climate feedback. Journal of Geophysical Research-Biogeosciences, 114

Zhou T, Shi P J, Hui D F *et al*. 2009b. Spatial patterns in temperature sensitivity of soil respiration in China: Estimation with inverse modeling. Science in China Series C-Life Sciences, 52(10): 982~989

Zhou W P, Hui D F, Shen W J, 2014. Effects of soil moisture on the temperature sensitivity of soil heterotrophic respiration: a laboratory incubation study. Plos One, 9(3): e92531

Zhou Z Y, Guo C, Meng H. 2013. Temperature Sensitivity and Basal Rate of Soil Respiration and Their Determinants in Temperate Forests of North China. Plos One, 8(12): e81793

Zimmermann M, Leifeld J, Conen F *et al*. 2012. Can composition and physical protection of soil organic matter explain soil respiration temperature sensitivity? Biogeochemistry, 107(1-3): 423~436